현장에서 쌓은 실전 노하우의 모든 것

지혜 담은 집짓기

정창길 저

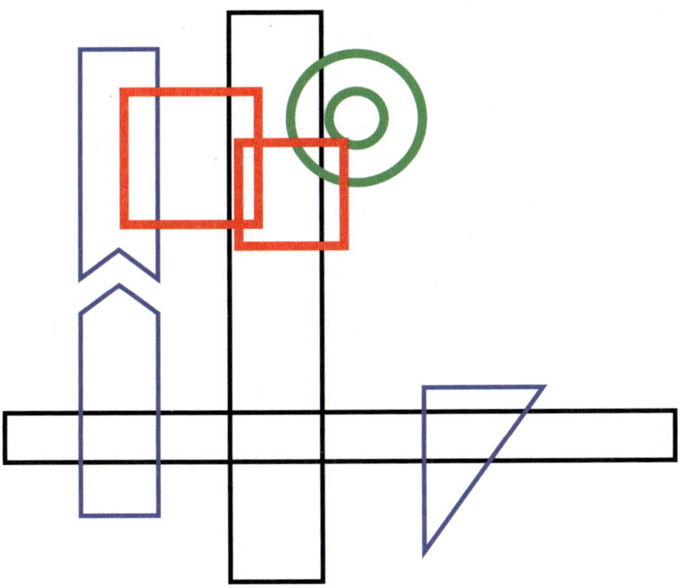

기문당

머리말

이번 책을 집필하기에 앞서 필자의 첫 책 『재미있는 건축시공』에서 일반 독자들이나 건축주들이 이해하기 어려운 내용도 있었다는 얘기를 해주어서 실전에 꼭 필요한 시공내용과 각 공정을 시공순서별로 쉬운 용어로 풀어 쓰려고 했으며, 그간 독자들이 필자에게 질문한 궁금증들을 『지혜 담은 집짓기』에 반영했습니다.

필자는 건축시공에 관련하여 전문적인 학교교육이나 별도의 교육을 제대로 받은 적이 없습니다. 오직 공사현장에서 겪은 경험에서 얻어진 실전용 시공지식을 그대로 책에 옮겼습니다.

건축 관련 학교를 나온 고수들이나 오랜 세월 경험을 쌓은 '시공의 고수'들은 차고도 넘쳐납니다. 그분들에 비하면 필자의 건축시공에 관한 이론적 지식은 얄팍하기 그지없습니다만, 필자가 쓰고자 하는 건축시공의 내용은 학술적인 것보다 경험에서 얻은 시공현장의 노하우입니다. 물론 흔히 볼 수 있는 일반적 건축시공 내용도 있으나 실전에 꼭 필요한 내용으로 구성했습니다.

책의 구성은 각 시공과정을 단계별로 설명했으며, 건축시공의 초보자뿐만 아니라 각 분야별 시공자나 인테리어, 리모델링에 관심 있는 여성분들에게도 도움이 될 수 있도록 집필했습니다. '공정별 시공내용'과 '공사 뒷이야기'와 '경험의 한수'로 구성했고, 특히 '공사 뒷이야기'는 착공부터 완공 때까지 필자가 현장에서 겪었던 일들과 주로 하자가 발생한 시공 사례들이 들어 있습니다. 특히 '경험의 한수'에서는 반드시 경험해봐야만 알 수 있는 공정들과 소소한 에피소드까지 재미있게 표현했습니다.

필자의 변함없는 신념인 "아무도 읽지 않는 책은 휴지에 불과하다"라는 마음으로 건축시공의 지혜와 재미까지 담았습니다.

이 책에서는 처음 땅을 구입하고 설계계약, 터파기를 시작으로 골조완공, 외장마감과 내장마감인 인테리어와 마지막 공사인 주차장과 화단을 만들고 입주청소까지 포함했습니다.

또한 아파트의 실내를 리모델링할 때는 관리사무소에 리모델링한다고 신고하고, 이삿짐업체에 살림살이를 맡기며, 내부를 모조리 철거한 후 내장재를 하나씩 채우는 과정까지 포함했습니다.

이 책은 건축시공을 배우려는 학생이나 건축주, 건물주, 특히 인테리어에 관심 있는 여성분에게까지 도움이 될 것입니다.

책을 읽다 보면 반복해서 설명한 부분들이 있는데, 하자가 자주 발생하거나 깜빡하여 빠트리고 시공한 사례에서 낭패를 볼만한 것들입니다.

"보슬비는 약초나 독초를 차별하지 않았기에 꽃과 열매와 아름다운 숲을 만들어냈습니다."

건축계 선배들은 더 나은 건축마감재를 개발했고, 시공기술을 발전시키기 위해 많은 역경과 고난을 딛고 얻어진 결과물을 이제 후배들은 편하게 누리고 있음에 감사한 마음입니다.

그동안 추위와 더위 등 힘든 상황에서도 변함없이 같이한 각 하도급업체 사장들과 작업자들, 그리고 아름답게 설계해준 설계사들에게도 감사합니다.

2021. 7.

정창길

차 례

Part 01 지혜를 담은 건축시공

Part 02 대지의 본질

Part 03 터파기

차 례

Part 07 리모델링 직접 해보기

차 례

Part 01

지혜를 담은 건축시공

- 자동문이 열리다
- 새로운 건축법
- 다른 길로 갔더니, 새로운 것들이 보였다
- 내 맘 같지 않더라
- 편안한 쪽으로 움직였다
- 시공사 정하기
- 시공사 선정방법

자동문이 열리다

눈앞에 건축부지가 보이고, 그 땅은 여러 모습과 성격을 갖고 있습니다. 어떤 건축물로 완성할 것인가는 건축주가 결정해야 할 문제입니다.

건축시공은 여러 가지 돌발변수가 발생하고 시공범위도 넓으며, 상가는 주택보다 비교적 시공이 쉽고 건축비도 저렴한 편인데, 특수한 상가건축이 아닌 이상 보편적으로 그렇습니다.

지금 땅을 구입하려고 한다면 일단은 가설계를 그려보고 나서 땅 매입을 계약하는 것이 지혜로운 건축주가 되는 것입니다. 부지마다 그에 맞는 조건들이 있으며, 특히 일조권 등에 영향을 받으면 층고제한이 있을 수 있으므로 꼭 설계도면을 미리 그려보고 땅을 구입하기 바랍니다. 주택은 동남향이 좋으며, 상가는 북향이 좋습니다.

만약 땅을 보고 있다면 겉으로 보이는 것이 다가 아니며 땅 밑의 수도배수관과 가스관, 전기배관이나 오배수관, 통신시설들이 거미줄처럼 깔려 있음을 알아야 합니다.

이제부터는 땅 위에 어떤 건물로 지을 것인가? 목조주택으로 할까? 철근콘크리트로 할까? 외장과 내장의 마감재는 무엇으로 할 것인지? 지붕은 무엇으로 하지? 등 이런 것들을 고민할 겁니다.

그러나 지방마다 별도의 건축조례가 있어서 시공방법이나 마감재의 종류가 달라질 수 있습니다. 건축물의 외장마감재를 보면 요즘에 유행하는 것이 보이고, 현관으로 들어가면 자동문이 열리면서 환하게 밝아지며, 안으로 들어갈수록 각종 마감재들이 가득합니다.

자동문이 열리자마자, 집 안에 펼쳐지는 마감재들을 하나씩 짚어가면서 설명하겠습니다.

현관문이 열리면서 센서등이 켜지듯이 마음으로 건물짓기를 상상해봅시다.

주택으로 할까? 상가로 할까? 특수목적의 건축물로 할까? 만약에 주택으로 한다면 우리가 살까 아니면 지어서 팔까? 전세로 할 것인가 아니면 월세로 할 것인가에 따라 내 · 외장마감재의 종류와 시공방법이 달라집니다.

세입자만 산다면 아무래도 관리가 소홀해지니 예술성보다는 튼튼한 마감재를 선택해야겠고, 세입자들이 수시로 전화하면 정말 피곤하니 하자 없는 시공을 해야 합니다.

계단 옆에 엘리베이터가 보이네. 엘리베이터는 어떤 제품으로, 몇 인용으로 설치할까, 너무 비싸니 설치하지 말까, 엘리베이터가 없으면 생활공간을 좀더 넓게 활용할 수 있는데 등의 갈등도 될 겁니다.

계단벽면은 어떤 재료로 마감할까? 현관의 대리석은 어떤 색깔로 깔지? 세대별 현관문은 어떤 종류로 하지? 번호키로 아니면 지문인식기로? 신제품이 나왔다하니 스마트폰으로 검색해 봐야지? 하면서 머릿속이 복잡해질 것입니다.

현관의 바닥이 보이네. 집의 첫인상이니까 작지만 중요해! 현관바닥은 무엇으로 하지?, 고급타일 아니면 인조대리석으로 깔까?, 타일로 깐다면 쉽게 깨지지 않는 강화타일로 쓰겠어!

신발의 종류가 많아졌어. 지금 집은 신발장이 작아서 불편하니까 크고 활용도가 좋은 고급스러운 것으로 설치할 거야! 신발장은 대부분 주문제작을 한다하니 나만의 신발장을 만들거야!

친척이나 지인들이 집에 자주 오는데, 내장 인테리어에 신경을 쓰겠어. 그런데 인테리어 전문가에게 전부 맡기지 않고 나만의 스타일을 고수할 거야!

이 모든 과정이 중요하지만 무엇보다도 설계도면을 잘 그려야 합니다. 그리고 건축주는 설계도면도 어느 정도 볼 줄을 알아야 하고, 생각보다 그렇게 어렵지는 않습니다.

"어떤 것이든 모르는 것은 결코 부끄러운 일이 아니고, 모르면서 배우지 않으려 하는 것이 더 부끄러운 일이며, 모르면서 아는 체하는 것은 무식한 것보다 더 위험합니다."

현장에서 아는 것은 안다고, 모르면 모른다고 해야지 아는 체하는 작업자 때문에 건물을 망치는 일이 간혹 있습니다. 이러한 시공과정이나 방법, 그리고 마감재의 종류까지 주로 하자가 많이 발생하는 부분 위주의 내용을 『지혜 담은 집짓기』만 읽어보더라도 알 수 있게 분야별로 설명했습니다.

"모르면 불편하고 아는 만큼 세상이 보입니다."

새로운 건축법

필자도 공직생활을 해보았지만 탁상행정에 행정편의주의는 세월이 지나도 변하지 않았다는 생각을 하게 됩니다.

최근에 바뀐 건축법을 보면 건축주가 직접 집짓기 더욱 어렵게 되었는데, 2층 이상 건축은 면적에 관계없이 종합면허가 있어야 하고, 현장관리인을 두어야 한다는 것으로 바뀌었습니다.

건물 착공부터 완공까지 전 과정에서 크게 차지하는 부분은 아니지만 건축시공 중 일부인 페인트나 도배, 형틀목공, 내장목수, 기타 등등의 관련 자격증소유자만이 현장관리인이 될 수 있다고 합니다. 그런데 현장관리인이 건축시공에 있어서 전반적인 과정을 다 알지 못한다면 시공 시 방해만 될 뿐이고, 중심이 없기 때문에 보고 듣는 것에 이리저리 휘둘릴 수 있습니다. 물론 모든 공정을 잘 아는 현장관리인이라면 현장을 보기만 해도 바로 이해하겠지만 그러지 못한 경우 해당 작업자들이 일일이 설명해도 이해를 못하거나 잘못 시공된 부분의 시정조치도 못할까 걱정됩니다.

한마디로 새로 바뀐 건축법은 간접 건축비를 상승시키는 구조이며, 건축주가 자신의 건물시공에 대해 알 기회까지 차단했습니다. 심지어 일반사업자인 건축의 고수들도 현장에서 떠나게 했습니다.

이렇게 건축주들이 자신의 건물시공에 직접 참여하는 것이 어렵다 보니 건물의 구조를 제대로 모른다는 겁니다. 그래서 건축주가 건축시공을 더 알고 배워야 할 필요성이 무엇보다도 중요해졌습니다.

화가가 그림을 그릴 때 머리털 하나하나에 세밀하게 신경을 쓰다보면, 전체 모습을 제대로 그리지 못할 수 있습니다. 전체 모습을 볼 줄 아는 현장관리인을 만나기 바랍니다.

다른 길로 갔더니, 새로운 것들이 보였다

필자는 행정공무원으로 재직하다가 퇴사 후 건축시공업계에 발을 들여놓게 되었습니다. 건축시공에 대해 전혀 모른 채 처음에는 신도시택지지구에 컨테이너를 놓고 건축시공상담이라는 간판을 달고 시작했습니다.

건축 상담을 하러 찾아온 건축주들은 자신보다 더 모른다며 비웃거나 심한 말까지 한 경우도 있었습니다. 그러던 중 건축주였던 수원의 조 사장님 때문에 건축시공을 배웠습니다. 그렇게 배우기 시작한 건축시공은 경험치가 부족해서 수많은 시행착오와 하자가 발생했고, 먼지나는 공사현장에서 눈물도 흘렸으며 포기할까도 여러 번 생각했습니다.

하자가 발생할 때마다 입주자의 민원에 시달리며, 하자를 찾아내기 위해 이곳저곳 돌아다니고 시공 관련 책을 참조하거나 다른 시공자에게 물어가며 배웠던 험난한 길이었습니다. 그러나 시공 고수는 쉽게 가르쳐 주지 않아 더 고생을 했습니다.

필자가 책을 쓰게 된 결정적 계기는 이렇습니다. 건축시공에 대해 배우려고 건축시공 관련 책을 찾았는데, 집짓기에는 그다지 도움이 안 되는 책뿐이었습니다. 시중에 출간된 건축시공 책은 현장에서 일하는 전문가 아니면 이해하기 힘들겠다는 생각을 하며, 직접 시공 분야의 일을 하면서 점차 깨달았습니다.

건축시공에 입문하는 사람들이 읽기 쉽고, 이해하기 편한 책을 찾아보기가 힘들었기에 필자는 현장에서 꼭 필요한 내용 위주로 시공별로 정리하여 직접 집필하게 되었습니다.

공사현장에서 몸으로 부딪치며, 겪은 시행착오 과정에서 터득한 실전용 건축시공 책을 만들려고 노력했습니다.

어찌 생각하면 기쁠 때나 편안할 때는 별반 발전이 없다가 지독한 시련과 고통은 발전의 원동력이 되어 좌절하고 절망하며 포기하려는 순간 새로운 희망도 찾아온다는 것을 어렴풋이 배웠습니다.

건물을 짓는다는 것은 자신의 인격과 품격을 만드는 과정과 참으로 비슷하다는 것을 건축시공 분야의 일을 하면 할수록 절실하게 느끼고 있습니다.

공사 뒷이야기

건물을 지을 것이라는 소문이 퍼지면 지인이나 친척 중에 건축을 해본 적이 있다거나, 여기저기 인맥을 총 동원하여 건축을 맡겨 보라는 압력 아닌 압력이 들어올 겁니다. 친척이나 지인을 통해 건물을 짓는 것은 잘해야 본전입니다. 왜냐하면 각 공정마다, 즉 마감재 선택에서부터 작업자들과 부딪치는 일들이 너무나도 많아서 갈등이 생길 수밖에 없는 구조입니다.
그래서 잘못되면 '평생 원수지간'이 될 가능성이 많습니다. 지혜롭게 거절하세요.
"지혜로운 사람은 거절을 잘하는 사람입니다."

내 맘 같지 않더라

결국 '사람이 집을 만드는 것이다.' 건축마감재를 선택하고, 시공하는 방법의 차이나 사람 사이에 갈등이 생기면 다 때려치우고 어디론가 도망치고 싶은 순간들도 있습니다. 건축 일을 하면서 필자가 뼈저리게 느끼는 것은 실질적인 일보다는 사람끼리 소통하기가 정말로 힘들다는 겁니다.

아무리 시공 과정들을 설명해 주어도 이해를 못하거나, 잘못된 정보를 고집하는 건축주들 때문에 건축을 포기하고 싶은 적도 있었습니다.

반대로 필자가 건축주가 되어 보니 계약 당시에는 시공자가 별이라도 따줄 것같이 하다가 막상 공사가 진행되면 자세히 설명을 해주지 않거나, 현장에 코빼기도 보이지 않거나, 정직한 시공보다는 이익금만 챙기려는 통에 속상하기도 했습니다. 필자도 이 같은 심정이었으니 다시는 건축을 않겠다며 고개를 절레절레 하는 건축주들의 마음이 이해되더군요. 그런데 신축한 건물에서 1년쯤 살아 보면 시공자나 설계사가 좋은 사람이었는지 나쁜 사람이었는지, 실력이 있었는지 없었는지가 파악됩니다. 건축주가 건축시공을 모르면 시공자와 불통이 될 뿐 아니라 오해까지 생길 수도 있습니다.

시공자나 설계사는 건축주의 몇 마디에 얼마나 많은 건축적 지식을 가지고 있는지 바로 파악할 수 있습니다. 하자 없는 건물을 지으려면 건축주는 건축시공 관련 책을 보고 공부하기 바랍니다. 전자제품을 구입할 때도 제품설명서를 읽어보거나 스마트폰 등으로 검색해본 후 구입하지 않습니까? 하물며 재산의 전부라고 할 수 있는 주택을 짓는데, 기본적인 것이라도 알아야 하는 것은 너무나 당연한 것입니다.

건축주가 잘못된 정보로 무리한 공사를 요구할 때도 있고, 반대로 건축주가 모른다고 대충 넘어가는 일도 있습니다.

각 분야의 하도급업자들은 자신의 공사가 끝나면 바로 현장에서 철수합니다. 시작부터 끝까지 전부 알고 있는 하도급업자는 별로 없습니다. 자신의 분야는 잘 알아도 다른 분야는 전혀 모른다고 보면 됩니다. 그런데 그런 사람의 말에 이리저리 휘둘리는 건축주가 의외로 많습니다.

간혹 독자들 중에서 자신의 신축건물을 봐줄 것을 부탁할 때가 있어 현장에 가보면, 어떤 작업자는 짜임새 있게 일을 잘하는데 어떤 작업자는 행동이나 손놀림 등이 아직은 수준이 낮음에도 겸손하게 배우기보다는 마치 잘 아는 것처럼 떠들어댈 때, 그 현장은 심히 걱정이 되었습니다.

필자의 책에는 이 공사가 과연 옳은 시공인지 아닌지를 어느 정도 구분할 수 있도록 시공별로 주의할 점과 마감재의 종류나 선택 방법까지 포함했습니다.

시공 과정을 어느 정도는 알아야 요구도 하고, 항의도 해볼 것이 아닙니까? 그래서 필자는 현장에서 경험했던 실전용 건축시공을 독자들에게 알려드리겠습니다. 이 책만 정독해도 몰라서 당하는 일은 별로 없을 것입니다.

경험의 한수

건축주는 건축에 대해 설령 잘 알고 있더라도 모르는 것처럼 겸손하게 물어보아야 합니다. 예전에 건설회사에 다녔었다든지, 건축 일을 해보았다고 자랑하는 것은 내 건물을 짓는 데 전혀 도움이 안 됩니다.

"알고 있지만 모르는 듯 물어봐야, 알지 못했던 새로운 것까지 알 수 있습니다."

편안한 쪽으로 움직였다

하도급업자는 자신들만 편하게 시공하려 하고 스스로 알아서 해주지는 않으며, 시키는 일만 하고 자신의 일이 끝나면 현장에서 바로 떠납니다. 다음 작업자가 편하게 일할 수 있게 뒷정리도 제대로 하지 않고, 더구나 현장까지 어질러놓고 떠나는 것이 마치 관행처럼 된 현장도 있습니다.

시공자는 잘못된 것을 발견하면 눈치 보지 말고 바로 시정 조치해야 합니다. 작업자들은 떠나고 건물만 곁에 남으니 그냥 지나치지 말아야 하고, 건축시공의 본질은 하자 없는 건물이라는 것을 명심해야 합니다.

물론 당근도 필요합니다. 어떤 기술자들은 자존심과 열등감까지 가진 복합적인 성격인데, 의외로 순진한 면도 많습니다. 정중한 말투와 웃는 얼굴로 새참이라도 들고 가면 웬만한 요구사항은 들어줍니다. "겸손하게 대하면 하늘이나 사람들이나 도와줍디다."

작업 도중에 작업자가 삐쳐서 가버리면 다른 작업자를 구하기는 쉽지 않습니다.

"인연들을 잘 다루는 사람이, 때도 잘 잡는다고도 했습니다."

공사 뒷이야기

최근에 성남에서 단독주택을 건축하면서 당황스런 일을 겪었습니다. 성남 지역의 설계사가 아닌 타 지역의 설계사였습니다. 다른 도시에 없는 건축조례가 성남시에 있었던 것입니다.

두꺼비집은 대부분 신발장 안에 두어 겉에서 안 보이게 설치하는데, 막상 준공허가를 내려고 준비하면서 보니 신발장 안에 두꺼비집이 설치되어 있는 바람에 준공이 떨어진 후 신발장을 나중에 설치했습니다.

두꺼비집을 잘 보이게 밖으로 노출해야 한다는 조항은 타 도시에는 없는데, 왜! 성남시에만 있냐고 항의하려다가 혹시 불이익을 당할까봐, 아무 말도 못했습니다.

필자가 감리에게 따졌더니, 이렇게 말했습니다.

"로마에서는 로마법을 따라야 편안해집니다!"

그때부터 건축주는 필자를 의심의 눈초리로 보기 시작했습니다. 결국 믿음이 부족해지니 불신까지 생겨났습니다. 자신의 일에 뚜렷한 자신감을 갖고 있으면 권위는 저절로 생기는 것인데, 필자가 부족했나 봅니다.

그 다음부터 필자가 아무리 제대로 된 과정을 말해도 도무지 믿으려 하지 않아 마음고생을 했던 기억이 생생합니다. 실상은 설계사가 전기업자, 시공자에게 미리 알려주거나 설계도면 상에 기재할 특이사항입니다.

시공사 정하기

건축시공은 이론만으로 되는 것이 아닙니다. 공사현장에서 수많은 하자로 고생도 해보고 실수도 하면서 경험을 해봐야만 알 수 있는 것들이 많습니다.

건축은 착공부터 완공까지 예측할 수 없는 변수들이 수없이 발생합니다. 그때마다 실전경험이 풍부해야 헤쳐나갈 수 있습니다.

건축시공은 공정들이 서로 톱니바퀴처럼 맞물려 돌아갑니다. 마감재가 너무 일찍 납품되어 현장에 방치된 채 파손되거나 반대로 마감재가 늦게 납품되어 작업자들이 멀뚱멀뚱 서있는 것도 보았습니다. 때로는 시공순서가 뒤바뀌어 시설물을 부수고 다시 시공하는 것도 여러 번 보았습니다.

어떤 시공자는 공사비를 다른 곳으로 빼돌려 보이는 곳은 정품으로 시공하고 안 보이는 곳에는 B품을 쓰거나, 전문기술이 필요한 곳에 기능공을 고용하지 않고 일용잡부를 고용해 시공의 질을 떨어뜨리는 경우도 보았습니다.

특히 시공자의 다양한 경험치가 무엇보다 중요합니다. 시공은 말이나 이론이 아니고 현장에서 몸으로 부딪치는 경험의 결정체이기 때문입니다. 만약 경험이 풍부하고 양심적인 시공자를 만났다면 '건축시공의 신'이 같이한 것이 틀림없습니다.

필자가 생각하는 이상적인 시공자는 비록 흙 묻은 작업복을 입었어도 행동이나 자신의 일에 임하는 자세에 기품이 있다면 아름답기까지 하다는 것입니다.

처음 시작은 건축주가 시공자와 마치 친한 친구처럼 편하게 지냅니다. 그런데 건물 안에 하나둘 채우다보면 갈등이 생기게 됩니다. "아무래도 비우는 게 아닌 채우는 것이라 그런가봅니다!" 특히 내부 인테리어 부분에서 갈등이 심해집니다. 건축마감재도 많고, 여러 작업자가 투입되다 보니 당연한 현상이기도 합니다.

여기서 건축주나 시공자 모두에게 중요한 것이 무엇인지 생각해야 합니다. 서로 사이가 나빠져 건축물을 망친다면 어리석은 짓이며, 시공의 본질은 하자 없는 건축물을 완공하는 데 있다는 것을 명심하기 바랍니다. 자신들의 감정을 앞세워 싸우기보다는 서로 소통하면서 함께 만들어가는 과정의 동반자라고 생각하면 됩니다.

"건물완공 후에도 편하게 술 한 잔하는 친구 같은 사이가 되기를 정말로 바랍니다."

시공사 선정방법

첫 번째, 대부분의 건축주들이 선택하는 방법입니다.

건축설계사에 설계를 의뢰하면 설계사가 시공사를 소개해주는 경우가 대부분입니다. 시공사나 건축주와 원활한 의사소통으로 공사 진행이 빠르다는 장점이 있습니다.

또한 단점도 있습니다. 설계사가 지나치게 시공사 입장에 서 있다 보면 견제 역할을 제대로 못하는 경우입니다. 설계도면대로 시공되는지, 지나치게 시공사 위주의 설계인지 또는 설계도면과 다른 방향으로 갈 수 있습니다. 여기에 감리사까지도 설계사나 시공사와 친분 관계에 있다면 견제 기능이 약해져 건물의 질이 떨어질 수도 있습니다.

두 번째는 건축주가 시공사를 직접 선정하는 방법입니다.

우리나라에서는 영세한 건축업자들이 건축하기 힘든 구조입니다. 특히 종합면허가 있어야 건축을 할 수 있기 때문에 소형건물이나 주택만 전문으로 하는 시공사를 선정하기 어려운 실정입니다. 설령 종합건설사가 수주하더라도 다른 하도급업체에 공사를 넘기기도 합니다.

대형건설업체들의 경우 주택은 수익성이 떨어지고 건축주와도 갈등이 심해 시공을 맡으려고 하지 않습니다.

건축주가 판단하기 어려울 때는 시공사가 건축한 건물을 보거나 광고 등을 참고하여 시공사를 선정하되 만약에 건물에 건축주가 살고 있다면 시공사는 어땠는지, 현재 이 주택에 살면서 무엇이 불편한지 물어보면 좋을 것입니다.

세 번째는 건축주가 직접 시공하는 방법입니다.

가장 이상적인데, 생각보다 어렵지는 않으나 바뀐 건축법에 의해 여러 가지 불편함이 따릅니다. 건축주가 직접 시공을 한다면, 골조공사의 경우는 시공사에 맡겨야 합니다. 만약 골조까지 직접 해보겠다고 한다면 종합면허를 빌려서 할 수도 있습니다. 참고로 아파트나 대형빌딩을 건축하는 1군건설업체 및 기타 건설업체들도 골조공사만 전문으로 하는 하도급업체에 시공을 맡기는 편입니다. 분양아파트 전단지를 보면, 시행사와 시공사가 다른 것은 이 때문입니다. 시공사는 골조만 완공하고 떠나고, 시행사는 내 · 외부 마감이나 실내 인테리어 등 각각의 업체별로 하도급계약으로 완공시키는 구조입니다.

이와 같은 방식으로 골조공사는 시공사와 계약하고, 나머지 부분인 외장재나 내장재를 건축주가 직접 시공하는 방법입니다. 골조공사는 어렵고 사고도 많이 나며, 건축비도 제일 많이 투입됩니다. 골조만 완공되면 그 다음부터 외장공사나 내장공사는 상당히 재미있습니다.

건축주가 내 · 외장 마감공사를 직접 하게 되면 설계도면과 달라도 큰 문제가 없는 범위 내에서는 원하는 제품으로 자유롭게 바꿀 수도 있습니다.

그러나 어떠한 시공방법이든 간에 인생사처럼 장점과 단점이 항상 공존합니다.

시공을 할 때마다 느끼는 것이지만 주변에는 말로만 일하는 고수들이 의외로 많습니다. 어떤 방식으로 건물을 짓든 간에 건축주는 시공을 어느 정도 알아야 한다는 것입니다.

공사 뒷이야기

아파트공사현장에 가보면 새로운 건축기술이 도입되고, 비싼 인건비 때문에 빠르게 기계화가 이루어지고 있습니다.

특히 전 층이 화장실, 방, 거실의 위치나 크기가 똑같아 갱폼(건물에 외벽모양으로 용접하여 만든 철판)을 1층에 설치하여 콘크리트를 타설하고, 그대로 크레인으로 갱폼을 다음 층으로 올려서 타설하는 방식으로 아파트 한 동을 완성하는 데 엄청나게 속도가 빨라졌습니다.

공사기간이 재래식 방법보다 무척 빨라졌지만 단점은 화장실이나 방의 공간이 작은 부분은 벽돌을 쌓아 방을 만들거나 석고보드, 기타 자재로 벽면을 만든다는 것입니다. 천장 부분도 철판으로 만들어져 해체할 필요가 없어졌습니다.

시스템 동바리는 더 발전되어 형틀목수들의 일거리가 점점 줄어든다는 것과 시스템 형틀로 더 안전하게 작업하게 됩니다.

그러나 주택은 붕어빵 같이 찍어내는 아파트와 달리 건축주의 개성이나 인격까지도 표현할 수가 있습니다. 주택 외형을 전체의 1/3만 보여주고, 1/3은 내장 인테리어이고, 나머지 1/3은 그 집에 사는 건축주의 인격이라고 합니다.

길을 걷다가 주택을 보면, 건축주의 마음이 엿보이기도 합니다. 건축 분야 일을 하다 보니 건물마다 건물주의 생각들이 들어 있는 것 같고, 어느 때부터인가 그런 것이 다 보입니다.

"건축주와 시공자가 서로 소통하고 신뢰가 바탕이 되면, 아름답고 하자 없는 건축물이 탄생합니다."

아파트 갱폼
내부 사진

Part 02 대지의 본질

대지의 본질

여러 형태의 건축물도 있지만 이 책에서는 점포주택 위주로 설명하겠습니다. 건축주가 나중에 상가까지 시공할 것을 고려하여 1층에는 상가, 상층은 주택으로 설명하겠습니다.

신축에서 내장마감은 아파트 리모델링과 비슷한 순서와 방법으로 진행되므로 인테리어에 관심 있는 분들에게 도움이 될 것입니다.

이 책에서 골조는 철근콘크리트조 위주로 설명하겠지만, 목조나 기타 골조로 건축하려는 분이라면 내장공사나 각종 마감재 선택을 설명하는 부분에서 참조하면 도움이 될 것입니다.

1층은 상가, 2층은 원룸이나 투룸의 임대세대로, 3층은 주인세대로 설명하겠습니다. 원룸사업이나 상가임대, 그리고 단독주택을 건축하려는 건축주들에게 필요한 정보들이 포함되어 있습니다.

주택은 상가보다 공사비나 작업자들이 많이 투입되고, 사람이 거주하는 공간이므로 쾌적한 환경을 위해 각별히 신경 쓸 것도 많으며, 하자도 많이 발생합니다. 착공부터 완공까지 시공 포인트별로 주의할 점이나 특이사항을 알려주고 있습니다.

건축부지를 구입하는 과정에 있다면, 먼저 가설계를 그려보고 땅을 구입하는 것이 지혜로운 건축주입니다.

설계계약서에 도장을 찍었다면, 바람이 부는 날에 건축부지에서 골프를 칠 때처럼 풀을 공중에 날려 보기 바랍니다. 특히 주택이라면 필수이고, 땅에는 바람이 다니는 길인 바람골이라는 것이 있습니다. 바람이 집으로 들어왔다가 지나가는 '나그네 바람'이 되도록 창문의 위치를 설계도면에 그려 넣는 것이 중요합니다. 이렇듯 설계도면을 수차례 변경한 후에야 설계도면이 완성되는데, 건축주가 가장 좋은 설계도면이 되었다고 생각할 때 비로소 시공도면이 완성되는 것입니다.

건축부지마다 지역만의 특별한 건축조례가 존재할 수 있으므로 만약에 타 지역의 설계사에게 설계를 의뢰했다면 해당 지역의 조례 사항을 설계도면에 표시해 줄 것을 요구해야 합니다.

시공자는 해당 지역만의 특별한 조례를 몰라서 준공 시 곤란을 겪는 경우가 왕왕 있습니다. 지붕 모양이나 색채, 외벽 마감재료, 주차장 바닥재, 전기나 수도계량기 위치 등 지방자치마다 다를 수 있음을 알아두기 바랍니다.

설계사에게 말하면 해당 지자체의 건축과에 알아 본 후 설계도면에 표시해 놓을 것입니다.

설계사 모시기

건축에서 가장 중요한 것이 설계도면인데, 설계도면으로 건물을 표현하는 설계사는 '건축의 어머니'라고 해도 틀린 말이 아닙니다. 위치가 좋은 땅을 나쁜 건물로, 위치가 나쁜 땅을 좋은 건물로 만들어내기도 합니다.

그리고 설계사마다 잘하는 설계 분야가 따로 있습니다. 혹시 자신이 잘하는 분야의 설계가 아니면 기존 설계도면을 그대로 베꼈거나 허점이 보입니다. 설계도면상에는 분명히 주택인데, 골조의 구조나 설비, 전기가 상가 설계도면인 것도 있습니다. 그래서 특수건축물이나 나만의 독창성 있는 건물로 설계하고 싶다면 유명한 설계사에게 의뢰하는 것도 좋습니다.

일반 상가나 상가주택, 주택, 다세대주택 등을 건축하고 싶다면 건축부지가 위치한 시 · 군 · 구 소재의 설계사에게 의뢰하는 것이 좋습니다. 지방의 경우 지역이 넓지 않다 보니 해당 지자체의 건축시공 관련 부서의 사람들이나 설계사가 동향이거나 학교 선후배 사이인 경우가 많아 공사할 때 유리한 점들도 있습니다.

지방에서 공사할 때마다 느끼는 것이 또 있는데, 지방마다 특유의 텃새와 건축조례가 있다는 것입니다. 타 지역에서 건축시공을 하는데 설계사까지 타 지역 사람이라면 착공부터 완공까지 험난한 과정이 될 수도 있습니다.

감리는 해당 지역의 설계사들로 무작위 추첨식으로 정해지는데, 이때 건축주나 시공자는 시공 중 의문사항은 거리상 가까워 물어보기가 편하고, 자문을 구하기도 쉽습니다.

그리고 설계도면에 인간을 사랑하는 마음씨까지 들어 있어야 하는데, 필자는 설계사가 갖추어야 할 첫 번째 덕목으로 생각합니다.

두 번째는 설계도면을 그리기 전에 현장에 찾아가 바람의 방향이나 햇빛의 방향 등을 직접 확인하고, 지형지물을 파악해야 하며, 내 건물이라는 마음가짐으로 설계도면을 그려야 합니다.

세 번째는 건축주의 가족 구성원들의 특징을 어느 정도 알아야 한다는 것인데, 가정마다 하나쯤은 숨겨진 스토리가 있을 수 있으므로 건축주의 상황에 맞게 설계도면 안에 그려 넣어 주는 것이 좋습니다.

마지막으로 가장 좋은 설계사는 직접 자신의 건물을 설계해 보고, 건축도 해보고, 거주까지 해본 설계사입니다. 만약 그런 설계사를 만났다면 '건축의 신'이 곁에 있음이 틀림없습니다.

"좋은 만남이란, 때가 되어야 얻어지는 것이지 건축주의 지혜와는 무관합니다."

설령 유능한 설계사를 못 만났더라도 실망하지 말고, 좋은 시공자를 만나는 것이 어쩌면 더 나을 수도 있습니다.

의사나 음식점 주방장에게 인간사랑의 마음이 밑바탕에 깔려 있지 않으면 사람들에게 얼마나 큰 해악이 되겠습니까?

설계사나 시공자도 이런 마음가짐이 없다면 건축하려는 건물이 집이 아닌 짐이 되고 말 것입니다. 설계사나 시공사를 선정할 때에는 그 사람의 인간성까지도 고려해야 한다는 것을 기억하기 바랍니다.

설계도면 그리기

건축부지 주변에 다른 건축물이 없거나 땅이 넓다면 건물의 배치는 원하는 방향으로 할 수 있습니다.

주택일 때는 남향으로 배치하는 것이 가장 좋고, 만약에 남향으로 할 수 없는 북향의 집이라면 후방을 비워 남향에서 불어오는 바람을 받아야 하고, 동향의 집이라면 오른쪽을 비우고, 서향의 집은 왼쪽을 비웁니다. 사방이 막혀 있다면 하늘이 보이도록 설계를 의뢰합니다.

상가건물일 때는 북향이 좋은데, 주변 환경에 맞게 유동인구가 많은 쪽으로 상가가 잘 보이도록 설계합니다.

대부분 대도시 땅들은 용도와 모양, 면적과 주변 여건에 따라 건물의 모양이나 용도가 결정됩니다. 해당 토지에 맞게 도로에서 건물의 입구까지 사람들이 접근하기 쉽고, 밝은 곳으로 배치합니다.

1층이 상가라면 고객들의 접근이 쉽도록 상가 앞에 주차장을 설치할 것인지, 아니면 도로경계선까지 상가를 내밀 것인지, 주변의 상황을 보고 결정합니다. 상가 위치에 따라 임대가 잘 나가고 임대료도 많이 받을 수 있습니다. 결정하기 어려울 때는 주변의 상권을 조사한 후 상가 위치를 결정합니다. 건축주는 평일과 휴일, 그리고 시간대별로 유동인구를 조사하는 열정이 있어야 합니다.

세상일이란 정해진 답이 없듯이 주변의 상권을 잘 관찰하여 자가용 이용자가 많은지, '뚜벅이'가 많은지에 따라 상가 위치를 결정하는 것이 좋습니다.

1층 상가를 임대가 잘 나가는 위치로 설계하다 보면 주택은 원하는 위치로 배치를 못하는 경우가 있습니다. 상가주택이라면 1층을 최대한 넓고 높은 층고로 건축하려 할 것이고, 임대수익이 많은 상가가 주택보다 우선시되기 때문입니다.

2층이 임대주택이라면 원룸이 좋을지, 투룸이 좋을지 허가조건에 따라 달라지겠지만, 부동산중개사무소에 알아보고 임대가 잘나가는 구조로 설계하는 것이 좋습니다.

다음은 건축주가 3층에 살 것인지 아니면 임대를 놓을 것인지 결정하고, 만약 건축주가 3층에 산다면 설계도면도 달라져야 합니다.

우선 가족들과 설계도면을 보면서 상의하고, 건물 안에 가족의 희망사항까지 모두 담아서 의뢰해야 합니다. 설계사와 의논할 사항은 가족들의 직업, 취미, 생활방식 등 세세한 부분까지 설계사에게 전하고 이를 설계도면에 반영해야 합니다.

평면계획은 건축주가 요구하는 각 방의 종류와 수, 크기, 형태 등이 대지조건이나 건축법에 맞아야 하므로 설계사와 수시로 상의하면서 설계도면을 그립니다. 각 방의 동선과 가구배치, 창문을 표시하고, 각자의 방과 거실 크기도 도면에 반영합니다. 설계사와 면담을 통하여 가족의 방 면적, 천장이나 내벽의 도배 색상, 조명, 마루의 종류, 붙박이장, 책상, 수납장, 기타 가구의 위치를 도면에 반영하고, 전체적인 디자인이나 재질까지 평면계획에 포함시켜야 합니다.

입면계획은 외장재와 건물의 높이, 지붕의 경사도 등을 건축주가 원하는 방향으로 설계도면에 그립니다.

단면계획은 평면계획과 입면계획을 병행하고, 건물의 구조와 실내공간의 기능성까지 고려하며, 각 방의 높이까지 설명하고, 현재 사용하고 있는 장롱이나 가전제품 등을 그대로 새 집으로 가지고 온다면 장롱이나 냉장고 등의 높이, 크기, 폭까지 설계도면에 그려 넣어야 합니다. 그렇지 않으면 건물이 완공된 후에 안으로 들어가지 못하고 버리는 경우를 수없이 보았습니다.

또한 건축주의 취향에 맞고, 주변 환경이나 여건에 맞는 내장마감재 및 외장마감재는 종류에 따라 가격 편차가 크므로 건축주는 자신의 경제적 능력에 맞춰 설계를 의뢰하는 것이 좋습니다. 설계도면에는 마감재 리스트 정리면이 따로 있어서 건축마감재 사진과 제품명까지 첨부할 수 있습니다.

설계도면 안에 세세한 부분까지 최대한 표시해 놓아야 나중에 시공사와 분쟁이나 갈등이 생기더라도 원만하게 해결할 수 있습니다.

설계도면이 중요한 또 하나의 이유는 옛날에는 밖에 있던 것들이 대부분 안으로 들어 왔습니다. 마당은 거실로, 부엌은 주방으로, 밤에는 무서워 응가하며 노래했던 화장실은 안방 옆으로 들어 왔습니다. 이런 시설들이 실내에 있음으로써 주거생활이 편해진 것은 사실이지만 소음, 냄새, 미세먼지, 실내공기오염, 결로, 그리고 스트레스까지 같이 들어와 있어서 방과 실의 위치, 창문 위치와 크기 등이 중요해졌습니다.

건축주가 명심할 것이 또 있는데, 마음에 드는 마감재를 보고 나면 자신의 집도 좋은 것들로 채우고 싶은 욕망이 생겨납니다. 그런데 처음부터 좋은 것으로만 하려다 보면 끝이 없다는 것입니다. 나중에 건축비가 너무 많이 들어갔다고 대부분 후회를 합니다.

그렇게 비싸게 장만한 살림살이가 안에 들어가지 못하거나 집 안 분위기와 전혀 맞지 않아 뜯어내는 경우도 많이 봤기 때문에 살면서 하나씩 채워가는 지혜가 무엇보다도 필요하다는 것을 강조합니다.

설계도면의 종류

옛날부터 인간은 문자나 그림을 그려서 언어로서 소통하면서 자신의 뜻을 전달했습니다. 그런데 언어는 전달과정에서 왜곡되는 바람에 서로 약속된 그림이나 기호를 만들어 누구와도 소통이 가능한 설계도면을 만들었습니다.

설계도면이란 건축물을 평면으로 그려서 설계사와 시공자, 건축주 사이에 필요한 정보를 그림과 기호, 문자로 표시하여 소통하는 문서인 것입니다.

건축하고자 하는 내용을 건축제도 통칙에 따라 선, 문자, 기호로 건축주의 의사를 설계사가 그림으로 나타냅니다. 구조물의 모양, 구조, 기능들을 알아보기 쉬워 분명하게 이해할 수 있으며, 도면대로 정확히 건축할 수 있도록 그려놓은 것입니다.

건축물이 만들어지는 과정은 기획, 설계, 시공의 3단계로 이루어지는데, 건물주가 직접 시공해보겠다는 마음으로 접근해야 설계도면도 잘 보이고 건축도 완벽해지는 겁니다. 설계도면이 완벽할수록 시공과정도 순탄하고, 시공자와의 사이에서 발생할 수 있는 분쟁들도 어느 정도 줄일 수 있습니다.

건축주가 미리 각종 자료와 정보를 가지고 설계사와 상의하면서 도면을 그리는 것이 가장 이상적입니다. 이는 건축주도 나름 건축에 대해 공부하고, 조사하며, 발품도 팔아야 좋은 설계도면이 나오는 것입니다.

건축주의 관심과 정성은 건물에 그대로 구현되는데, 건축주의 마음이 고스란히 담겨 있는 설계도면으로 시공해서 최고의 건축물로 만들기 바랍니다.

“사랑하는 님에게 관심과 사랑을 주면 줄수록 아름답게 빛나듯이 건물 또한 그러합니다.”

설계도면 보기

설계도면은 어느 위치에서 보고 그렸느냐에 따라 도면의 이름이 결정됩니다. 건축주는 설계도면 보는 법을 배워야 합니다.

처음에는 도면이 낯설어 어리둥절하는 경우가 있는데, 필자도 처음에는 그랬습니다. 하지만 자주 보고 관심을 갖다 보면 이해되고 생각보다 어렵지 않습니다.

배치도

대지 안에 건물의 위치와 점유 부분, 부속건물의 상호 위치, 방위, 지형형상, 통로, 건축선, 대지경계선, 도로폭과 도로와 연관된 상하수도, 전기, 맨홀, 정화조, 조경, 주차장 등을 평면으로 나타낸 도면입니다.

배치도를 통하여 주택이 들어설 위치도 알 수 있고 건물과 대지의 주변 환경을 파악할 수 있습니다.

평면도

평면도는 내부의 사방 벽면을 일정한 높이에서 수평으로 절단하여 위에서 아래로 내려다 본 수평투영도입니다.

단면선, 마감선, 실명, 바닥높이, 재료표현, 개구부 등을 표현하고, 이 평면도를 통하여 실과 배치, 동선관계, 가구배치 등의 내부 모습을 확인할 수 있습니다.

입면도

건물의 입면을 앞, 뒤, 위에서 시각적으로 본 형태를 나타낸 것이고, 건물의 외관을 비입체적으로 표현한 도면이며, 외부재료, 높이, 옥상 상부 구조물, 창호의 외관 등을 표현하는 도면입니다.

단면도

건축물을 수직으로 투영한 그림으로 각종 층고와 천장고, 바닥높이, 기초와 보 등 구조체의 형상, 커튼박스, 주요마감재, 창호 높이와 크기, 대지의 고저, 도로의 사선제한 등 정보가 표현되어 있고, 내부구조를 명확하게 표현하는 도면입니다.

기타 도면

각부 상세도는 건물의 높이와 외부에서 보이지 않는 벽이나 천장, 바닥 등의 내부 상태를 자세히 확인할 수 있고, 공사도 쉽게 할 수 있도록 상세히 그린 도면입니다.

구조도는 건물의 구조체에 대한 그림으로 위치와 형상, 재료, 크기 등을 표현한 주심도, 보복도, 축조도, 슬래브, 배근도, 구조상세도 등으로 표기한 도면입니다.

창호도는 창호일람표에 재료별로 목재와 철재, 알루미늄재로 분류하고, 각 재료별로 창호의 크기나 위치에 따라 각각의 창호와 창틀, 문과 문틀의 재료, 형상, 높이, 너비, 두께, 개폐방법, 수량, 마감상태, 유리의 종류 등을 명시한 도면입니다.

그리고 전기나 설비배관에 관련된 도면도 있고, 그 외에 철근콘크리트구조의 일반사항인 주심도, 각층 바닥구조 평면도와 슬래브 · 기둥 · 벽 일람표, 계단과 기타 잡배근도, 전기와 통신설비도, 설비배관도, 실내재료 마감표와 마감상세도 등이 있습니다.

설계도면 목록 표지는 도면목록표, 배치도, 설계개요, 마감상세도, 1층 · 2층 · 3층 평면도, 지붕평면도, 입면도, 단면도, 창호평면도, 창호입면도, 화장실전개도, 기초구조평면도, 지붕구조평면도, 배근도, 창호마감재도, 거실마감재도, 주방마감재도, 기타 마감재도(비디오폰, 스마트 도어록, 가스보일러) 등이 있습니다.

건축법 제한

도시의 인구집중화로 사람들은 주로 대도시에 모여 살게 되었고, 건물들이 따닥따닥 붙어있다 보니 여러 유형의 갈등이나 분쟁이 발생했고, 화재 때는 큰 피해도 속출했습니다.

특히 영국에서는 산업혁명 시대에 런던으로 인구가 집중되었고, 조선시대 때는 한양으로 인구가 집중되었으며 그 당시에는 주로 목재로 건축하다 보니 대형화재로 도시가 쑥대밭이 되기도 했습니다.

그때부터 불에 강한 건축자재가 개발되었고, 건축법도 만들어졌으며, 땅마다 고유의 사용 목적까지 갖게 되었습니다.

용도제한지역은 도시환경을 향상시키기 위해 도시계획구역 내의 토지이용을 규제하는 것으로 주거, 상업, 공업, 녹지지역으로 크게 구분하고 건축주의 땅도 이 중에 속해 있을 것입니다.

건폐율 규제는 건축물이 대지 안에서 최소한의 공지를 확보하고, 충분한 일조, 채광, 통풍을 얻으며, 화재 시 연소방지와 소방재해 시 피난하는 데 있습니다.

용적률 규제는 대지면적에 대한 건축물의 연면적 비율이며, 토지를 효율적으로 이용하여 도시환경을 정비하기 위한 것입니다.

높이제한은 일조권과 채광 등의 쾌적한 생활환경을 조성하는 데 목적 있고, 도로의 사선제한은 도로의 개방감을 확보하기 위해 전면도로폭에 따라 건축물의 높이를 제한하는 규제입니다.

건축물 높이는 전면도로의 반대쪽 경계선까지 수평거리의 1.5배를 초과할 수 없으며 단, 공원이나 호수, 광장 등의 공지가 있을 때는 반대쪽에 사선제한이 적용됩니다.

대지경계선에서의 높이제한은 일조량, 채광, 통풍, 방화 등을 위해 건물과 건물 간의 일정거리 확보가 목적입니다.

일조권은 남쪽 대지의 일조권 확보를 위해 정북방향 건축물의 높이를 인접대지경계선으로부터 거리에 따라 일정높이 이하로 해야 합니다. 일조권을 침해받는 건물은 1층 상가의 층고가 낮아질 수밖에 없어 답답해 보이며 상가임대 시 불리합니다. 그리고 2층의 주거시설은 천장에 배관을 설치하지 못하며, 주인세대의 거실 천장 높이도 영향을 받아 답답해 보일 수 있습니다. 처음 분양 때 땅값은 같았는데, 프리미엄이 형성될 때는 일조권의 여부에 따라 건물의 가치가 차이날 수도 있습니다.

만약에 땅을 구입해서 건물을 짓는 경우라면 땅을 구입하기 전에 가설계를 먼저 그려본 후 땅을 구입하는 이유로 건물 모양이 어떤지, 용적률은 충분히 확보되는지 여부를 알 수 있습니다.

관공서에서 발급하는 서류의 종류로 지적도는 대지 모양과 대지 방위, 주변 도로와의 관계를 파악하는 서류이고, 토지이용계획 확인서는 대지의 용도나 용도지구에 관한 내용을 파악할 수 있는 서류이며, 토지대장은 공시지가를 파악하는 서류입니다.

실생활에 맞는 설계도

가족중심적인 설계에 좌식과 입식을 혼용하면 편리하겠지만 가족들의 직업, 취미, 생활방식까지 반영하여 설계도면에 생활공간의 규모, 크기, 위치를 결정합니다.

쾌적한 생활공간을 위해 가족구성원의 조건, 사회적 위치, 지역적 기후, 바람의 방향까지 고려해서 설계도면을 그리는 것이 좋습니다.

기온, 강수량, 풍속 등 물리적 여건 등을 고려하여 지붕 형태나 평면 구성, 개구부 위치, 인접 주택에 대한 프라이버시 확보까지 반영하고 창문과 출입문의 위치를 결정합니다.

방위에 따라 각 실의 배치와 출입구, 창문 위치, 조망, 바람, 채광 등을 최대한 고려하여 설계를 의뢰합니다.

각각의 행동반경, 장소, 사용시간, 가구 및 물품의 사용 빈도수와 보유수량, 가구배치 유형, 각 실의 꾸밈 상태까지 설계도면에 반영하고 실생활에 맞도록 그려야 합니다.

각 실과 방은 상호관계가 밀접하면 근접시키고, 상반되면 격리시키며, 가구배치에 따른 방문이나 창문의 위치, 실의 규모와 크기에 따라 실내구조도 바꾸어야 합니다.

실의 위치는 땅모양에 따라 세입세대는 원하는 향으로 배치하기 힘들 수 있으나 가능하면 동쪽은 침실과 식당을, 서쪽은 욕실과 건조실을, 남쪽은 거실이나 자녀방을, 북쪽은 화장실과 보일러실로 배치하는 것이 풍수지리상에 좋다고 합니다.

여기서 풍수지리란 바람과 물의 순환이 땅과 깊은 관계를 갖고 상호작용하는 것을 말합니다.

설계사의 인간사랑

설계도면을 보면 설계사의 마음씨가 엿보이는데 사람을 생각하는 배려가 설계도면에 담겨 있다면 설계사를 존경하게 됩니다.

간혹 낯선 길을 걸을 때 인도가 갑자기 사라지고 차도 밖에 없어서 왔던 길로 되돌아온 경험은 누구나 있을 것입니다. 필자가 운전할 때는 몰랐는데, 웬만하면 대중교통을 이용하고 가까운 거리는 걸어 다니다 보니 도로나 건물들의 시설물이 사람 위주가 아닌 지나치게 자동차 위주라는 것을 깨닫게 되었습니다. 인도를 조금만 걸어도 많은 방해물이 있거나 도로가 점점 좁아지더니 차도의 귀퉁이에 꼽사리 끼어 위험하게 걸으면서 인간들은 왜! 스스로를 푸대접받게 시설물들을 만들어냈을까? 이것은 과연 누구를 위한 것인가?

버스나 비행기를 타보면, 의자폭이나 의자 간 간격이 너무 좁아 다리를 쫙 벌리거나 엉덩이만 걸치고 앉을 때마다 화가 치밀기도 합니다.

도시계획은 물론이고, 특히 주택설계에는 인간사랑이 설계도면 안에 들어가야 한다고 생각합니다.

"인간이 인간을 사랑하지 않으면 누가 사랑해 주겠습니까?

혹시 필자처럼 강아지에게 사랑을 구걸하지는 않으십니까?"

그나마 다행인 것은 소신 있는 훌륭한 설계사가 점점 많아진다는 희망을 보았습니다.

대장금과 중종

아파트에 사는 사람이라면 누구나 공통적으로 느끼는 것이 냄새는 아래에서 위로 올라가고, 소음은 위에서 아래로 내려온다는 것입니다. 마치 맛있는 냄새가 나는 음식을 바치는 대장금과 이를 칭찬하는 중종처럼 주거도 상하관계가 형성됩니다. 부엌의 음식 냄새가 위층으로 솔솔 올라오거나 위에서 쿵쿵거리며 걷는 소리는 아래층으로 내려옵니다.

아파트는 주방에서 사용하는 물, 화장실에서 사용하는 물, 베란다의 세탁기에서 사용하는 물은 맨 위층부터 1층까지 하나의 라인으로 집수관을 통해 땅속의 오배수집수관까지 내려가며 건축용어로 '비트'라고 합니다.

화장실이나 주방의 환기구도 1층부터 꼭대기 층까지 모든 냄새와 습기가 옥상의 환기구를 통하여 빠져나가는 방식입니다. 그렇기 때문에 화장실을 통해 위아래 층의 대화소리가 들리기도 하고, 아래층의 담배냄새가 위로 올라오는 것을 누구나 경험했을 것입니다.

그리고 철근콘크리트의 큰 단점인 소음과 열전도율이 매우 좋다는 것입니다. 동굴에서 소리치면 울려 퍼지는 것처럼 공명이 생겨 내벽이나 천장을 타고 소음이 그대로 전달됩니다.

아파트의 경우 실과 방이 똑같은 위치와 구조로 되어 있지만, 주택의 경우 일반적으로 주인세대는 3층에 1가구, 2층에 2가구나 3가구로 되어 있다 보니 3층에서는 화장실인데, 2층에서는 안방이거나 거실이라면 물내려가는 소리가 들리게 됩니다.

또한 2층의 주방쪽 창이 3층의 안방 창문이나 거실 창문 라인에 위치한다면 창문을 통해 음식냄새가 올라올 겁니다.

특히 주택의 경우는 거실, 방, 화장실, 주방의 위치를 아랫집 간의 구조까지 고려하여 배치해야 합니다.(정말로 중요하고 또 중요합니다) 나중에 아래층 집에서 민원을 제기하면 피곤해질 수도 있습니다. 설계사가 이런 사항까지 모두 고려하지 않았거나 건물주가 자신이 거주할 공간만 신경쓰다보면 이런 일들이 비일비재하게 발생합니다. 따라서 설계사는 사람을 배려하는 설계도면을 그려야 하고, 시공자도 사람을 위하는 방식의 시공을 해야 합니다.

공사 뒷이야기

강남구 논현동 현장에서 실제로 경험했던 일인데, 설계도면대로 건물을 시공하면 건축주는 하나같이 시공자를 원망합니다.

골조가 완공되면 화장실의 오배수관이 아래층 안방으로 나오는 것이 보입니다. 화장실의 오배수관을 아래층 천장에 설치하면 대부분의 건축주들은 그때서야 거세게 항의합니다.

시공 전에 설계도면을 변경하라고 요구하면, 오랫동안 고민한 설계도면에 나름 자부심이 있는지 기분 나쁘게만 생각합니다. 자신의 설계도면이 완벽하다고 생각하기 때문일 겁니다. 그러다가 설계도면대로 시공하고 있으면 시공자가 그런 것도 몰랐느냐며 벽면에 오배수관을 묻거나 방바닥에 묻으라고 거세게 항의도 합니다.

그러나 벽이나 방바닥에 매립하면 소음이 줄어드는 것이 아니고 더 커지게 됩니다. 동굴에서 소리치는 것처럼 공명까지 일어나기 때문입니다.

또한 오배수관에는 하단부에 점검구가 있어 막히면 뚫어주는 역할을 하고, 오배수관이 막힐 것에 대비하여 천장배관을 해야 한다고 하면 막무가내로 방바닥에 매립하라고 생떼도 부립니다.

성남에서 건축할 때도 비슷한 상황이었는데, 건축주가 오배수관을 방바닥에 매립하라고 억지를 부렸습니다.

더욱 얄미운 것은 주변의 다른 시공자가 방바닥에 매립할 수 있다고 아는 체를 했다는 것입니다. 그때부터 건축주는 필자를 힘들게 했는데 아무리 설명해도 마이동풍이었고, '기술적으로 불가능한 일이다.'며 다음과 같이 설명했는데도 첫 번째 오배수관이 막혔을 때 뚫을 방법이 없고, 두 번째 방바닥 폭이 보통은 220mm인데 오배수관 폭은 100mm이므로 기울기가 나오지 않아 좌변기로 오물이 역류될 수 있으며, 세 번째 방바닥에 매립하면 콘크리트의 특성상 소리가 더 커진다고 얘기를 해도 끝까지 고집을 부려 좋았던 관계까지 나빠졌습니다.

필자는 건축을 하면서 별의별 일을 다 겪어 보았습니다. 방바닥이나 벽면에 매립을 안 해봤겠습니까? 하자를 수도 없이 내보았고, 쓰라린 경험들이 셀 수없이 많습니다. 이러한 사항은 설계도면을 그릴 때부터 위아래 층간의 실과 방의 위치를 확인해서 바르게 잡아야 나중에 후회가 없습니다.

"사람들은 보고 싶은 것만 보고, 듣고 싶은 것만 들으려 해서 아무리 말해도 듣지를 않고 자기말만 합니다. 필자도 나이가 들었는지 주변에서 일어나는 여러 가지 일들을 쉽게 받아들이지 못하고, 마음까지 점점 닫아져 적정입니다. 더구나 버럭 화를 잘 내고, 잘난 체하는 필자의 입을 굳게 닫지 못하여 쓸데없는 충돌까지 발생하는 것 같아 조심해야겠습니다."

실과 방

설계도면만으로 각 방과 실의 실제 크기를 실감하기 어려우면 자신의 키가 1m80cm라고 가정하거나 침대의 면적을 기준으로 실과 방의 크기를 가늠하는 것이 좋습니다.

가로 1m80cm×세로 1m80cm = 1평이고, 일반적 침대 크기인 더블 퀸은 1,500mm×2,000mm이고, 보통 방이 2.5평이나 3평이면 결코 작은 면적은 아닙니다.

머릿속에 공간의 면적을 구상해서 설계도면에 방은 침대의 실제 크기로, 거실에는 소파의 실제 크기로 그린다면, 나머지 면적을 쉽게 파악할 수 있습니다.

거실

일반적으로 가족들이 거실을 이용하는 횟수가 가장 많습니다. 거실에서 TV을 보며 밥을 먹거나 대화를 나누고, 가족들이 모여서 삼겹살 등을 구워 먹기도 하며, 가벼운 운동을 하는 장소이도 합니다. 거실은 가족들이 모두 모이는 곳이고 휴식과 안락, 여가, 접대, TV시청, 취미생활 등이 이루어지는 장소입니다.

거실의 위치는 일조권과 전망권이 가장 좋은 곳으로 여름에 시원하고, 겨울에는 따뜻한 남향, 남동향, 남서향으로 하는 것이 좋으나 택지지구라면 원하는 방향으로 배치 못할 수 있습니다.

땅이 넓은 곳에 주택을 짓는 경우라면 현관과는 독립성을 유지하고 창을 통해 전망이 좋은 곳으로 창문은 최대한 넓게 시각적 개방감을 갖도록 배치하고, 가족들의 출입이 쉬운 곳으로 배치합니다.

주인세대는 거실과 연결되는 테라스나 베란다가 있다면 테라스, 베란다의 바닥 높이보다 10cm~12cm 정도 높게 하는 것이 좋습니다. 집 안에서 가족들의 중심이 되는 거실은 가장 이용률이 높은 편이므로 주방이나 현관 가까운 쪽에 위치시키는 것이 좋습니다.

세입자세대는 원룸, 투룸, 쓰리룸 등 어떤 형으로 할 것인지 결정한 후 거실이나 주방, 방 크기를 결정합니다.

그리고 충분한 수납공간 확보가 무엇보다도 중요하니 설계 시 이를 반영하도록 해야 합니다. 나중에 건축주나 세입자가 수납공간이 부족하여 살림살이를 계단이나 복도에 방치하는 것을 흔히 볼 수 있습니다.

온 가족이 둘러앉아 삼겹살이라도 구워 먹으면서 거실의 크기와 위치를 상의하고 결정하는 것이 좋습니다.

"그런데 상의하다가 싸우지는 마세요. 거실의 크기보다 더 중요한 것이 가정의 화목입니다."

주인세대 모형도

주방

거실에서 주방으로 이동이 편리하고, 거실과 가까운 곳에 배치하는 것이 좋습니다. 사람마다 생활방식이 다르기 때문에 주변의 말에 흔들리지 말고 지금 거주하는 주방을 기준으로 가족들의 생활습관을 고려한 후 설계도면에 반영해야 합니다.

어떤 가정에서는 아이의 공부방이 별도로 있지만 식탁에서 공부하고, 엄마는 책을 읽거나 아빠는 스마트폰을 보기도 할 겁니다. 그런 가정이라면 주방 가까이에 책꽂이를 설치해도 좋고, 가족 간에 식탁에서 대화를 나누며 음식을 같이 먹는 곳으로 자주 이용한다면 조리대나 냉장고 위치를 행동반경이 편한 곳에 배치하는 것이 좋습니다.

주방의 구조는 정해진 법칙은 없으며 가족들이 편하게 생활할 수 있는 공간이 바로 법칙이 되므로 바깥 것만 보지 말고 내부의 가족들의 생활도 살펴야 합니다. 특히 주방은 너무 크거나 작아서도 안 되고, 지금 거주하고 있는 주방을 기준으로 개선할 것이나 추가할 것을 종이에 그려보면서 설계도면에 반영하면 됩니다.

주방은 설계도면의 면적과 실물의 면적이 일치하지 않는 경우가 종종 있습니다. 우선은 기존 냉장고를 가지고 간다면 냉장고의 크기와 위치까지 설계도면에 그려 넣습니다. 이유는 나중에 냉장고가 주방에 들어가지 못하거나 사용하기 불편한 곳에 배치되어 어쩔 수 없이 냉장고를 버리는 사태가 발생합니다.

싱크대 앞쪽에는 바깥바람이 솔솔 불어오는 곳으로 창문을 냅니다. 여기서 주의할 점은 아래층의 주방 창문과 위층의 안방 및 거실에 수직으로 일치시키지 않도록 해야 합니다. 아래층의 음식 냄새가 그대로 위로 올라오기 때문입니다. 그리고 개수대와 조리대쪽까지 길게 창문을 내놓아야 조리할 때의 음식 냄새나 수증기가 밖으로 빠져나가 결로 및 냄새에서 해방됩니다.

실내에 공기청정기를 갖췄다 해도 자연바람만 못하고, 음식을 조리할 때 나오는 유해공기를 환기시킬 수 있도록 창문 설치가 필수입니다.

"사랑하는 님이 바깥 경치를 바라보면서 설거지나 요리하면 얼마나 좋겠습니까!"

공사 뒷이야기

최근 공사 중 경험했던 일인데, 기존 냉장고가 커서 주방에 넣으려다 보니 어쩔 수 없이 싱크대를 줄임으로써 주방이 협소해진 것을 보았습니다.
벼룩 잡으려다 초가삼간 태우는 꼴인데 과감하게 기존 냉장고를 버리고 주방에 맞는 냉장고를 구입해야지 거꾸로 주방을 줄이면 불편해집니다.
신축을 하거나 새로운 사업을 하려면 먼저 고정관념부터 버리고 열린 마음으로 세상을 보려는 노력이 정말로 중요합니다.

"생베 조각을 낡은 옷에 붙이는 자가 없나니 이는 기운 것이 그 옷을 당기어 해어짐이 더하게 됨이요."

-마태복음 9장16절

침실

침실은 매우 사적인 공간이면서 정적인 공간이므로 현관이나 출입구에서 떨어진 조용한 곳으로 배치하고 다만, 어린 자녀가 있다면 침실은 주방이나 거실 가까운 곳에 배치하는 것이 좋습니다.

부부침실에는 화장실을 설치하고, 화장실 통로 옆에 드레스룸까지 있다면 편리합니다.

구조상 가능하면 남향이나 남동향에 배치하고, 일조권과 통풍이 잘되는 곳으로 정하는 것이 좋습니다. 안방에 화장실이 있으면 화장실의 수증기가 결로를 형성하여 드레스룸의 벽이나 옷에 곰팡이가 생길 수 있습니다.

침실의 창문은 바로 아래층의 주방 창문과 일치한 곳에 내지 말아야 합니다. 아래층의 음식냄새가 올라와 수면을 방해하기도 합니다.

만약 옆집의 창문이 마주 보인다면 창문의 위치를 다른 곳으로 변경하고, 부부방, 자녀방, 거실 등을 그릴 때는 옆집의 창문 위치도 확인하기 바랍니다.

또한 안방에 있는 장롱을 가져올 것인가 버릴 것인가, 버린다면 붙박이장 설치를 결정하고 설계도면에 붙박이장의 치수까지 그려 넣습니다.

기존의 침대를 가져오든 새로 구입하든 간에 침대 크기를 정확히 재서 설계도면에 침대 놓을 위치와 크기를 표시합니다.

침실에 TV을 설치하거나 책상을 놓고 싶다면 그것도 설계도면에 반영해야 합니다.

"설계도면을 디테일하게 그리면 그릴수록 가정생활이 편리해집니다."

자녀방

성별, 연령, 생활방식에 따라 실의 위치, 크기, 가구 크기까지 고려하여 설계도면을 그리는 것이 좋습니다.

채광이 좋고 환기가 잘되는 장소가 좋은데, 신축부지로 설계도면을 들고 가서 직접 확인합니다. 화장실은 가깝게 있어야 하고, 자녀방은 부모의 시야 안으로 자연스럽게 들어오는 위치에 배치하고, 위아래 층 거실쪽에 창문을 배치하는 것은 피해야 합니다. 소음이나 냄새가 들어오기 때문입니다. 침대나 책상의 치수와 위치도 도면에 넣습니다.

자녀방에는 가능한 한 붙박이장이나 장롱, 책상 등을 놓지 않는 것이 좋은데 어린 아이 같은 경우는 주의가 산만해서 책상 모서리에 다치거나 숨기는 물건도 생깁니다. 자녀방은 오직 잠만 자는 곳이 되어야 하고, 공부방은 따로 만들 것을 추천합니다.

"목적에서 벗어나면 가치관의 혼란이 오고, 본질에서 벗어나면 방황하게 됩니다."

화장실

주택의 전체 규모에 맞는 크기로 온 가족이 이용하기 편한 곳에 가능하면 북쪽으로 배치합니다. 현관문에서 가까운 곳, 거실에서 직접 안 보이는 곳, 자녀방에서 가까운 곳으로 화장실을 배치합니다.

수증기와 냄새 배출을 위해 바깥바람이 자연스럽게 들어올 수 있는 위치에 창문을 설치하는 것이 좋습니다.(정말 중요함) 냄새뿐만 아니라 수증기로 인한 결로도 방지하고, 습한 환경에서의 화장실에 물때 끼는 것도 어느 정도 방지할 수 있습니다.

아파트는 구조상 창문 설치가 어려울 수 있지만, 주택은 마음만 먹으면 가능하니 장점입니다. 그러나 2층 세입자세대의 화장실에 창문 없이 배치할 수도 있습니다.

경험의 한수

위례신도시 아파트현장에서 경험했던 일입니다. 아파트를 시공할 때는 층별로 동일한 집구조의 벽면을 철판으로 용접에서 틀을 만들어(갱폼) 젤리 같은 시멘트를 부어넣어 층별 아파트를 만듭니다.

그래서 비좁은 공간인 출입구 벽이나 화장실까지는 갱폼으로 나눌 수 없어서 빈 상태인 구조가 됩니다.

나중에 거실벽과 방 사이, 방벽과 화장실벽 사이를 석고 및 합판으로 막거나 벽돌을 쌓는 식으로 작업합니다.
아파트에 살고 있다면 거실이나 화장실쪽 옆 벽을 두드려 보면 빈 소리가 나는 이유입니다. 갱폼으로 시공하기 때문에 약 3주에 한 층씩 올라가기도 합니다.
필자는 개인적으로 아파트보다 주택이 훨씬 좋다는 것을 건축할 때마다 느낍니다. 다만, 건축주가 건축시공을 어느 정도 알아야 한다는 전제하에서입니다.

위례신도시
아파트 내부 마감

현관

동양에서는 건물을 지을 때 풍수지리를 의외로 많이 따지는데, 근래에는 자동차에서 내려 곧바로 현관문으로 들어가는 것을 선호합니다.

전원주택이나 별장이 아니라면 현관의 문은 옆 건물에 의해 제약을 받을 수 있습니다.

현관문을 열었는데 옆집과 현관문이 마주보고 있다면 서로가 불편할 것이며, 프라이버시를 위해 내 집의 현관문 위치는 옆집의 현관문 위치를 고려하여 결정합니다.

주차장 앞이나 옆으로 현관을 내는 게 좋으며, 만약에 구조상 어쩔 수 없이 현관문을 뒤편으로 낸다면 그림자 지지 않고 밝은 곳으로 선택해야 햇빛이 잘 들어 밝은 기운도 받고, 복도 들어옵니다.

풍수지리는 살고 있는 지역의 형세에 따라 사람의 성격이나 외모에 영향을 주기도 한다고 합니다.

베란다

베란다를 확장하여 거실을 넓게 만드는 경우가 많은데, 필자 개인적으로는 정말 악수라고 생각합니다. 특히 주택은 베란다가 있어야 바깥창과 내부창을 두어 환기하거나 단열에 좋습니다. 아무리 특수창이라 해도 콘크리트 벽보다는 3분 1 정도 밖에 단열효과가 없고, 더욱이 특수창은 대부분 통창이라서 창문을 열고 환기하기가 어렵습니다. 그래도 베란다 확장을 원한다면 창호업체와 충분히 상의하여 단열이나 환기에 좋은 제품으로 추천받기 바랍니다.

주인세대는 거실쪽에 베란다나 부엌과 연계하여 주방만의 베란다를 따로 만들면 편리합니다. 주방에서의 동선을 짧게 하는 것이 좋은데, 주방쪽 베란다에는 보조싱크대나 세탁기, 빨래건조대가 있으면 편합니다. 공간이 넓다면 주방기구의 수납공간까지 만들면 싱크대의 정리정돈이 잘될 것입니다.

건물주나 세입자에게 집에서 살면서 불편한 점을 물으면 십중팔구는 수납장이 부족하다고 말하는데, 자투리 공간을 최대한 활용하여 수납공간을 확보하도록 설계도면에 반영합니다.

베란다는 각 방마다 있는 것이 가장 좋으나 건축면적상 제약이 있을 수 있습니다.

다락방

다락방은 평균 높이 1m50cm 이내의 경사일 때 가능한데, 내부의 층고가 1m80cm가 넘거나 난방 및 수도시설, 화장실을 설치하면 불법이 됩니다.

가구 수를 늘리는 건축법 위반 가능성을 차단하려는 목적으로 만든 행정 편의주의의 전형이라고 생각될 때도 있습니다. 가구 수 증가가 아닌 가족들만의 공부방이나 작업공간으로 쓴다면 어쩔 것인지, 1960, 70년대에 만들어진 건축법입니다. 만약에 불법으로 가구 수를 늘렸다면 벌금이나 행정조치를 취하면 되는데, 그 자체가 귀찮아서 그러는 것이라고 글을 쓰면서 하소연해 봅니다.

다락방 지붕에 창을 만들어 하늘을 바라보면 좋겠지만 주의할 점도 있는데, 특수창이 아니면 결로가 생겨나 빗물처럼 떨어질 수 있습니다. 하자 발생 가능성이 많으므로 작업에 각별히 신경을 써야 합니다.

다락방에서 이어지는 옥상정원까지 만들 수 있는 공간이 나온다면 이상적인데, 건축허가 상 문제가 없다면 축복과도 같은 장소가 될 것입니다.

점포주택의 경우는 다락방 설치가 힘들 수도 있지만 전원주택이라면 다락방을 설치하여 아이들에게 좋은 추억의 장소가 되도록 합니다.

필자는 경사지붕보다는 평지붕으로 해야 한다고 주장하는데, 경사지붕으로 하면 건축비가 많이 들고, 건축폐기물도 많이 나와서 환경을 오염시키기 때문입니다.

지하층

건축주가 지하층을 개인작업실, 화실, 음악실 등으로 활용할 필요가 없으면 지하를 파지 말라고 하고 싶습니다.

반지하가 나올 수 있는 급경사 땅이거나 선큰가든으로 만들어 1층 상가의 경쟁력을 높인다면 고려해 볼만한 가치는 있지만 하자가 많이 발생하는 곳입니다. 결로가 발생하고 곰팡이냄새가 날 수 있으며, 환기와 채광을 충분히 확보하기 어렵습니다.

지하층에 화장실이나 주방까지 있다면 오배수관이나 빗물까지 끌어올리는 모터를 설치해야 합니다. 당연히 지하층은 공사비도 많이 듭니다.

1층 상가

1층에 상가를 배치하는 상가주택에는 무엇보다 고객들의 접근성이 좋아야 하므로 위치가 우선시 되어야 하고, 접근성이 좋다면 임대료를 많이 받겠지요. 상가는 월세 등의 수입이 생기는 공간이다 보니 주택이 일부 침탈되는 경우가 있습니다.

더구나 상가층은 층고가 높아야 매장이 널찍해 보이고 임대도 잘 되는 반면에 주택의 층고는 낮아질 수 있습니다.

상가층에 어떤 업종이 입주할지 모르지만 건물주들은 식당이나 고기 등을 굽는 업종이 들어오는 것을 싫어하는데 아무래도 음식냄새나 소음 때문에 주거환경이 나빠질 수 있기 때문입니다.

건물주들은 상가층에 커피전문점이나 비교적 깔끔한 체인사업 업종의 입주를 선호하는 편인데, 상가에 어떤 업종이 들어올지 알 수 없으므로 지붕위에 환기시설을 설치할 곳을 정하고 설계도면에 반영해야 합니다. 상당히 중요할 수 있으니 꼭 확인할 사항입니다.

상가층의 임대면적을 넓히려고 남녀화장실을 한 곳에 만들거나 주택의 복도에 화장실을 만든다면 이 또한 악수라고 생각합니다. 예전에 민속촌 근처의 상가주택을 건축했는데, 주택 출입구의 복도 한쪽에 화장실을 만들었고, 나중에 술을 파는 식당이 들어왔는데 취객들이 복도에 소변을 보거나 지저분하게 이용하는 바람에 건물주가 고생하는 것을 보았습니다.

건축주는 1층이 상가일 때 가장 고민하는 부분이 바로 엘리베이터인데 엘리베이터를 설치하면 상가와 주택의 면적이 그만큼 줄게 됩니다.

상가 면적은 보통 10평, 15평 기준이 한 칸이니 상가의 오배수관이나 수도관을 칸 수에 맞게 설치해야 합니다.

경험의 한수

건축현장에 간다면 줄자와 스마트폰, 안전화, 필자의 책, 설계도면과 필기도구까지 챙겨가기 바랍니다.

건축주는 건축하려는 건물이 택지조성 대지가 아닌 구시가지 건물이라면 별도의 수도관과 오배수관 설치로 토목공사가 필요할 수 있으며, 전기나 오배수관을 증설하는 경우도 발생하니 뜻하지 않게 공사비가 발생할 수 있다는 것까지 계산해야 합니다.

기존 주택가에서 공사하면 고려할 것들이 많은데, 소음이나 공해 때문에 토요일 오후, 일요일, 공휴일은 공사를 중단해야 할 수 있습니다.

평일에도 너무 이른 시간이나 너무 늦은 시간까지 시끄러운 공사를 하게 되면 민원이 발생하여 공사를 중단하는 경우도 비일비재하며, 그만큼 공사기간도 길어지고 공사비도 많이 들어갑니다.

"한마디로 건축주는 완공될 때까지 죄인이 되어야 합니다."

주변 민원 때문에 너무 고생해서 다시는 건축을 않겠다는 건축주도 더러 있습니다.

기존 주택지에서 건축을 하게 되면 자신의 사회성의 척도가 되기도 하는데, 택지지구가 아닌 지역에 건축물을 지을 때는 예상치 못한 변수가 생기니 주변에 작은 선물도 돌리고 인사라도 해야 할 겁니다.

"뇌물은 그 임자가 보기에 보석 같은즉 그가 어디로 향하든지 형통하게 하느니라."

-잠언 17장 8절

기타 설계도면

전기는 사람에 비유하자면 혈관과 같은 역할을 하는데, 다른 것이 있다면 사람의 혈관에 이상이 있으면 뇌출혈 등의 마비가 올 수 있지만, 전기는 수리가 간편해서 건물에 불빛이 사라지는 일은 거의 없습니다.

통신은 귀와 눈이 되는 역할을 하는데, 요즘에는 인공지능 소프트의 영역 확대로 빠르게 진화하는 중입니다. 통신장비의 발전 속도가 빨라서 설계도면에 적용시키지 못하는 경우가 있으므로 건축주가 신제품을 별도로 찾아보는 것도 좋습니다.

냉난방설비에서 온수난방배관은 평면도 상에 온수용 파이프가 각 실과 방에 깔려 있는 표시가 있고, 골조시공에서 자세히 설명하겠습니다.

일반주택에는 냉방배관 도면이 없는 경우가 많아 내장공사 때 건물벽에 구멍을 뚫거나 에어컨 실외기를 설치하며 앵커 볼트로 박기도 합니다.

시공자 입장에서 보면 가장 불편한 공사인데 나중에 에어컨 관을 통해 빗물이 새거나 결로가 발생할 수 있으므로 신경써야 하는 부분입니다. 건축물 보호차원에서는 개별 에어컨보다 시스템 에어컨으로 설치하는 것이 좋은데, 냉방배관 설치는 간단하지만 에어컨이 비싸다는 단점이 있습니다.

위생배관 평면도는 인간의 몸에 비유하면 내장기관인데, 전기와 달리 오수배관은 막히거나 터지면 대책이 없습니다. 건물을 부수고 배관을 다시 설치해야 하는데, 구조적으로 불가능하여 설비배관은 시공할 때 매우 중요한 부분 중 하나입니다.

전기설비도면이나 배관설계도면은 해당 건물이 없어질 때까지 보관해야 하고, 이밖에 가스배관 평면도가 있는데 골조공사에서 설명하겠습니다.

공사 뒷이야기

건축의 기초를 배우고 싶어서 1군건설업체에서 하는 최고급 아파트현장을 형틀목수로 잠시 일한 적이 있었는데, 아파트의 구조상 자연환기가 거의 불가능한 상태였습니다. 대도시에서는 창문을 마음대로 열 수 없을 정도로 매연이나 미세먼지가 가득하다지만, 그것보다는 층수를 많이 올리다 보니 자연환기가 불가능해진 면도 있어서인지 각 방이나 거실의 환기를 위해 옥상의 환기배출구로 빼내는 작업을 하는 것을 봤습니다. 주택이나 상가주택은 옥상 위에 환기구를 설치 안 하는 것이 대부분이므로 자연바람만으로도 환기가 잘되도록 시공 시의 창문 크기나 위치가 무엇보다 중요합니다.

정열적인 사람은 선택을 받는다

공사현장에는 수많은 작업자들이 왔다가 떠난 자리를 정리정돈하거나 건축폐기물 등을 치울 때 용역업체에서 일용잡부를 부를 수밖에 없습니다.

용역사무실에서 첫 거래일 때는 열정적인 사람들을 보내줍니다. 이 분들은 스스로 일을 찾아서 적극적으로 합니다.

또다시 그 용역사무실에 일용잡부를 부르면 그때는 소이 '농땡이꾼'들만 보내주는 경우가 있습니다. 그들은 틈만 나면 담배를 피우거나 스마트폰을 들여다보면서 일을 등한시 합니다.

작은 일에도 열정적인 사람은 어디에서 무슨 일을 하든지 몸에서 빛이 나며 눈에 확 띄게 되어 선택을 받습니다. 용역업체의 일용잡부였더라도 훗날 건설업체에 정규직 반장으로 취업하거나 하도급 사장으로 나타나기도 합니다.

농땡이 친다고 한마디 하면 그냥 집으로 가버립니다. 그나마 아무 일도 못하게 되니 운명이려니 하고 편하게 받아들이세요.

"세상에 작은 사람은 있어도 작은 일은 결코 없습니다."

용역 사무실의 풍경

새벽 5시에 도착하니 사람들로 가득했다. 그런데 우리나라가 아닌 것 같았다.

각 나라의 언어들이 난무하고, 인종도 다양했다. 우리나라 사람들은 별로 없어 보였다. 일자리를 배정받으려는 간절함과 절박함이 사람들의 눈초리에 가득했다.

그리고 이름이 불리는 순간에 환하게 웃으며 행복해 하는 모습을 잊을 수가 없었다.

"지금의 자리에서 최선을 다하세요. 용역 사무실에서 헛걸음치는 분들이 더 많습니다."

Part

03 터파기

골조공사가 철근콘크리트가 아닌 목재이거나 기타 마감재로 골조를 마감해도 바닥공사의 시공방법은 같습니다.
어떤 외장마감재로 골조를 만들든지 터파기가 끝난 후에 버림치기와 바닥공사를 합니다.
그 바닥에 철근배근을 하고, 전기 · 통신 · 수도 · 오배수관을 설치한 다음 콘크리트를 타설하는 것은 모두 동일합니다.

터파기

터파기는 건물을 올리기 전에 기초를 다지기 위해 흙을 파내는 것을 말합니다. 포클레인 한 대로 흙을 파고, 덤프트럭 25톤(현장용어;압사바리) 2대로 흙을 사출하며, 이때 중장비 사용료가 상당히 비싸므로 주택공사일 때는 하루 만에 끝내야 합니다.

터파기 깊이는 약 1200mm~1500mm 정도로 파내고, 작업반경이 좋도록 건물 바닥면적보다 넓게 팝니다.

땅을 파낼 때 흙을 육안으로 확인할 수 있는데, 포클레인으로 땅을 팔 때마다 땅에 따라 흙색깔이 달라질 수 있습니다. 특히 택지지구는 논이나 밭이었던 곳이 많으니 터파기할 때 건축주는 반드시 현장에 가서 흙색깔을 육안으로 확인해야 합니다.

땅을 파냈는데, 처음에는 황토색이었다가 갈수록 땅의 색깔이 달라져 흑갈색이나 검정빛 흙이 나온다면 택지 조성 시 좋은 흙을 가져와 살짝 깔고 되메우기한 땅입니다. 만약에 땅을 팠는데 같은 색깔이 아니면 같은 색이 나올 때까지 파내는 것이 좋지만 그래도 같은 땅 색깔이 보이지 않거나 물까지 나오면 파일을 박을 것까지 고려해야 합니다. 이 공법은 공사비가 많이 들어가니 설계도면상에 파일시공이 없다면 시공자는 손해를 보지 않으려고 설계도면대로만 흙을 파낼 겁니다. 그러니 건물주는 시간을 내서라도 흙 파내는 것을 지켜봐야 하는 이유입니다. 풍수지리에서는 무덤을 팔 때 흙 상태나 물구덩인지 여부를 보고 묏자리를 결정한다고 합니다. 하물며 내가 누워서 잠자는 바닥의 흙 상태를 아는 것은 너무나 당연한 일이고, 그만큼 중요하므로 건축주가 소홀히 해서는 안 된다는 것입니다.

터파기가 끝나면 현장 주변에 건축가설재들이 한꺼번에 반입되는데, 이때 장소가 협소해지거나 안전사고, 자재파손 및 분실 등이 발생하니 시기적절하게 건축가설재를 납품받는 것이 좋습니다.

포클레인을 이용해 통신 · 전기 · 수도맨홀 등의 위치를 표시해 놓고, 흙으로 매립한 후 25톤 트럭(압사바리) 10대 분량 정도의 잔토만 남겨 놓고 배출합니다. 나머지 트럭 10대 분량의 잔토는 되메우기나 화단을 만들 때 사용하고, 남겨 놓은 흙이 부족하거나 많으면 새로 구입하고 치우는 데도 비용이 발생할 수 있습니다.

또한 엘리베이터 설비가 리브식인 경우 엘리베이터 크기만큼 땅 깊이를 약 2m 더 깊게 파냅니다.

터파기

버림치기

버림치기는 말 그대로 토지 위에 콘크리트를 살짝 치는 것을 말하고, 버림치기의 주 목적은 철근배근할 때나 유로폼을 조립할 때 지탱해주는 역할을 합니다.

흙을 다 파냈으면 토질 상태를 본 후에 흙이 푸석푸석하면 트럭 2대 분량의 자갈을 깔고 땅바닥을 다진 다음 비닐을 씌운 후 버림치기를 하고, 반대로 토질이 바위처럼 단단하면 레미콘 차 2대 분량(12루베)으로 버림치기합니다.(바닥 면적에 따라 달라짐) 레미콘회사 출하실에 전화해서 '버림을 친다고'하면 콘크리트 강도를 맞추어 레미콘 차를 보내줍니다.

광주 양로원 현장

융통성 없는 사람

현장에 가면 자신의 시공방법만 옳다고 하거나 잘못 알고 있는 어설픈 지식으로 아는 체하는 사람이 있듯이 특히 버림치기도 여러 방법이 있습니다.

신발치수를 쪽지에 적어 신발을 사려고 신발가게에 왔는데, 깜박하고 쪽지를 놓고 와 집으로 돌아왔답니다. 그냥 신발가게에서 신발을 신어보면 되는데, 이런 사람을 고지식하고 유통성이 없다고 합니다.

버림치기도 여러 시공 방법은 있으나 정도가 없으므로 현장상황에 따라 융통성을 발휘해야 합니다.

그냥 버림치기할 것인지, 자갈을 깔고 비닐을 씌운 후에 버림치기할 것인지, 아니면 파일박기를 할 것인지는 땅의 상태를 보고 판단합니다.

수많은 건축시공 경험이 있더라도 이러한 변수들은 수없이 발생하는데, 상황에 맞게 판단하고 시공하는 것이 진정한 '시공의 고수'입니다.

광교현장에서 경험했던 일이 생각납니다. 옛날에 원천유원지가 있던 곳이고 호수 주변으로 술집, 여관, 호텔, 놀이기구와 논과 밭이 있던 곳을 택지지구로 개발한 땅이었습니다. 그 당시에 일부 설계사나 시공자들은 지반이 약하니 파일(전봇대 같은 것을 거꾸로 박음)을 박아야 한다와 아니다로 의견이 분분했던 택지지구였습니다.(파일박는 것을 고결안정공법이라고 함)

다행히 필자가 공사하는 지역은 운이 좋았는지 별 문제가 없었는데, 수원지방법원 근처의 한 곳이 농수를 담아 놓은 물구덩이였습니다.

파일박기

그곳에는 파일을 박았어야 했음에도 그냥 건물을 올렸고 급기야 건물이 한쪽으로 기울어져 억대가 넘는 하자보수금이 들어갔다고 합니다.

아무튼 건축시공에서 하자가 발생하는 그 순간 대략 10배 이상의 건축비가 더 들어간다고 보면 됩니다.

매트공사

꼭 콘크리트조가 아니더라도 골조는 똑같은 방식으로 매트공사를 쳐야 하고 목조주택 또한 같습니다.

먹줄로 가공선이나 조립기준선을 그렸다면 먹줄을 따라 바닥에 형틀작업을 하고, 바로 철근배근을 합니다. 철근을 주문해서 사전에 현장에 갖다 놓고 버림치기 작업 전에 철근공에게 철근배근도면을 주면은 철근수량을 뽑아 줍니다.

철근작업자가 철근의 종류와 수량을 알려주면 철근을 주문하는데, 한꺼번에 주문하면 철근이 녹슬고 분실될 염려가 있으므로 매트공사에 들어갈 수량만 주문하고 층별로 주문하는 것이 좋습니다.

철근배근 작업이 다 끝나면 감리가 철근배근이 도면대로 되었는지, 전기배선이나 오배수관은 잘 배치되었는지 여부를 확인하게 됩니다.

특히 오배수관 입구는 테이프로 잘 막아야 이물질의 침투가 방지되고, 수도관은 보호재로 감싸며, 오배수관은 물내림이 좋은 기울기인지 확인하고, 수도관이나 오배수관이 이탈하지 않도록 잘 고정해야 합니다.

콘크리트를 타설하기 전에 철근배근 사진을 찍어서 보관하는데, 만약 감리자가 현장에 오지 못할 경우 사진을 요구할 수도 있습니다.

건물에 지하실을 파고 싶다면 흙막이공사를 계획해야 하는데 설계사와 충분히 논의한 후 설계도면에 흙막이공사를 넣어야 합니다.

바닥면을 밀대나 나무흙손으로 평탄하게 고르고 수평을 잡습니다.

매트 수평작업

철근콘크리트

철근콘크리트로 건물을 짓게 된 것은 대도시의 인구집중화로 각종 문제들이 발생하고 좁은 곳에 많은 사람이 거주할 필요성이 생겨났기 때문입니다. 이후에 건축마감재가 발전하여 화재에도 강하며 건축비도 저렴한 것을 찾다보니 철근콘크리트까지 만들게 되었습니다. 지금은 가장 많이 사용되는 건축재입니다.

내가 원하는 모양의 형틀을 만들어 찹쌀죽 같은 것을 부어넣고, 하루만 지나면 돌처럼 딱딱하게 굳어집니다. 어떠한 모양이든 자유자재로 만들어 낼 수 있습니다.

이러한 콘크리트는 현대 건축공사에 없어서는 안 될 재료가 되었고, 강철과 엘리베이터까지 개발되면서 초고층빌딩까지 짓게 되었습니다.

가장 흥미로운 것은 콘크리트 사용 초기에는 피아노와 냉장고까지 만들었다는데 무거워서 중단했지만 가벼운 소재의 플라스틱이 개발되지 않았다면 아직도 콘크리트로 만든 무거운 냉장고를 사용하고 있을 거라는 발칙한 상상을 합니다.

사실 콘크리트는 수천 년의 역사가 있는데, 충격에 잘 부서지는 치명적인 약점 때문에 콘크리트 자체로는 대중화되지 못했습니다.

그런데 이러한 콘크리트에 잘 휘면서 부러지지 않는 강철을 같이 사용하여 지금의 철근콘크리트조가 탄생했습니다.

이런 철근콘크리트도 단점이 있는데, 열에 약하고 소리의 전달력이 좋다는 것인데 차가움이나 뜨거움, 소음까지 잘 전달됩니다. 그리고 인체에 해로운 유해물질이 포함되어 있는데 콘크리트타설공이나 미장공은 피부병으로 고생하기도 합니다.

이외에도 목재와 달리 중량이 무겁고, 균열이 잘 발생하며 부분 파손되기 쉽고, 시공 후 검사나 보강이 어려우며 파괴 및 철거할 때도 문제가 있습니다. 더구나 목재처럼 재활용하기가 힘들고, 땅속에 묻으면 땅을 오염시켜 환경문제가 있음에도 없어서는 안 되는 콘크리트가 되었습니다.

"세상에는 어느 것도 완벽한 것은 없으며, 장점과 단점은 항상 공존합니다. 곁에 있는 소중한 사람 또한 완벽할 수는 없으니 용서하고 포용하며 그렇게 살아가는 거라고 생각됩니다."

콘크리트

콘크리트는 시멘트와 자갈, 모래, 물을 적당한 비율로 배합하여 만들고, 시멘트는 보통 포틀랜드시멘트가 사용되며, 모래를 잔골재라 하고, 자갈을 굵은골재라고 합니다.

요즘에 골재는 대부분 인공골재인 강자갈이나 바위를 깨서 사용하는데, 골재에 먼지나 흙, 불순물이 있다면 콘크리트의 내구성이 약해집니다.

아파트공사현장에서는 콘크리트의 샘플을 받아 검사도 하지만 작은 상가나 주택에서는 레미콘회사에서 정직하게 납품하리라는 것을 믿을 수밖에 없습니다.

그리고 레미콘회사를 선정할 때는 공사현장에서 가장 가까운 곳으로 정합니다. 주문은 레미콘회사의 출하실로 전화해서 타설할 곳(용도)을 말하고 레미콘의 양을 주문해야 하며, 버림치기와 매트치기, 층별치기, 계단치기, 지붕치기 등 각 공정마다 레미콘강도가 달라져야 합니다.

공사장에 레미콘 차가 오고가면 어디선가 구경꾼이 나타나서 어설픈 지식으로 아는 척하는 말로만 고수가 있습니다.

진정한 고수들은 말이 별로 없으며, 현장에서 아는 척 말을 많이 하는 사람들을 좋아하지 않습니다. 무언가 부족한 사람들이 말이 많은 편입니다.

시멘트 종류

석회질과 점토질 원료를 적당한 비율로 충분히 혼합하여 소성한 후 급랭시켜 타고 남은 석고를 분쇄하는 것이 시멘트입니다.

시멘트의 종류와 특성을 어느 정도 알아야 나중에 미장 및 방수할 때 도움이 되며, 보통 포틀랜드시멘트가 많이 사용되고 우리나라는 전 생산량의 90%를 차지합니다.

백색시멘트는 천연점토 중 산화철을 제거하고, 백색점토를 섞어 넣은 것이고, 백색점토에 각종 안료를 섞어 넣으면 착색시멘트가 되며, 이 시멘트는 주로 타일공사나 벽돌공사에 사용됩니다.

시멘트는 독성이 강하므로 맨손으로 만지면 아토피가 있는 사람들은 피부병으로 고생합니다. 특히 시멘트 가루가 눈이나 코로 들어가면 호흡기에 안 좋은 영향을 미치고, 시멘트 먼지가 날리므로 반드시 마스크를 쓰고 현장에 가야 합니다.

필자도 관리를 잘 못해서 시멘트의 독성이 몸속에 쌓여 지금도 아토피로 고생하고 있습니다.

진정한 고수

공사를 시작하기 전에는 항상 마무리까지 계산하고 작업을 해야 실패가 적고, 하자가 없는 건축물이 되며, 공사기간이나 건축비가 절약됩니다.
진정한 고수도 역시 다 잘할 수 없으며, 깊이 아는 것은 넓게 아는 것이 아니고 넓게 아는 것은 깊이 알지 못합니다.
식당에 메뉴가 많으면 손님이 없고, 기술이 많으면 가난해지는 이유는 하나도 제대로 집중하지 못하기 때문입니다.
농구에서 혼자서 자유투를 쏠 때는 골도 잘 들어가더니 내기만 할라치면 골이 들어가지 않는다면 이는 밖에 중요한 것이 생겨나 안이 졸렬해졌기 때문입니다.
진정한 고수는 하루아침에 만들어지지 않습니다. 수년 동안 반복한 경험치가 쌓인 결과물입니다.
"진정한 고수는 외부나 내부의 저항에도 흔들림이 없으며, 마치 바위처럼 보이고, 잔잔한 호수와 같습니다."

되메우기

매트공사가 끝난 후 하루 정도 지나면 딱딱하게 굳는데, 매트 주변까지 평탄하게 작업하지 않으면 작업자들이 빠지거나 넘어질 수 있습니다.

더욱이 자재를 정리정돈해 놓기도 불편하므로 남은 잔토로 되메우기해서 땅 바닥면을 평평하게 다집니다.

특히 통신 · 전기맨홀을 묻고 나서 다지기를 해야 하는데, 오배수관의 위치도 표시해 놓아야 나중에 오수배관이나 수도, 전기 및 통신배관을 찾아내기가 쉬우며, 다음 공정의 작업을 하기가 수월합니다.

공사할 곳의 계획을 세워 포클레인은 반나절만 사용해야 비용을 줄일 수 있습니다.

되메우기할 때 건축폐기물을 땅 속에 매립하면 토질이 오염되기 때문에 안 됩니다.

땅이나 건물은 영원히 나의 것이 될 수는 없으며, 지금의 우리들은 '지구의 나그네'에 불과합니다. 후손들이 깨끗이 사용할 수 있도록 땅을 보존하는 것이 인생선배의 의무입니다.

되메우기하기 전에 오배수관이나 전기와 통신맨홀의 사진을 찍어 놓아야 하고, 준공서류에 첨부해야 할 수도 있습니다.

만약 동절기 직전에 터파기를 했는데, 장시간 방치할 경우 지반이 동결로 땅이 부풀어 오르거나 지내력이 상실되므로 지체하지 말고 바로 되메우기를 해야 합니다.

되메기우가 끝나면 매트에 물로 깨끗이 청소하고, 되메우기한 땅쪽에 물빠짐으로 약한 곳의 땅꺼짐 현상이 생기면 다져야 합니다.

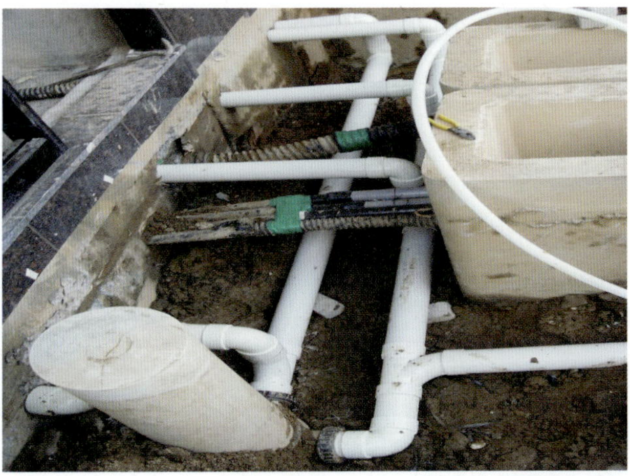

오배수관

1층 만들기

바깥쪽 벽면에 유로폼을 우선 붙이고, 그 폼 안쪽으로 단열재를 붙인 다음에 철근배근을 합니다.

콘센트박스와 전기선, 통신선, 수도관로를 설치한 후 안쪽 벽면을 붙이면 벽이 완성되고 죽 같은 콘크리트를 부어넣는 과정으로 골조의 벽면이 만들어집니다.

유로폼을 붙이는 과정은 두 가지 방법이 있는데, 땅에서 조립해서 크레인으로 들어올려 조립하여 붙이는 방법과 하나씩 손으로 붙이는 방법이 있습니다.

다림추(현장용어: 사게부리)나 수평계로 자주 확인하면서 유로폼을 단단히 결속하고, 폼타이나 웨지핀이 빠진 곳은 없는지 확인합니다.

특히 현장에서 목수들이 사용하는 건축용어 중에는 일본어가 많은데, 필자도 시공 분야의 일을 시작한 지 1년쯤 지나서야 겨우 건축용어를 배울 수 있었습니다. 형틀목수들에게 최대한 부드럽고 친절하게 부탁해야 하고, 그 분들은 일에 대한 자부심이나 자존심까지 강해서 기분이 상했다하면 망치를 내팽개치고 집으로 가버리기도 합니다.

"비록 성격은 개차반이지만 일 하나만큼은 똑 소리 나게 잘하기 때문에 곁에 두는 것이고, **고수는 사람이나 자재를 잘 찾아 쓰므로 버리는 사람 없고 버리는 물건이 없습니다.**"

광주양로원 1층 공사

공사 뒷이야기

충청도 보은에서 약 100평 땅을 구입해 원룸을 건축할 때 있었던 일입니다. 터파기를 하려고 땅을 파냈더니 건축폐기물을 땅 속에 묻어 놓은 것을 발견했습니다.
객지에서 땅을 구입하여 시공할 때는 생각도 못한 별의별 일이 다 생깁니다. 가능한 한 모든 상황이나 조건을 땅 구입 시 계약서에 미리 명시해 놓는 것이 좋습니다.
객지에서는 나 몰라라 한다면 현지인과 싸울 수도 없는 노릇이고, 예상치 못한 건축비가 더 들어갈 수 있음을 알아야 합니다.
다행히 땅주인이 공무원이라서 폐기물 처리비를 쉽게 받을 수 있었습니다.

보은 현장

먹줄 튕기기

버림치거나 매트를 만든 후 가장 먼저 하는 것이 건물의 조립기준선이나 철근가공선을 먹줄로 튕기는 일입니다.

옛날 방식으로 먹줄을 사용하는 것은 햇빛으로 잘 보이지 않고, 실내에서는 레이저로 표시합니다. 레이저 빛으로 작업선을 표시할 때는 어두운 곳이나 굴곡졌거나 꺾인 부분까지 비출 수 있지만, 반대로 태양광선이 강한 곳에서는 잘 보이지 않아 사용범위가 제한적입니다.

그에 반해 먹줄은 수천 년 동안 작업선을 묵묵히 그려왔지만, 물기가 있거나 굴곡진 곳에서는 먹줄선이 무용지물이 될 수 있습니다. 하지만 먹줄은 돌돌 말면 손바닥 안에 있으면서 끌어당기면 곧게 뻗어나가 멀리까지 내보낼 수 있습니다.

"무릇 길게 뻗었다고 무례하거나 건방지지 않았고, 짧게 줄어들었다고 해서 위축되지 않았으며, 곧으나 강하지 않으면서 오랫동안 잊혀지지 않는 것은 오직 먹줄 밖에 없습니다."

경험의 한수

성남에서 주택을 시공했던 때인데, 매트를 치기 전에 밑바닥에 두꺼운 스티로폼을 까는 옆의 공사현장을 보고, 건축주가 똑같이 해줄 것을 요구했습니다.
일부 시공업자들이 '이런 식'으로 설명하며 건축주를 기만하는데, 바닥의 습기를 차단할 목적이라고 하는데, 그것은 시공자가 콘크리트 값을 아끼려는 꼼수이고, 설계도면대로 시공하는 것이 원칙입니다.

첫째, 지진에 대비해서 내진설계도면대로 시공해야 하는데, 지진이 난다면 바닥이 함몰될 수도 있습니다.

둘째, 땅바닥에 1m30cm 이상 어린아이 키높이만큼 매트를 치므로 습기와는 아무런 관계가 없고, 방바닥의 기포가 바닥의 습기를 흡수하는 역할을 합니다.

위와 같이 건축주에게 설명해도 옆 시공자의 말만 듣는 바람에 필자가 고생 좀 했습니다.

"맹목적인 믿음은 때로는 폐해만 가져오기도 합니다."

평소 방바닥에 습기가 차는 이유는 방바닥에 온수난방배관이 깔려 있고, 옛날에는 온돌의 뜨거운 열기로 난방을 했지만, 오늘날 주택이나 아파트 난방은 뜨거운 물로 따뜻하게 하는데, 항상 물이 고여 있는 상태라서 난방을 하지 않으면 찬기운이 방바닥으로 올라오게 됩니다.

"진정한 고수란 포장은 버리고 핵심만 찾으며, 형식보다는 실리를 중요시 하고, 볼 곳만 보고, 살필 것만 살피는 겁니다."

2층 만들기

1층과 비슷한 작업방식으로 이루어지고, 특히 신경을 써야 할 부분은 형틀목수에게 2층 화장실 바닥에 방수턱을 만들라고 부탁해야 합니다.

1층 슬래브를 받치고 있는 서포트는 최대한 오랫동안 받쳐 놓는 것이 좋은데, 그 간격은 어깨폭 정도가 좋습니다.

그리고 다림추로 자주 수직면을 체크해야 하고, 건물이 비뚤어지면 외장마감이나 내장마감할 때 건축비가 더 들어갑니다. 특히 엘리베이터를 설치할 때는 난감한 일도 발생합니다.

이때는 철근공과 형틀목수들, 그리고 전기공, 배관공까지 뒤섞여 작업을 진행하기 때문에 갈등이 발생하기도 합니다. 서로 공정이 중복되지 않도록 작업계획을 잡는 것이 좋습니다.

작업자들과 함께 밥이라도 먹으면서 친목을 다져놓아야 하는데, 심한 경우 건물에 해코지도 하면서 수도관에 못을 박는다든지, 오배수관에 이물질을 처넣는다든지 상상도 못할 일들이 생깁니다.

2층 공사(판교)

레미콘 차

레미콘 한 차에 6루베(무게 13.8톤)의 표준명은 레디믹스트 콘크리트로 구성요소는 물 15%, 시멘트 10%, 골재 70%로 이루어집니다.

타설 시 기상조건을 최소한 타설 2일 전과 타설 후 4~5일 동안의 날씨를 미리 알아보고 강추위에는 공사를 중단합니다.

그리고 타설 후 양생온도는 10~20℃를 유지해야 하고, 불가피하게 겨울철 타설 시 급열장치로는 갈탄난로, 석유난로, 열풍기 등으로 단열을 해야 합니다. 1루베는 $1m^3$이며 1,000리터이고, 레미콘 한 차에 총 6루베가 들어 있습니다.

제품별로 자갈의 최대치수, 호칭강도, 슬럼프 등에 따라 여러 규격이 있는데, 일반주택에 사용하는 종류와 수량은 레디믹스트 콘크리트 납품서를 보면 누구나 확인이 가능합니다.

호칭강도와 슬럼프의 종류에 따라 구분하고, 일반주택에서는 주로 호칭강도 210, 슬럼프는 120mm가 사용됩니다.

건축물의 강도를 더 높이고 싶다면 호칭강도는 240, 슬럼프는 150mm로 할 수도 있는데, 다소 가격이 비쌉니다.

레미콘공장에서 제조 후 60분 내에서 최대 90분 안에 현장으로 운반하고, 제 시간에 타설을 못할 경우 슬럼프가 변화할 뿐만 아니라 균열까지 생기기 쉽습니다. 그래서 레미콘회사 선택은 공사현장에서 최대한 가까운 곳으로 정합니다.

레미콘을 부리는 지점에서 지정슬럼프와 공기량, 강도가 맞아야 하는데, 슬럼프가 작다고 물을 섞는 일이 현장에서 발생하기도 합니다.

양생기간에 하중을 가하거나 진동, 충격으로 균형이 생기면 처짐이나 철근의 부착강도도 떨어지므로 하루 이상 경과 후 먹줄을 튕길 정도만 작업을 하는 것이 좋습니다.

공사 뒷이야기

1층이 상가일 때는 층고 높이가 상당히 중요한데, 층고를 최대한 높게 시공해야 크고 시원하게 보이기 때문입니다.
그리고 도로층에서 편하게 상가 안으로 출입할 수 있도록 계단이 없는 것이 좋지만 폭우 때 물이 들어올 수 있으므로 상가 바닥높이는 인도보다 약 10cm 이상 높게 합니다.
나중에 2, 3층 방통칠 때, 상가 바닥을 10cm 이상 높일 수 있으니 혹시 상가 바닥에 수도관이나 전기선 매립을 깜빡했다면 그때 가서 매립할 수도 있습니다.
상가는 절반씩 나누어 임대될 수도 있기 때문에 상가 양쪽 두 군데로 나누어 수도관과 오수배관을 각각 설치합니다.
"여기서 건축주가 반드시 챙길 것은 매트 타설을 끝낸 1시간 후부터 매트가 마르지 않도록 물을 계속 뿌려야 합니다."

콘크리트공사

제조-운반-타설-다짐-양생의 각 공정을 단계별로 꼼꼼한 작업과정을 거쳐 반제품에서 완제품으로 만들어가는 과정입니다.

현장에서 수작업에 의해 최종 완성되므로 각 단계별 작업마다 관리가 매우 중요하고 관리만 철저히 잘해도 품질의 편차를 극복할 수 있으며, 타설부터 양생까지 순차적인 관리가 필요합니다.

과정을 소홀히 하면 곰보나 균열의 원인이 되고 비가 세거나 내구성 저하로 강도가 떨어집니다.

공사 뒷이야기

가끔 주택을 보면 베란다 끝 부분이 썩은 고목나무처럼 된 것을 한 번쯤은 본 적이 있을 것입니다.
이런 경우 강추위에 무리하게 레미콘을 타설해서 물이 얼어붙어 제대로 굳지 않아서 썩은 고목나무처럼 떨어진 것입니다.
일반 주택공사는 추운 겨울철을 피해서 시공하기 바라며, 추운 겨울철에 시공하는 경우 잘해야 본전이 아니라 엄청난 손해입니다.
위례신도시의 아파트공사현장에서 경험한 일인데, 아파트의 경우 공사기간이 길어 겨울에도 작업할 수밖에 없는 상황이 생깁니다.
겨울철 콘크리트를 타설하는 경우 아파트 한 동 전체를 천막으로 쳐놓고, 석탄난로로 난방을 해가면서 작업하는 것을 봤습니다. 그런데 화재방지나 석탄을 보충하기 위해 작업자가 천막 안에서 작업하다가 가스 중독 등으로 사망하는 경우도 있습니다.
추운 겨울철에 공사를 하면 도배지에 곰팡이가 생기고, 페인트는 벗겨지며, 타일은 떨어져나가고, 급기야 방수층이 터져 물새거나 주차장이 함몰되는 등 한마디로 추운 겨울철 공사는 저주입니다.
공사하기 적합한 시기는 2월 중순에 시작해서 11월말에 끝내는 것이 가장 좋습니다.

엘리베이터

건축주는 엘리베이터를 설치할까말까 고민하는 경우가 많으며, 엘리베이터 설치는 주거공간과 상가면적이 줄어들고, 비싼 가격 때문에 망설일 것입니다.

보통 4층 높이의 건물인 경우 엘리베이터를 설치하는 비율이 약 80% 정도이고, 보편적으로 건축주의 나이대는 40대 이상이 많고, 건축주가 맨 위층에 거주하면 대부분 엘리베이터를 설치합니다.

건물은 엘리베이터 설치 여부에 따라 임대세대인 2, 3층의 전 · 월세가 잘 나가는 편입니다.

가정용은 8인승 승강기로 작동방식은 기계식과 로프식으로 나누고, 가격은 로프식이 약간 더 비쌉니다.

기계식은 옥상에 기계실을 만들어야 하므로 맨 위층의 공간이 침탈되므로 로프식으로 선택해야 옥상 부분의 공간을 확보할 수 있습니다.

골조공사 시 기계식으로 할 것인지 로프식으로 할 것인지 건축주가 결정해야 하고, 로프식일 때는 바닥 매트칠 때 엘리베이터의 길이만큼 더 낮춥니다.

8인승 엘리베이터의 유지관리비는 2, 3층 세입자세대까지도 포함시켜 충당합니다. 주인세대는 가족들만 출입하므로 세입자세대와 따로 구분할 수도 있습니다. 세입자의 엘리베이터 유지비는 전 · 월세계약 시 공인중개사에 의해 작성되고, 계단청소나 쓰레기수거, 공동전기료, 승강기 유지비 등으로 사용되며 주변의 시세에 따라 관리비가 정해집니다.

조속기는 케이지의 속도가 규정 이상이 될 때 과속 스위치가 작동하여 전원이 자동으로 차단되면서 비상멈춤이 작동되는 장치이고, 최하층으로 떨어졌을 때 충격을 완화시키기 위해 유입식이나 스프링식으로 설치됩니다.

철근배근

탄소 함량에 따라 탄소가 1.7% 이상 함유된 것을 주철 또는 선철이라 하며, 그 미만은 철강이나 강이라고 합니다.

탄소량이 적을수록 연하여 늘어나는 성질이 커지면서 경도가 높아지지만 단점은 부러지기 쉬운 성질도 있습니다.

점포주택에서 철근의 굵기(호칭지름)는 10, 13, 16, 19, 22mm가 주로 사용됩니다. 설계도면 상의 철근배근도에 따라 시공하며, 골조배근 시 감리에게 통보하고, 철근배근의 적정 여부를 확인받은 다음에 타설해야 합니다.

철근 원산지는 K(한국), J(일본), C(중국)로 표시하고, 제조사는 HS(현대제철), DS(동국철강), HK(한국철강)가 있습니다.

건축주가 제대로 철근이 발주되었는지 알 수 있는 방법으로 철근의 표준길이는 8m이며, 1톤임을 숙지하고 있으면 수월하고, 주택공사는 주로 사용되는 철근의 두께별 가닥수 묶음이므로 참조하기 바랍니다.

철근 두께 10mm의 철근 가닥수는 210개, 두께 13mm는 120개, 두께 16mm는 75개, 두께 19mm는 56개, 두께 22mm는 41개 입니다. 혹시 철근을 빼돌리지 않는지 건축주가 걱정할까봐서 구체적으로 제시합니다.

철근 가닥수를 알아야 건축물에 사용되는 철근의 수량을 산출할 수 있습니다.

주로 이형철근을 사용하는데, 콘크리트의 접착력을 높이기 위해 원형 둘레에 돌기가 있게 제작된 철근이고, 길이방향을 '리브'라 하며, 단면방향을 '돌기'라고 부릅니다. 이형철근의 마디는 응력집중이 약해지는 것을 방지 위해 전길이에 걸쳐 일정하게 분포되어 있고 모양과 치수가 동일합니다. 철근의 가공은 치수와 모양에 따라 절단기나 절곡기로 자르고 구부리되, 현장에서 열처리가공은 하지 않습니다. 설계도면 상의 배근시공도, 철근배근도, 철근가공도, 주심도, 각층의 바닥평면도, 옥탑 및 지붕의 바닥구조평면도, 기타 평면도에 따라 철근배근을 해야 합니다.

콘크리트는 압축에 강하지만 인장력이 약해서 그 약점을 보완하기 위해 콘크리트 속에 철근을 넣어 타설하는 철근배근의 목적은 외부압력에 저항하는 역할을 하고 건축물을 튼튼하게 하는 데 있습니다.

철근도면 보는 법

① H는 고강도철근, D는 이형철근, @는 간격을 뜻합니다. 예를 들어 HD19@150이 철근도면에 표시되어 있다면, 19mm 굵기의 고강도이형철근을 150mm 간격으로 배근하라는 뜻입니다.

② 기둥주근(세로근) : 10-HD22에서 10은 철근 개수, H는 고강도철근, 22는 철근 굵기를 나타냅니다. 즉 10개의 철근가닥수를 22mm 굵기의 고강도이형철근을 세로로 배근하라는 뜻입니다.

③ 기둥대근(가로근) : HD10@150의 경우는 10mm 굵기의 고강도이형철근을 150mm 간격으로 가로로 배근하라는 뜻입니다.

④ BOTH END는 보 가장자리 부분의 철근배근 표시이고, CED는 보의 중앙 부분 표시입니다.

⑤ 벽배근에서 HD13@200(H)은 가로로 13mm 굵기의 고강도이형철근을 200mm 간격으로 배근하라는 뜻이고, HD13@200(V)은 세로로 13mm 굵기의 고강도이형철근을 200mm 간격으로 배근하라는 뜻입니다.

혹시 철근을 제대로 배근했는지 확인하고 싶다면 철근배근 설계도를 들고, 철근배근공사가 끝난 오후 6시쯤에 현장에 찾아가서 보면 육안으로도 확인이 가능합니다.

철근가공 방법

철근가공 방법은 두 가지가 있는데, 첫 번째는 철근 전문가공업체에 철근배근도면을 보내서 가공하여 현장에 공급해주는 방식이 있고, 두 번째는 현장에서 철근공이 직접 가공하고 조립하는 방식이 있습니다.

첫 번째 방식은 추천하고 싶지만 대형공사현장에서 사용되는 방식이며, 건물의 구조변경에 따른 철근가공이 자유롭지 못하다는 단점이 있습니다.

두 번째 방식은 소규모 공사현장에서 하는 경우가 많은데 필요 없이 철근이 낭비될 수 있습니다.

공사 뒷이야기

공사현장에 가보면 땅바닥에 철근들이 널브러진 것을 본 적이 있을 것입니다. 특히 비가 오거나 습한 날씨에는 바로 녹슬고, 녹슨 철근을 발견한 건축주들이 철근을 사용해도 되느냐고 필자에게 묻는 경우가 있습니다.

철근의 부식도가 2~4% 이하 정도에서는 부착능력이 오히려 좋아지고, 철근의 표면에 거칠기가 생겨나서 그렇습니다. 손으로 만져서 녹이 묻어나더라도 걱정하지 않아도 되지만, 철근이 갈라져 비늘모양이 되었다면 그거야말로 불량입니다.

철근배근의 형태

철근배근의 기본은 철근 굵기와 개수, 철근조립과 결속방법이고, 철근의 간격과 주철근 · 벽철근의 기울기와 스페이스를 사용합니다.

골조 밖으로 철근이 삐져나왔다면 배근을 불량 시공했다는 의미이고, 스페이스의 역할은 철근과 유로폼 사이의 간격을 이격시켜 타설할 때는 간격재로서 공간을 확보해 줍니다.

철근받침대와 간격재는 콘크리트로 철근과 바닥 간에 받침대 역할을 하고, PVC제품은 주로 벽면의 간격재로 사용됩니다.

철제 간격 제품은 현장에서 직접 가공하며 기초철근으로 사용하고, 주의할 점은 철제제품과 거푸집에 직접 닿지 않도록 합니다.

거푸집 해체 후 해당 부위의 피복두께를 확보하지 못할 수도 있는데, 여기서 피복두께는 콘크리트 외부면은 3cm이고, 내부면은 2cm가 좋습니다. 피복두께가 너무 두꺼우면 콘크리트와 철근과의 구속력이 약화되고, 철근 간에 유효두께가 부족하면 내력이 약해져 하중에 따른 균열이 발생하거나 무게를 분산하는 효과가 저하될 수 있습니다.

• 벽체배근

철근 규격과 배근 간격을 확인해야 하는데 간혹 작업이 곤란하여 벽체 최상단의 수평철근을 누락하거나, 벽체에 철근을 세울 때 수직 여부를 수평계로 확인하지 못하는 경우가 있습니다.

벽체는 철근이음이 가능하지만 기둥, 기초, 바닥, 보 내부 등에는 철근이음을 하면 안 됩니다.

특히 주의할 점은 벽체에 전기공이 전기박스를 부착하려고 용접하는 경우가 있는데, 철근은 열을 가하면 강도가 떨어지므로 못하게 해야 합니다. 전기공은 작업을 편하게 하려고 이렇게 하는 경우가 있으니 반드시 결속선으로 연결하게 해야 하고, 철근을 절단할 때는 절곡기로 절단해야 합니다.

창문이나 화장실문 등을 자주 여닫을 때 충격으로 문틀 주변의 벽에 균열이 생겨나 벽지에 실금이 간 것을 간혹 봤을 것입니다. 다음 그림과 같은 방식으로 배근하면 문틀 주변의 균열을 방지할 수 있는데, 가끔 철근보강을 요구하지 않으면 그냥 지나치는 경우가 있습니다. 다음 그림처럼 철근배근할 것을 요구해야 합니다.

창틀배근

• 슬래브배근

주철근과 부철근의 규격, 간격, 방향의 이음 상태를 확인한 후 개구부와 매설물 부위는 철근을 절단하지 말고 위치를 조정해서 배근해야 하고, 만약 절단할 수밖에 없는 상황이라면 절단 부위를 철근으로 보강해야 합니다.

1층이 상가일 때는 1층 지붕의 철근배근이 매트공사 다음으로 철근이 많이 들어가고, 2층이나 3층 문틀 주변을 철근으로 보강하고, 타설 후에는 방수대책을 마련해야 합니다.

철근배근 전에 전기박스는 보강용 철망으로 설치하고, 거푸집이 닿지 않도록 받침대로 받치며, 철근배근 후 작업자들이 걸어다님으로써 철근 받침대나 결속선이 파손되면 바로 보수해야 합니다.

• 기둥과 보배근

기둥배근 이음 시에는 엇갈리게 이음을 해야 강도가 좋아지며, 기둥 크기가 다른 경우는 굽혀서 시공하거나 별도로 연결하여 시공합니다.

기둥 외부 띠철근은 90도 갈고리의 직사각형으로 가공하며, 기둥철근에 엇갈리게 배치합니다. 보철근은 거푸집 내부의 장소가 협소하거나 시공이 불편하다는 이유로 부분결속이나 간격재를 빠뜨리지 않도록 합니다.

공사 뒷이야기

배관공이나 전기공들이 현장에 투입되는 시기는 다음과 같습니다. 이때는 하루 전날 전화로 연락해서 현장에 오도록 조치합니다.

- 골조 진행에서 투입할 시기는 외벽 형틀의 한쪽 면이 설치되고, 철근배근까지 끝난 후 전기배선이나 통신선의 콘센트박스를 설치합니다.
- 수도관이나 오배수관의 설치가 끝나면 형틀목수들이 나머지 내벽을 붙임으로써 내벽공사가 마무리됩니다.

슬래브 바닥에 철근을 깔 때는 오배수관이나 수도관, 그리고 전기선로를 도면대로 설치한 후 철근을 배근합니다. 이러한 과정을 거치면 슬래브작업이 마무리되고, 이때 작업 간에 부딪치며 갈등이 발생할 수도 있습니다. 만약 오배수관이나 전기선을 설치하다가 철근배근을 훼손한다든지, 철근배근 작업을 방해하면 작업자 간에 싸움으로 번지기도 합니다. 일부 철근공은 오배수관을 막거나 배관에 구멍을 뚫어 놓기도 하고, 심지어 전기선을 자르기도 합니다.

형틀목수와 타설공 사이에 갈등이 생기면 콘크리트 타설할 때, 진동다짐을 거칠게 하여 유로폼이 터져 콘크리트가 쏟아질 수도 있습니다.

이러한 경우의 수를 방지하려면 건축주는 해당 작업자들을 모아놓고, 아무리 화가 나더라도 즐겁게 일하자고 신신당부해야 합니다. 간식이라도 같이 먹거나 작업을 끝내고 시원한 맥주라도 같이 마시면서 현장의 분위기를 다져야 합니다.

철근배근

외강내유

TV드라마에서 강철검을 만들었다며, 검을 보이며 감격해서 우는 장면을 본 것이 생각납니다. 주철은 탄소를 많이 함유하고 있어 강하지만, 서로 부딪치면 쉽게 부러지는 특징이 있고, 연철은 유연하여 서로 부딪치면 휘어지면서 사람을 베지는 못합니다.

그래서 연철을 안에 넣고, 주철을 밖으로 감싼 다음 고온에서 달구고 두들겨 칼을 만들면 잘 휘면서도 베기도 잘하는 강철검이 되는데, 명검은 외유내강해야 한다는 인간과는 반대인 것 같습니다.

"마냥 강하기만 하면 부러지기 쉬우며, 진정으로 강하다는 것은 부드러움도 갖추어야만 완전해집니다."

거푸집공사

죽처럼 묽은 콘크리트를 거푸집에 부어서 딱딱하게 굳어질 때까지 수직, 수평 등 원하는 모양으로 유지하도록 만든 형틀입니다.

주재료는 목재, 유로폼, 알루미늄, 합성수지 등의 재료를 사용하는데, 주택이나 작은 상가공사에서는 유로폼으로 사용합니다.

슬래브와 지붕은 주로 합판 거푸집을 사용하는데, 세 번 이상 반복해서 사용하지 말고, 벽이 꺾이는 코너에 인코너나 아웃코너를 유로폼과 결속시키고 웨지핀으로 고정합니다.

벽체를 만들기 위한 유로폼과 유로폼 사이의 간격을 유지하기 위해 플랫타이나 세파볼트를 사용합니다. 벽면을 일직선으로 고정시켜 주는 역할을 하는 띠장용 파이프로서 유로폼을 고정하는 연결고리를 '후크'라고 합니다.

- 철선(현장용어; 반생)은 콘크리트 타설 시 거푸집의 변형을 방지하기 위해 조여주는 역할을 하는데 굵기에 따라 6번선, 8번선, 10번선이 있고, 주로 6번선을 사용합니다.
- 결속선은 실처럼 가늘지만 1톤 이상의 힘을 지탱하며, 철근과 철근을 결속할 때 빼먹어서는 안 되며, 350mm와 450mm 두 종류가 있습니다.
- 클램프는 띠장용 파이프를 90도로 결합하여 건물 외벽에 파이프를 설치해 고정시킵니다.

벽면에는 수평으로 600mm 간격, 수직으로 1,200mm 간격으로 설치하고, 후크로 고정하고 웨지핀으로 결속합니다.

못의 길이가 90mm인 것은 각진 목재나 멍에에 사용하고, 50mm인 것은 합판에 사용하며, 콘크리트 바닥에 수평목 설치를 위해 사용되고, 콘크리트 못은 75mm가 있습니다.

슬래브에 사용되는 합판의 두께는 12mm, 15mm, 18mm이고, 길이가 가로 900mm×세로 1,820mm인 것을 현장에서는 삼육합판이라 하고, 길이가 가로 1,220mm×세로 2,440mm인 것을 사팔합판이라고 부릅니다.

멍에로 사용되는 각진 목재는 가로와 세로가 같은 90mm을 현장에서 '오비끼'라 하고, 가로 50mm×세로 100mm을 현장에서 '투바이'라 하며, 가로와 세로가 같은 42mm을 현장에서 '다루끼'라고 하며, 길이는 모두 다 3,600mm입니다.

슬래브 바닥의 합판을 지탱해주는 역할을 하는 것이 동바리인데, 현장에서는 '서포트'라고 하며, 만약 층고가 높으면 시스템동바리를 사용합니다.

거푸집이 완성되면 콘크리트 타설 전에 벽체나 기둥, 보 사이에 가득 차 있는 이물질들을 깨끗하게 청소해야 합니다. 진공청소기로 제거하거나 살수기로 물청소를 해서 깨끗한 상태이어야 합니다. 그 이유는 이물질 때문에 나중에 빗물이 들어와 물이 세거나 내벽이 허술해지는 요인이 됩니다.

일반주택의 거푸집은 아파트나 대형공사현장과 달리 대부분 낡고 휘어지고 찌그러진 불량 유로폼이 사용되다 보니 콘크리트 타설 시 거푸집이 터져 콘크리트가 밖으로 유출되기도 하고, 골조의 수평과 수직을 맞추기 힘들어 형틀목수가 고생도 하고, 골조가 바르지 않게 될 수 있습니다. 새 유로폼 사용을 요구하려면 유로폼의 임대료가 많이 증가하므로 건축주는 이 사항을 공사비에 반영해야 합니다.

거푸집에는 유연제를 발라야 건물에 곰보가 안 생기고 외관도 예쁘게 나오므로 1군건설업체는 유연제를 유로폼에 바르는데, 주택이나 상가공사에서는 유연제를 바르는 것을 본 적은 없습니다.

유로폼에 유연제를 바르면 거푸집 해체가 쉬우며, 골조 외형이 바르고 미끈하게 나옵니다. 골조가 반듯하면 외부마감이나 내부인테리어 공사 시에 공사비를 절약할 수 있습니다. 특히 노출콘크리트조의 경우는 이 작업이 필수입니다.

건축주가 유연제를 형틀목수에게 말하면, 건축주를 한번 쳐다보면서 '이 양반! 건축을 좀 아는 데!' 속으로 이렇게 중얼거릴 것입니다.

"골조형틀을 만드는 작업은 접어지면 펼쳐내고, 휘어지면 곧게 펴내고, 움푹 파이면 채워 넣고, 낡고 해지면 새로운 것으로 갈아 치우는 작업의 연속입니다."

풍무기로 이물질
제거하기(성남 현장)

• **콘크리트타설 전 점검**

① 거푸집 하단의 수평목과 콘크리트 바닥면에 틈새가 있는지 확인하고, 인코너나 아웃코너의 웨지핀이나 폼타이 누락 여부를 확인합니다.

② 띠장용 파이프가 너무 짧거나 빠진 구간은 있는지, 거푸집의 이음 부분과 연결 부위에 틈새가 있는지를 확인합니다.

③ 벽체나 기둥의 수직도를 점검하고, 버팀대 위치가 바른지 느슨하게 설치되었는지, 지탱해주는 당김줄은 잘 설치되었는지, 동바리가 똑바르고 1m 간격으로 흔들리지 않게 설치되었는지를 확인합니다.

④ 기둥과 벽을 고정해주는 띠장용 파이프는 450mm~600mm 간격으로 설치해야 거푸집이 변형되거나 휘어지는 것을 방지할 수 있습니다.

⑤ 건축주가 반드시 알아야 할 부분은 지붕에는 단열재와 단열재 사이에 틈새가 생기지 않도록 습식테이프로 막아주어야 단열효과가 좋아집니다. 설계도면에도 나타나지 않는 부분이라 잘 지켜지지 않는 작업 중 하나이고, 이곳까지 섬세하게 신경을 쓴다면 건축주 입장에서 최고의 시공자입니다.

"시공자는 설계도면에 없는 것은 어떠한 것도 하지 않으려고 할 겁니다."

펌프 카

기동성이 좋아 현장 간에 이동이 쉽고, 타설높이와 타설양에 따라 펌프카의 크기가 정해지고, 최저 15m에서 최고 52m 중 현장여건에 맞는 기종으로 선택합니다.

펌프 카에 기본으로 정착된 호스만으로 직접 타설 시, 구조물에 충격을 가할 우려가 있을 때는 호스를 추가 연결할 수 있습니다.

펌프 카의 위치 선정은 레미콘 차량의 접근성이나 붐대의 회전반경까지 고려해야 합니다.

진동다짐기

저주파와 고주파 진동기가 있는데, 외부 거푸집은 진동에 의해 콘크리트의 기포를 없애고 촘촘하게 해줍니다.

거푸집과의 긴밀성을 유지하기 위해 진동다짐으로 향상시켜 주고, 노출콘크리트공사 다짐 시 미세한 진동에 맞게 고주파 진동기를 사용합니다.

철저한 진동다짐으로 콘크리트 표면의 하자를 방지할 수 있고, 다짐방법은 봉형진동기를 수직으로 사용하고, 진동효과가 중첩되도록 다짐시간은 10초~20초 간 50cm 간격으로 실시합니다.

그리고 다짐높이는 60cm이며, 중복깊이는 10cm이고, 가능하면 오전에 타설하고 오후에는 표면마감이나 보양작업을 하는 것이 좋습니다.

벽체와 슬래브가 만나는 부위는 시간을 두고, 꼼꼼하게 타설해야 처짐을 방지할 수 있습니다.

콘크리트를 채울 때 주의할 점은 철근이나 매설물이 진동기와 직접 접촉되면 철근 주변에 공간이 만들어져 곰보가 생기니 목망치로 두들겨서 곰보가 생기지 않도록 합니다.

표면마감 상부는 밀대나 나무흙손으로 평탄하게 골라야 하고, 복도나 발코니는 밀대작업 후 나무흙손으로 드레인쪽으로 구배를 잡습니다.

올챙이가 헤엄을 치다

콘크리트 타설 후 초기 표면이 건조해지는 것을 방지하기 위해 축축하게 물을 뿌려 주거나 담수처리를 합니다. 그러면 콘크리트강도도 증진되고, 수밀성과 내구성이 향상됩니다. 마치 올챙이가 헤엄칠 수 있게 담수를 해놓습니다.

1군아파트공사현장에서는 이 공정을 철저하게 지키는데, 상가나 주택 시공현장에서는 이렇게 하는 경우를 본 적이 별로 없습니다.

작업자들은 일이 끝나면 미련 없이 현장에서 떠나고, 현장에 남아서 물을 뿌려줄 작업자가 없기 때문입니다. 그래서 물을 뿌리는 건축주를 가끔 목격하기도 합니다.

콘크리트 균열 증상

① 그물 모양으로 균열이 생긴 것은 콘크리트 골재에 점토분이 많이 섞여 있거나 레미콘 운반시간이 너무 길어 장시간 비벼서 발생하는 현상입니다.

② 곰보나 벌집 모양으로 균열이 생긴 것은 콘크리트 골재가 알칼리에 반응하여 생기거나 콘크리트 다짐을 충분히 하지 않아 생긴 겁니다.

③ 표면이 짧고 불규칙하게 균열이 생긴 것은 습윤양생이 부족했거나 콘크리트 타설 직후에 건조한 바람이나 고온저습에 노출되었을 때 생깁니다.

④ 콘크리트 내에 소금기가 섞였을 때 철근부식으로 인한 균열이 생기거나 기계진동으로 인한 균열이 발생하기도 합니다.

⑤ 이어치기가 적절하지 않거나 처음과 다를 경우 균열이 생기고, 전선관 주위나 배근의 피복두께 부족으로도 균열이 생기며, 거푸집 및 동바리를 너무 빨리 제거해도 균열이 발생합니다. 또 거푸집이 부풀거나 동바리가 침하되거나 수평이 맞지 않아도 균열이 발생합니다.

"영하의 온도에서는 콘크리트 내부의 습기가 얼어붙어 부피가 팽창하며 콘크리트 표면이 썩은 고목나무처럼 떨어지기도 합니다."

건물주가 자주하는 질문

거푸집은 언제 해체해야 하는지, 철근이 녹슬었는데 골조의 강도나 콘크리트 부착에 문제는 없느냐고 자주 질문을 합니다.

거푸집 해체는 ACI 규정에는 봄 날씨 평균 10℃~15℃에 9시간이 지나면 가중을 견딜 수 있고, 강도가 확보되면 벽체 부분의 거푸집만 해체가 가능합니다.

필자의 경험치는 내벽면과 외벽면은 하루가 지난 후 해체하고, 보 밑과 슬래브는 최소 14일 이상이 지난 후에 해체합니다.

만약 다른 공정 진행에 방해가 되어 어쩔 수 없이 해체한다면 해체 후 바로 동바리로 받쳐야 합니다.

슬래브 해체 후 내부공사에 크게 방해되지 않으면 최대한 오랫동안 서포트를 받쳐두는 것이 좋습니다.

일부 건축현장에서는 슬래브에 사용되는 합판을 아끼려고 양생이 되기도 전에 슬래브를 해체하고, 다음 층에 합판을 재사용하려는 '양아치' 같은 시공자들도 있는데, 골조가 약해지고 큰 지진이라도 나면 큰일입니다. 비록 설계도면에는 나와 있지 않지만 건축시공의 기본이자, 시공자의 양심입니다.

최근 선진국이라고 자부하던 미국 플로리다 주에서 아파트가 붕괴된 사건을 보면서 이런 재앙은 기본에 충실하지 않고 시공했거나 철근을 제대로 넣지 않아 생긴 인재라고 봅니다.

불량 시공에는 세 가지 이유가 존재하는데, 첫 번째 시공자의 비양심, 두 번째 건축주가 시공을 모를 때, 세 번째 시공자나 건축주가 현장에 코빼기도 보이지 않을 때입니다.

아파트공사현장의 풍경

새벽에 아파트공사현장에 출근하면 얼굴인식을 하거나 기타의 방법으로 정문을 통과해야 일당이 계산되니, 작업자들은 줄서서 순서를 기다리는 경우도 있습니다.

정문을 통과한 후 작업복과 안전화로 갖춘 다음, 아침 6시 50분에 경쾌한 음악이 흘러나오고, 7시부터 체조 및 안전교육을 한다. 그리고 작업구간으로 투입되는데, 한국인은 별로 없고 온통 외국인들뿐이다. 일자리가 부족하다고 아우성인데 이곳에는 해당되지 않는 것 같다.

작업하다가 한국인을 만나면 오히려 반갑다. 마치 외국에서 한국인을 만난 것처럼 하물며 애국심까지 생긴다.

어떨 때는 한국인끼리 간식을 같이 먹으며 외로움을 달래본다. 건설현장의 기술공들 일당은 대기업의 중간간부 수준인데, 그런데 한국인은 건설현장에 별로 없다. 그래서 아파트공사현장에 가면 멋쩍을 때가 있다.

"공사현장에서 쓰레기를 줍거나 간이 소변통을 비우는 한국인 일용잡부를 보면 씁쓸하고 슬퍼진다."

Part 04

골조공사가 끝나는 그날

1층 상가

1층 바닥에는 오배수관이나 수도관, 전기선이나 통신선들이 이미 깔려 있고, 1층 바닥에 먹줄이 쳐 있다면, 1층 벽을 만들려는 과정에 있는 겁니다.

1층이 상가일 때를 가정하여 설명하는데, 1층 벽면을 만들기 전에 먼저 계획을 세워야 할 것이 있습니다.

설계도면대로 외장마감재를 결정했다면 아무런 문제가 없겠지만 만약에 다른 외장마감재로 바꾸고 싶다면 매트를 치기 전에 결정해야 합니다. 변경된 외벽마감재가 무엇인지 형틀목수에게 알려 주어야 하고, 조적으로 할 것인지, 석재로 할 것인지, 아니면 기타 외벽재로 할 것인지에 따라 1층 바닥면적이 달라집니다.

단열재가 10cm이고, 벽돌이 10cm라면, 외부벽면을 계산하여 1층 바닥면적에 20cm 이상 매트를 크게 만들어야 하고, 만약 석재라면 폭이 달라집니다.

주변과 비교하여 1층 바닥높이도 인도의 경계석높이보다 약 10cm 이상 높게 만들어야 합니다. 주변 지형에 비해 1층 바닥이 낮으면 폭우 시 빗물이 침범할 수 있습니다. 자신의 땅을 육안으로 보면 평평하게 보여도 건물바닥이 만들어지면 땅바닥이 비탈진 경우도 있으며, 육안으로 경사도를 알 수 없을 때는 형틀목수 팀장에게 물어보면 알려줍니다.

공사시작 전에 유로폼이나 가설재를 미리 준비하고, 철근도 주문하여 대기시키고, 크레인이나 지게차 등의 중장비가 필요한지를 형틀목수 팀장에게 물어봅니다.

1층 공사순서는 이렇습니다.

- 형틀목수들이 먹줄을 따라 유로폼으로 조립하여 바깥벽면부터 만들어 세웁니다.
- 다음은 벽면에 목재로 만들어진 창문틀과 방문틀을 부착하고, 단열재를 붙이고 나면 철근공이 철근설계도면대로 배근합니다.

- 이때 건축주는 설계도면으로만 보았던 창문이나 방문의 크기와 위치가 육안으로 확인됩니다. 건축주가 창문의 크기나 위치가 마음에 들지 않으면 철근배근하기 전에 형틀목수에게 변경을 요구해야 합니다.
- 철근배근이 끝나면 전기공은 전기선과 콘센트박스를 설치하고, 더불어서 배관공도 수도관이나 오배수관을 설치할 것입니다.

  역시 콘센트 위치를 변경하고 싶다면 이때 말하면 좋으며, 내장인테리어를 할 때 콘센트 위치를 또 한 번 바꿀 기회가 주어지기는 합니다.
- 이러한 작업이 끝나면 형틀목수가 안쪽으로 유로폼을 마주보게 붙이고, 벽면 내부와 외부가 터지지 않도록 지탱하는 작업을 합니다.

  이때가 되면 필자가 형틀목수에게 많이 하는 말이 있는데, "수평과 수직을 자주 봐주고 폼이 터지지 않도록 단단히 결속하고, 작업 끝나고 삼겹살에 술 한 잔 합시다."입니다.
- 다음은 1층 슬래브를 만들면 되며, 이 공정에서 매트공사 다음으로 철근이 많이 들어가고, 2층에서 보면 방바닥공사인 셈입니다.
- 2층 바닥에 철근을 배근한 다음, 배관공과 전기공이 오수배관과 수도관, 전선과 통신선 등을 1층에서 2층으로 연결시킵니다.
- 그 다음에 레미콘 차를 불러 타설공이 콘크리트를 부어넣으며 다지고, 이때가 레미콘 차가 가장 많이 투입되는 공정입니다.

단열재 선택

1층 외벽 마감재의 종류에 따라 골조 외부의 벽면은 다르게 시공됩니다. 외장재의 마감재 종류가 설계도면과 다르게 변경될 때에는 반드시 형틀목수에게 미리 말해 놓는 것이 좋으며, 외벽 단열재의 종류에 따라 외벽의 마감공사가 달라지기 때문입니다.

① 단열재 발포폴리스티렌 종류 중 스티로폼(흰색)과 레오폼(검정)은 외부 단열에 좋고, 콘크리트 접착력이 좋습니다.

② 레오폼은 탄소와 혼합하여 단열성도 좋고, 기존 제품보다 화재에 강하여 위례신도시나 광주시 오포읍의 아파트공사현장에서 사용하는 것을 보았습니다.

간혹 설계도면에 단열재가 정해져 있는 경우가 있는데, 그보다 더 좋은 제품이 있다면 교체해 줄 것을 요구해도 됩니다.

③ 아이소핑크(분홍색)는 내단열에 좋은데, 간혹 현장에 가보면 외부 단열재로 시공된 것을 볼 수 있는데 콘크리트와의 접착력이 떨어져 단열효과도 떨어집니다.

이 제품을 단열재로 쓴다면 '내실보다는 보여주기식 시공자가 틀림없는데' 분홍색이라서 화려하고 보기에 좋아 건축주가 혹하는 경우가 있습니다. 단열에 적합한 제품을 사용하기 바랍니다.

④ 테크론(일명; 온돌이, 은색, 금색 두 종류가 있음)은 시공도 간편하고 값도 저렴하여 상가공사 단열재로 많이 사용하는데, 주택에는 절대로 사용하면 안 됩니다.

복사열 때문에 1년만 지나도 은 · 금박지의 테크론이 다 떨어져나가 단열효과가 없어지므로 건축주가 꼭 신경써야 하는 부분입니다.

만약에 건축주가 건축의 초보라고 생각되거나 건축비만 주고 현장에 한 번도 나타나지 않으면, 이런 싸구려 단열재를 사용할 수도 있으니 특별히 신경써야 합니다.

하지만 테크론을 내부 인테리어의 단열재로 사용했을 때는 내부 면적을 작게 차지하고, 결로나 단열효과에 뛰어난 장점도 있습니다.

단열재는 유로폼에 고정시켜 콘크리트와 같이 타설하는 것이 접착력도 좋아지고 단열효과에도 좋습니다.

공사 뒷이야기

판교 백현동에서 공사 중 장마가 발생하여 옆 건물의 1층 바닥에 물이 차서 나중에 벽면에 곰팡이가 생겼습니다.
이유는 다른 곳보다 지대가 낮아서 빗물이 모여들었고, 이 경우 육안으로 식별이 잘 안 되다가 장대비가 한꺼번에 내리면서 알게 되었고, 이때를 대비해서 바닥과 겹치는 벽면의 바닥에 단열재 밑을 약 10cm 높게 띄우고, 1차로 시멘트계로 방수처리하고, 2차는 아스팔트방수로 하는 것이 좋습니다.
화장실이나 베란다는 5cm 정도 낮게, 옥상 출입구 바닥은 5cm 정도 높게 방수턱을 만들어줄 것을 형틀목수에게 요구해야 합니다.
이 부분도 건축주가 꼭 명심해야 하는데, 그냥 지나가는 경우가 많으며 일부 형틀목수는 귀찮다고 안 하는 경우도 있습니다.
방수는 지나치다 싶을 정도로 신경을 써야 하고, 고급주택이라도 일단 물이 새는 곳이 생긴다면 바로 싸구려주택으로 추락하게 됩니다.
"옥탑의 출입구 주변이 주로 물새는 곳인데, 방수에 각별히 신경을 써야 합니다."

판교에서 에폭시 옥상방수

중요한 단열 위치

주택 2층 바닥면이 외부로 노출되어 있고, 바로 아래에는 주차장이 있던 보은시에서 건축할 때 겪은 일입니다.

겨울철에 보일러를 장시간 작동하지 않아서 2층 바닥의 난방배관이 얼어붙은 적이 있었는데, 이곳에 스티로폼(발포폴리스티렌) 단열재 두께 100mm 이상의 것을 깔고 2층 바닥을 타설했던 적이 있습니다.

3층 주택의 천장면이나 바닥면이 밖으로 노출된 부분도 역시 천장이나 벽에 결로가 발생하고 벽지에 곰팡이가 발생할 수 있습니다.

이렇게 각 층의 방바닥면이 밖으로 노출될 때에는 최소 100mm 이상의 스티로폼을 깔고 타설하며, 필자도 가끔 깜빡하는 경우가 있으니 건축주가 직접 챙겨야 합니다.

지붕에는 160mm 이상의 스티로폼을 깔고 타설해야 여름철 복사열과 겨울철 결로를 방지할 수 있습니다.

단열재의 특징

폴리스티렌 수지에 발포제를 주입하여 기포가 가득 들어 있는 플라스틱을 스티로폼이라고 합니다.

단열재 중 스티로폼은 화학적 반응에 약한 편이므로 특히 시공용 접착제를 사용하는 경우 침식됩니다.

화재에도 약하므로 취급에 주의하고, 열전도율과의 관계는 단열재의 밀도와 관련되니 밀도까지 꼼꼼하게 확인한 후 구입하기 바랍니다.

단열재는 습하거나 물기가 침투되면 열전도율이 높아져서 단열성능이 떨어지니 비나 습기가 차지 않도록 보관을 잘하고, 외벽시공 시 방습과 방수막으로 피복된 단열재로 시공합니다.

그리고 스티로폼 성능품질서는 스티로폼을 납품한 업체에서 받아 잘 보관해야 하는데, 이것도 준공서류에 첨부해야 합니다. 특히 건축주가 모르거나 관심이 없다면 정품이 아닌 싸구려 스티로폼으로 사용하는 경우도 있습니다.

스티로폼은 가격 편차가 있고, 알맹이의 밀도에 따라 가격이 달라지므로 스티로폼 옆면의 붉은 스티커에 비트법이 표시되어 있어서 누구나 육안으로 확인할 수 있습니다.

단열재 선정 조건

단열재 선택 조건은 건축물에서 필요한 열의 유출과 불필요한 열의 유입을 차단하고, 에너지절약을 촉진시키고 결로를 방지해야 합니다.

쾌적한 실내환경을 유지하려면 단열재는 열전도율이 낮고 물 흡수율도 낮으며 가공이나 접착성까지 좋아야 하고 강도도 있어야 합니다.

스티로폼

발포폴리스티렌 재료로 된 독립기포로 구성되어 있어서 습기의 차단효과가 뛰어납니다. 단열효과도 비교적 좋으며, 흡수율과 비중도 작아 시공성과 내부식성이 뛰어나 단열재로 사용됩니다.

옥탑과 지붕의 외부 노출된 곳이나 지하층에는 1종 2호로, 바깥공기와 접하는 욕실벽면이나 최하층의 거실바닥, 최상층 경사지붕 및 평지붕의 내부 천장에는 1종 4호를 사용합니다.

측벽과 거실외벽과 바깥공기와 직접 또는 간접적으로 접촉하는 욕실벽면이나 최하층 거실바닥에는 2종 2호로도 사용 가능합니다.

단, 문제점이 있는데 스티로폼은 불에 취약하며, 드라이비트는 대부분 스티로폼이 사용됩니다. 이것으로 건물 외벽을 마감하다 보면 화재 시 인명피해가 발생하거나 태풍으로 외벽의 마감재가 날아가는 장면을 뉴스에서 본 적이 있을 것입니다. 그래서 최근 지자체에서는 건축허가 시 단열재를 지정하기도 합니다.

기타 단열제품

암면보온재는 냉 · 난방배관이나 오배수관의 보온을 위해 사용되고, 틈새 부분은 테이프로 붙여서 마무리하면 됩니다.

우레탄폼은 단열성이 우수하여 공사현장에서 발포시공이 가능하며, 요소수지 원료이며 가격이 저렴하고, 내열성도 좋아 창틀을 고정하거나 단열할 때 사용됩니다. 특히 창문이나 현관문 주변의 열손실 및 결로 방지에 효과가 있으며, 기타 단열이 필요한 곳이나 결로, 소음이 우려되는 곳에 시공합니다.

세입자세대 공사

2층은 세입자의 주거로써 임대수익을 창출하거나 건축비를 충당하는 경우가 많으므로 경제성뿐만 아니라 수익성까지 고려해야 합니다.

내 · 외장재 선택은 견고하고 대중적이며 규격품으로 사용하고, 세입자세대는 주로 30, 40대가 많으니 그들이 선호하는 인테리어로 하는 것이 좋습니다.

임대세대는 한 층에 보통 2가구로 이루어져 있고, 한 가구당 전용면적은 약 42평방미터 정도입니다.

주변에 임대가 잘되는 평수를 부동산중개사무소에 물어보면 알 수 있고, 원룸, 투룸, 쓰리룸 중 임대가 잘되는 구조로 시공하는 것이 좋습니다. 또한 전세인지, 월세인지 여부에 따라 부대시설이 달라질 수 있고, 이 또한 주변의 흐름에 따라 가는 것이 좋습니다.

2, 3층까지 창문의 위치와 크기를 똑같이 하는 것이 보기에 좋고, 주인세대도 아래층과 같이 하면 좋지만, 건물주가 거주한다면 원하는 대로 해도 된다. 그리고 창문과 방문의 크기와 위치가 일정하면 공사기간도 단축되고 공사비도 절약됩니다.

만약 건축주가 변경하고 싶은 창문을 설계도면에 치수를 적어 형틀목수에게 주면 되고, 내벽에 유로폼을 붙인 후 방문틀과 창문틀이 설치되면 그 크기나 위치를 육안으로 확인하면 됩니다.

창문틀 만들기

설계도면 중에 창호도가 있는데, 창문의 위치나 크기를 변경하고 싶으면 창호도면에 표시하거나 형틀목수가 문틀을 만들 때 말하면 됩니다. 창문 크기는 설계사와 상의하지 않아도 되지만, 창문 위치를 크게 변경할 때는 설계사와 상의해야 합니다.

2층과 3층의 내부구조가 비슷하면 창문의 위치가 같아서 외관상 보기에 좋은데, 2층과 3층의 내부구조가 다른 경우 창문의 위치를 지나치게 틀어지게 하면 외관상 좋지 않으니 어느 정도 좌우대칭하도록 만드는 것이 좋습니다. 세입자세대는 베란다의 창문을 크게 만들어야 이삿짐이 들어갈 수 있습니다.

기포작업 시작 전에 창문틀을 설치하는데, 창문틀의 높이를 방바닥에서 1m20cm가 안 된다면 안전펜스나 안전망을 설치해야 합니다. 이때 공사비가 더 들어가고, 외벽은 미관상 보기가 좋지 않으니 가능한 1m20cm 이상 높이에 창문을 만듭니다.

주방의 창문은 직사각형으로 길게 만들어 환기나 바깥이 보이게 하는 것이 좋으며, 화장실의 창문은 세로 300mm×가로 400mm가 적당하고, 창문이 크면 단열성은 떨어지지만 대신에 환기에는 좋습니다.

겨울철은 48%의 열이 창문을 통해 빠져나가고, 여름철은 71% 이상의 열이 창문을 통해 들어옵니다.

화장실의 창문은 커서도 작아서도 안 되며, 설계도면으로 상상만 했던 창문과 방문을 실물로 보면 실감이 날 겁니다.

겁 없는 사나이들

각 직업마다 일당은 천차만별인데, 가장 비싼 일당을 받는 분들을 만난 적이 있습니다. 그들의 일당은 최소 500,000원부터 시작하고 난이도에 따라 부른 것이 곧 그날의 일당이 된다고 합니다. 세월이 지났으니 지금은 더 많이 받을 겁니다. 그들이 바로 겁 없는 사나이들인데, 송전철탑을 세우거나 해체하는 분들입니다. 당시에 필자는 그들이 많이 부러웠습니다.

겁 없는 사나이들은 지금쯤 철탑 위에서 바로 옆으로 날아가는 철새를 바라보며 새참을 먹고 있을 것입니다.

공사 뒷이야기

창문의 크기나 위치는 좌우대칭을 이루도록 해야 보기에 좋은데, 2층과 3층의 내부구조가 비슷하면 좌우대칭되는 위치에 정하면 됩니다.

광교에서 필자가 시공했던 바로 옆 건물의 창문 위치가 조금씩 틀어졌거나 크기도 조금씩 차이가 나서 미관상 좋지 않았는데, 골조가 완공된 후, 그 건물의 건축주와 친해지면서 알려 준 적이 있습니다.

그 건축주는 콘크리트벽을 절단하고 다시 벽돌로 쌓았는데, 이런 경우는 골조 절단 시 진동 때문에 멍들어서 골조에 좋지 않은 영향을 미치므로 설계도면을 보면서 미리 연구해 두어야 합니다.

그리고 자신의 건물이 최고라고 생각하여 다른 사람의 말을 귀담아 듣지 않는데, 열린 마음으로 사물을 볼 줄도 알아야 합니다. 이런 상황이 되면 주변으로 소문이 금세 퍼져나가는데, 특히 남의 이야기를 좋아하는 사람들이 현장에는 많습니다.

'공기 속에는 1%의 아르곤 원자가 있어서 정신과 상호작용을 하는데, 케이크를 보고 욕을 퍼부으면, 더 빨리 부패한다고 하니 기왕이면 축복의 말을 많이 해야 건물도 축복받고, 그 안에 사는 사람도 축복을 받습니다.'

건축고수는 창문이나 건물의 외관만 보아도 시공자의 능력이 어느 정도인지, 시공비가 얼마나 드는지 대략 알 수 있습니다.

첫 번째 우수관 위치가 창문에 가까이 있어 비가 오면 빗물 쏟아지는 소리가 들리거나, 두 번째 창문의 크기가 적당하지 않아 지나치게 난간대가 많다든지, 창문의 위치나 크기가 조금씩 다른 경우,

세 번째 겨울철 창문 주변에 습기가 보이면 단열을 잘 못해서 열이 빠져나와 난방비가 많이 들고, 결로가 발생할 가능성이 있음을 의미하고,
네 번째 외장마감재가 주변의 건물들과 어울리지 않거나 우수관로 주변으로 물때가 생겼거나 노출콘크리트가 추하게 보이거나 주차장 및 화단, 외벽의 마감이 꼼꼼하지 못한 경우,
마지막은 화장실 창문이나 환기구, 주방창과 환기구의 위치가 위아래 층의 안방 창문이나 거실 창문과 일치해 있으면 냄새가 위층으로 올라오다 보니 이 모든 것을 고려하여 시공했다면 진정한 고수라고 할 수 있습니다.
"멈추어야 할지 가야 할지, 간다면 어디로 갈지, 안 간다면 무엇부터 어떻게 해야 할지 아는 것이 바로 시공의 지혜입니다."

세입자세대

1층 상가보다는 주거공간의 방이나 거실, 화장실을 만들 때 형틀목수나 전기공, 배관공의 일들이 많습니다.

1군아파트건설업체가 아니면 대부분의 현장은 주변정리를 하지 않고, 건축자재는 방치되고 건축폐기물까지 뒤섞여 그야말로 현장은 난장판이 됩니다.

주택공사도 정리정돈해가면서 일하는 시공자는 별로 없는데, 아주 가끔 어떤 현장은 정리정돈이 잘 되어 있는 경우를 보는데, 역시 전반적으로 시공도 짜임새 있으면서 사고도 잘 나지 않습니다. 아파트나 상가건축 현장도 마찬가지입니다.

이때는 골조목수들, 철근작업자들, 전기공들, 배관공들이 서로 뒤엉켜 작업하기 때문에 자주 갈등이 발생합니다.

"빈 배가 떠 내려와 내 배에 부딪쳤다면, 욕하거나 화를 내지는 않는데, 만약 배 안에 사람이 있다면 상황은 달라질 겁니다." 각 작업자들이 공사를 할 때 서로 부딪치지 않게 시간 안배를 적절하게 하는 것이 좋습니다.

형틀목수가 유로폼을 바깥 벽면에 붙이면, 철근공은 철근배근을 하고, 철근배근이 끝나면 전기공이나 배관공을 투입하면 되고, 다시 형틀목수가 안쪽 벽면을 붙일 때는 다른 작업들을 할 수 있도록 조율을 잘 해야 합니다.

주인세대

주인세대는 내부구조에 신경을 많이 써야 합니다. 대체로 3층이 주인세대인데, 창문과 방문 크기, 거실, 방, 주방은 설계도면만 보다가 실물로 보게 되면 기대와 달리 작다거나 크다고 느낄 수 있는데, 이때는 건축주가 현장에 방문해서 형틀목수나 전기공 등과 자주 미팅하는 것이 좋은 건물을 만드는 조건이 됩니다.

전기배선 공사

콘센트 배치(40평형 기준)의 경우 거실은 6군데, 방은 3~4군데, 부엌 6군데, 베란다 2군데, 화장실 1군데에 설치하고, 콘센트 위치를 변경하거나 추가하고 싶다면 벽면에 콘센트 위치와 높이에 맞춰 빨강색 스프레이로 뿌려서 표시해 놓아야 깔끔하게 마감이 됩니다.

불을 밝히는 분

전기는 공기와 같은 존재가 되었는데, 단전이 되어 건물이 캄캄해지면 비로소 전기의 고마움을 깨닫게 됩니다. 터파기부터 준공 때까지 끝까지 남아 있는 분들이 어둠의 불을 밝히는 전기공입니다. 시작할 때는 한국전력에서 전기임시사용승낙서를, 골조공사 때는 전기배선, 콘센트 박스, 두꺼비집을 설치합니다.

특히 방통칠 때는 전기선을 방바닥에서 빼주기도 하고, 내장인테리어를 할 때나 방수공이 방수할 때도 전기공은 전기선을 빼내는 작업을 합니다.

그리고 설계도면과 다르게 전등이나 콘센트를 증설하거나 변경하고 싶으면 내장목수가 벽면과 천장면을 만들 때 변경도 가능합니다.

침실, 주방, 거실, 화장실, 복도 등 기타 외부등이나 콘센트도 달아주고, 조명기구를 설치할 때쯤이면 모든 인테리어가 끝나는 시점입니다.

마지막으로 한국전력에서 준공서류를 받아와 건축주에게 전기사용필증을 건네주고 전기공은 현장을 떠납니다.

내장기관을 만드는 분

건축시공에서 설계, 방수 다음으로 오배수관 설치가 가장 중요한데, 이중에 설비배관(수도, 오배수관, 난방배관, 우수관) 등을 설치하는 분들이 배관공입니다.

설비배관은 우리 몸속의 내장기관과 같고, 전기는 혈관과도 같은데 몸속의 혈관에 이상이 생기면 치명적인 것처럼 오배수관이 터지거나 막히면 이 또한 건물에는 치명적입니다.

옛날에 지어진 아파트는 오배수관이 대부분 동관으로 되어 있어서 내부가 부식되어 막히는 일이 다반사입니다. 그래서 아파트를 재개발하는 이유가 되기도 합니다. 다행히 요즘에는 PVC로 오배수관이 되어 있어 반영구적입니다.

오배수관이나 수도관 때문에 건물주는 애를 먹고, 세입자에게 민원에 시달리기도 합니다. 건물주를 가장 속 썩이는 것은 오배수가 역류하거나 물내려가는 소리가 크게 들리는 것입니다.

오배수관을 설치할 때는 수평계로 수시로 기울기를 확인해가면서 설치해야 합니다. 기울기가 급격하면 물내려가는 소리가 크게 들리고, 기울기가 완만하면 오배수가 역류하기 때문입니다.

공사가 끝나면 대부분의 작업자들은 공사현장을 바로 떠나는데, 설비공은 끝까지 남아서 화장실이나 주방의 수전을 설치하고, 가스보일러까지 가정에서 꼭 필요한 설비들을 설치합니다.

건축주 입장에서는 가장 소중한 분이며 훗날 하자가 발생하면 집의 구조를 잘 아는 사람이 배관공이기 때문에 공사가 끝난 후에도 가끔 연락하며, 친분 관계를 유지하는 것이 지혜로운 건축주입니다. 리모델링을 하는 분들도 마찬가지입니다.

지붕공사와 방수

마지막 지붕타설 시 미장공과 방수공도 투입되어 지붕의 구배를 잡으며, 제물방수를 꼼꼼히 해야 비가 새지 않으며, 작업시간이 오래 걸리는 부분이라서 밤늦게까지 작업할 수도 있습니다.

지붕타설 시 지붕모양이나 마감재는 어떻게 할 것인지 시공자에게 알려주어야 합니다. 지붕모양에 맞은 기울기를 잡아야 방수에도 좋으며, 이렇게 기울기 위치가 정해지면 물동이 위치도 결정됩니다. 물동이 위치는 창문 옆으로 지나가면 물 내려가는 소음이 발생하고, 사람이 다니는 길은 추운 겨울철에 빙판길이 될 수 있으므로 이러한 사항들을 고려하여 물동이 위치를 결정합니다.

지붕은 온도변화, 강우, 강풍의 영향을 많이 받으니 그 지역에 맞는 지붕모양이나 마감재를 선택합니다.

변화무쌍한 사계절에는 온도 차이로 결로현상과 동결융해가 반복됨으로써 골조에 균열이 생겨 비가 새거나 결로가 발생할 수도 있습니다.

구배시공 방법은 평슬래브일 때는 중앙에서 시작해서 가장자리로 구배를 잡고, 경사지붕일 때 경사도를 감안하여 빗물이 외벽쪽으로 흐르지 않도록 합니다.

경사지붕의 구배는 지역강수량에 따라 최소구배는 1/50 이상 확보하고, 트렌치 위치와 규격을 검토하며, 홈통 입구에는 충분한 기울기를 줍니다.

평지붕일 때는 1차 시멘트액체방수로, 2차 우레탄도막방수로 하고, 경사지붕일 때는 1차 시멘트액체방수로, 2차는 지붕의 종류에 따라 시트방수나 아스팔트방수로 지붕에 맞게 선택하면 됩니다.

골조완공 마지막 날에 지붕타설을 할 때 레미콘회사에 연락해서 지붕타설에 알맞은 강도로 주문하면 됩니다.

지붕타설은 아침 일찍부터 시작해야 합니다. 콘크리트 사이의 공기층과 물기를 없애는 제물방수 시간이 많이 소요되기 때문입니다. 방수액을 섞어서 하는데 방수작업 소요시간은 7시간 이상 걸리므로 야간작업에 대비하여 조명을 준비합니다. 방수공은 실력 차이가 심하니 특히 숙련된 방수공이 필수입니다.

만약 추운 겨울에 제물방수를 한다면 지붕 위에 천막을 쳐놓고 온풍기로 철저하게 단열하지 않으면 반드시 물이 새는 하자가 발생합니다.

지붕공사

지붕의 종류

지붕의 모양은 물매지붕, 평지붕, 특수형태지붕 등이 있는데, 지붕의 모양에 따라 지붕의 마감재 종류도 달라집니다.

물매지붕은 기와나 슬레이트, 금속판, 유리 및 합성수지판 등이 있고, 평지붕은 액체방수를 하거나 시트방수, 도막방수가 있으나 대부분 에폭시방수를 합니다.

기와의 종류는 한식기와, 일식기와, 양식기와가 있고, 만드는 방식에 따라 그을림 기와, 오지기와, 청기와, 무유기와가 있습니다.

한식기와는 사찰이나 한옥, 오지기와는 붉은 진흙을 구운 점토기와, 천연의 나무기와, 알루미늄에 아연을 합금한 갈바륨 강판인 금속기와가 있습니다.

일식기와는 흙으로 구운 것과 시멘트기와가 많이 사용되고, 서양식기와는 스페인기와, 영국기와, 그리스기와, 프랑스기와가 있습니다.

좋은 기와를 선택하는 방법은 흡수율이 낮고, 두드리면 금속성 음이나 맑은 음이 나는 것이 좋으며, 모양이나 색깔, 광택이 아름답고, 보온성이나 내구성과 강도가 좋고, 갈라지거나 얼룩이 없어야 하는데, 지붕의 형태나 기와도 건축주가 선택하면 됩니다.

지붕마감재 선택

지붕마감재의 선택은 내용 연수가 길고, 교환이나 보수가 용이한 것으로 선택하고 재료비와 공사비가 저렴하며, 공사기간이 짧은 것이 좋습니다.

외관과 조형미가 아름답고, 오염이 덜 되고 바람, 지진, 진동, 태양열 등으로 휘거나 변형되지 않는 것을 선택합니다.

경사지붕 마감재는 가격의 편차가 매우 심한데, 수천만 원대부터 기백만 원까지 차이가 나며, 지나치게 비싼 것으로 안하는 것이 좋습니다.

나중에 태양광을 설치하거나 1층에 식당이 들어오면 간판 및 후드를 설치하게 되면 지붕은 보이지도 않습니다.

우수배관

우수배관의 종류로는 일반홈통, 컬러홈통, 이중나선형관, 오배수 통합트레인, 우수 전용트레인, 홈통받침이 있고, 우수맨홀은 원형과 사각형이 있습니다.

베란다의 트레인은 비가 내릴 때 물 튀김현상이 없으며, 소음이 적고, 미관상 좋은 것으로 선택하고, 홈통은 주로 PVC 종류로 하면 됩니다.

상하수도관은 일반용 경질폴리염화비닐 100mm관으로 사용하고, 소음이 발생하면 이중관이나 주름관으로 사용하는 것이 좋습니다.

주차장, 조경시설물, 도시가스관 주변으로 우수관이 있으면 땅 꺼짐에 주의하고, 홈통받침은 우수침투 방지를 위해 바닥에서 높이 5cm 이상 띄어서 시공합니다.

우수받이 밑에 트렌치를 설치하여 빗물이 다른 곳으로 빠져나갈 수 있도록 설치합니다.

연극이 끝나고

연극에서 관객들은 출연한 배우나 무대장치에만 관심을 둘 뿐 연출, 조명, 분장, 기타 보이지 않은 곳에서 일하는 스태프들에게는 그다지 관심을 두지 않는 편입니다. 사실은 보이는 배우들보다 안 보이는 스태프들이 더 많습니다.

건물 또한 마찬가지인데, 하나의 건물을 짓기 위해 수많은 작업자가 땀과 때로는 피까지 흘려가며 고생해서 얻어진 결과물입니다.

수년간 같이 일했던 많은 작업자의 얼굴들이 스쳐갈 때가 있습니다. 현장에서 묵묵히 일해 주신 분들에게 같이 일해서 행복했고, 누가 뭐래도 '삶'이란 살만한 가치가 있다는 것을 깨닫게도 해주었습니다.

"같이 지었던 건물 옆을 지나갈 때, 당신들이 그리워 울컥하기도 합니다. 필자도 나이가 들었나 봅니다."

골조공사가 끝나는 그날

골조공사가 끝날 때까지 형틀목수들, 철근공들, 배관공, 전기공, 미장공, 방수공, 기타 작업자들과 수많은 일용잡부들, 하물며 졸졸 쫓아다니는 안전요원까지, 그리고 포클레인, 레미콘 차, 펌프 카, 덤프트럭, 카고 크레인, 지게차, 사다리차, 기타 중장비들과 수많은 가설재들이 현장에 왔다가 떠나갑니다.

골조공사는 건축시공 중 가장 많은 인원이 투입되고, 중장비도 많이 투입되는 공정입니다. 현장은 활기가 넘쳐나 마치 잔칫집과 같습니다. 골조공사가 끝나면 사람들과 중장비는 빠져나가고, 현장에 혼자 서 있으면 갑자기 쓸쓸해지면서 함께 부대끼며 일했던 장면들이 생각나곤 합니다.

잔칫날 사랑하는 사람들과 지인들이 구름처럼 몰려와 즐겁게 먹고 마시며 노래하고 춤추며 밤새도록 놀다가 하나둘 다 떠나고 덩그러니 남아 있을 때는 무엇인가 잃은 듯 허전했고, 무엇인가 사라진 듯해 서글픔에 북받쳐 나도 모르게 자꾸만 눈물이 났습니다.

"이런 까닭은 지나치게 밖에서만 즐거움을 찾았던 필자의 어리석음 때문입니다."

골조완공

Part **05**

골조 완공

골조 완공

설계도면으로 상상했던 건축물을 실물로 보면 그때부터 건축주는 생각도 많아지고, 현장에 방문하여 내 · 외장마감을 할 작업자들과 미팅도 자주해야 합니다.

비 오는 날을 제외하고 내 · 외부적인 문제만 없다면 3층 건물공사인 경우 보통 30일에서 40일 정도면 골조가 완공됩니다.

콘크리트 타설 후 양생기간은 3일 정도이며, 내부를 해체할 때 힘을 가장 많이 받는 부분이 천장이므로 서포트를 최대한 늦게까지 받쳐 놓아야 합니다.

내 · 외부 적치물들과 건축폐기물들을 깨끗하게 치우고, 주변정리를 깔끔히 해야만 안전사고도 방지할 수 있습니다.

골조가 완공되고 나면 시공자에 따라 공사 순서가 약간씩 다를 수 있으나 필자는 수년간 여러 방식으로 시공해봤지만 다음에 설명하는 순서로 하니 공사기간도 단축되고 하자도 적었으며, 작업자 간의 행동반경도 비교적 덜 겹쳐 갈등도 없었습니다.

골조 내부가 깨끗이 정리정돈되면, 아파트 리모델링의 경우는 내부의 모든 시설물이 철거된 상태와 같다고 보면 됩니다. 방문이나 화장실문의 틀까지 철거된 상태이고 마루도 걷어낸 상태인데, 이때 목재구입처에 연락하여 문틀 크기 등을 실측하고 바로 발주하면 됩니다.

여기서 문틀의 색상이나 무늬가 다르므로 문틀 색상에 따라 집 안의 인테리어가 좌우되니 문틀이 작은 부분이라 생각되겠지만 나중에 큰 역할을 합니다. 건물주는 사전조사를 많이 하고 문틀 색상과 무늬 등을 미리 생각해 두어야 합니다. 문틀의 색상 선택은 인테리어의 초석이 됩니다.

이와 동시에 방수공에게 화장실이나 베란다, 평지붕의 경우 옥상 출입구 주변에 1차 시멘트방수하도록 작업을 시키면 됩니다.

여기서 설계도면과 달리 외장재를 바꾸고 싶다면 골조가 완공되기 2주일 전까지 어떻게 할지 선택하고, 외장재가 조적이라면 바로 외벽공사가 시작될 수 있지만 석재라면 창틀의 크기를 실측한 다음 수입절차가 필요하므로 중국이나 베트남 등의 수입업체에 제품구입서와 석재제작 서류를 팩스로 보내어 발주해야 합니다.

석재가 우리나라에 도착하기까지 빨라도 10일 이상 걸리고, 석재가 공사 현장에 납품될 때까지는 벽체공사를 할 수 없습니다.

아파트의 경우 내장은 대부분 석고나 목재로 내부구조를 만드는데, 이렇게 하는 이유는 미장하는 것보다 시간이 빠르고, 비용도 저렴하기 때문입니다. 필자가 주택을 시공할 때는 내부의 벽면을 미장한 후 바깥의 찬공기와 접촉하는 벽면에 단열재를 붙이고 석고를 붙여서 마감하는 방식입니다.

문틀이 납품되면 반나절에 걸쳐 설치하고, 문틀과 벽의 틈새를 사춤하며, 벽면은 미장을 시작하는데 대부분 미장공이 방수까지 같이 합니다.

외벽이 벽돌이든 석재든 외벽공사가 끝나면 창호업체가 창문틀을 실측하고, 일주일 정도 지나면 문틀이 납품됩니다.

창호틀을 붙이고 외장공사가 마감되면 창문틀, 방문과 벽 사이의 틈새를 채우는 사춤을 한 다음에 기포를 칩니다.

기포를 쳤다면 굳을 때까지 2~3일 동안 내부로 들어가지 말아야 합니다. 여기서 '기포'란 시멘트 속에 공기층을 만들어 방바닥의 충격을 완화하거나 습기를 흡수하며, 기포는 바닥의 수평을 맞추고, 공기층에 난방열을 보관하고, 난방배관을 고정시켜 주는 역할을 합니다.

기포가 굳으면 배관공은 온수배관을 깔고, 이때 온수배관에 수돗물로 수압을 걸어야 합니다. '수압'이란 수돗물을 온수배관에 연결해 작업하다가 온수배관이 깨지면 물새는 곳을 찾아내는 역할을 합니다.

배관공이 귀찮다고 수압을 걸어놓지 않는 경우를 본 적도 있는데, 그때는 건축주가 수압을 걸으라고 요구해야 합니다.

그리고 빠른 시간 내에 방통을 쳐야 하고, '방통'은 난방배관 위를 마감하는 것이며, 쉽게 설명해서 마루를 깔기 전 방바닥인 것입니다.

방통을 치기 전에 수도나 전기선을 설치하면 되고, 특히 아일랜드식탁을 설치하는 경우라면 식탁 위치에 맞춰 전기선을 미리 깔아야 합니다.

방통이 끝나고 방바닥이 마르면 내장목수들을 투입하여 내단열재와 석고보드로 천장면, 벽면, 등박스, 커튼박스를 만듭니다.

다음 공정부터는 아파트 리모델링에서 내부를 다 철거한 상태와 똑같기 때문에 실내 인테리어에 관심 있는 분들은 순서를 익힐 수 있을 것입니다.

이때가 건물주는 가장 바쁜 시기일 것이고, 여러 작업을 동시에 진행하게 되면 무엇부터 해야 할지 당황하는 경우가 대부분입니다.

"그럴 때는 쉬운 것부터 시작해서 어려운 것으로, 작은 일에서 큰일의 순서로 작업을 시키면 됩니다."

시공의 고수

'시공의 고수'를 현장에서는 일머리가 좋다고 하는데, 일 시작 때부터 끝날 때까지 막힘없이 물 흐르듯 진행하고, 다음에 이어지는 공정이 무엇인지, 마감선과 마감폭은 어디까지인지를 훤히 꿰뚫고 있습니다.

작업자 간에 불필요한 충돌이 없도록 작업시간도 조정하고, 작업자와 건축자재를 시기적절하게 투입할 줄도 압니다.

작업자가 몇 명이 투입되는지, 건설장비의 종류와 수량, 진입 가능한 크기의 중장비도 시기적절하게 부릅니다.

투입인원이 너무 많거나 적어도 안 되고, 일정이 빠르거나 늦어도 안 되고, 건설장비 투입시기가 빠르거나 늦어도 안 되며, 중장비가 크거나 작아도 안 됩니다.

공사현장 주변의 효율적인 공간 확보도 매우 중요한데, 건축자재를 쌓아 둘 장소가 마땅치 않아 멀리 떨어져 있으면 지게차를 불러야 하므로 쓸데없는 비용이 발생할 수 있습니다.

현장은 항상 정리정돈이 잘 되어 있어야 건축자재를 찾기가 쉬워 시간이 절약되고, 건축폐기물도 그때그때 치워야 현장도 깔끔하여 인사사고를 방지할 수 있습니다.

이런 과정들을 막힘없이 해내야 진정한 건축시공의 고수이고, 만약에 이런 시공자를 만났다면 건축의 신이 당신을 도운 겁니다.

그리고 현장에는 '말로만 고수'가 항상 존재하는데, 그들은 묻지도 않았는데 떠들어대고 하나를 물으면 두 가지 이상으로 대답하면서 잘난 척을 합니다. 내공이 부족하면 과장된 행동을 하는 것이고, 가난할수록 부유함을 과시하려 하고, 무지할수록 지식이 많은 듯 자랑하는 겁니다.

"진정한 고수들은 고요하고 차분하며, 조용히 일하고 말없이 떠납니다. 이런 분들이 한 작업은 점검하지 않고도 마음이 편안합니다."

외장마감재의 종류

석재

석재는 주로 중국이나 동남아 등지에서 수입하는데, 골조공사가 끝난 후 바로 실측하고, 치수를 적어 팩스로 해당 국가에 주문서를 보내면 석재가 가공된 후에 우리나라로 들어옵니다.

주문한 제품이 도착하는 데 빠르면 2주에서 늦으면 한 달 이상도 걸릴 수 있으니 골조가 완공되자마자 빠르게 실측하여 발주하는 것이 중요합니다.

어떤 건축주는 필자에게 물었었는데 "창호도면을 석공에게 보여주면 될 것 아니냐?"는 것입니다.

창문의 크기나 출입구 등은 설계도면과 일치하는 경우가 거의 없으므로 정확하게 실측한 후에 발주한다고 했습니다.

만약에 공사를 빠르게 진행시키고 싶다면 조적으로 하는 것이 가장 빠른데, 1층이 상가라면 1층만 석재로 시공하고, 2층 이상의 주거 부분부터는 조적으로 시공하는 방법도 있습니다. 나중에 1층에 상가임차인이 들어와 인테리어를 하려면 석재일 때가 간판을 달거나 외장 꾸미기가 편하다고 합니다.

2층 이상 주거 부분을 조적으로 시공한다면 시간이 단축될 뿐만 아니라 석재보다 오염도 덜 되고, 건축비도 절약되며, 단열에도 좋습니다.

이외에도 외장재의 종류는 수없이 많은데, 건물주가 선호하는 외장마감재가 가장 좋습니다.

화강암은 국내에서 가장 많이 매장된 석재이지만 색상이 다양하지 못하고 외국산에 비해 질이 떨어지며, 색상은 흑색, 백색, 분홍색 등이 대부분이고 반점무늬가 생길 수 있습니다. 화강암은 오랫동안 바다의 파도에 두들겨 맞고, 시련을 겪으면서 만들어지는 돌인데, 필자의 험난한 인생과도 비슷하다는 생각이 듭니다.

안산암은 색조가 일정하지 않아 큰 석판을 얻기 어려워 구조용으로 많이 사용됩니다.

현무암은 화산암의 일종으로 입자가 치밀하고 견고하며, 내화성은 좋으나 가공이 어려워 부순돌로 사용됩니다.

점판암은 진흙이 땅속에서 압력을 받아 응결된 것으로 색상은 흑색과 회색으로 얇게 쪼개지기 쉬워 지붕에 많이 사용됩니다.

사암은 모래나 자갈이 수중에서 침전과 퇴적을 반복하면서 생성된 석재이며, 톱으로 켜서 내부인테리어할 때 사용됩니다.

석회암이 변성되어 생긴 암석을 변성암계라고 하며, 종류로는 대리석, 사문암, 석면이 있습니다.

대리석은 연마하면 단단하고, 빛깔과 무늬가 아름다워 실내장식재나 조각용으로 사용되지만 산이나 열에 약하여 외장재로는 쓸 수 없으며, 국내에는 마천석, 익산석, 충주석 등이 있습니다.

사문암은 감람석이 변질된 암석으로 색채가 아름답고 경질이지만 풍화성이 낮아 대리석 대용으로 사용됩니다.

석면은 사문암이고 각석암은 열과 압력에 의해 섬유모양의 암석으로 내화성, 보온성, 절연성에 우수합니다.

인조석계는 대리석, 사문석, 화강암 같은 돌을 쇄석하여 백색시멘트의 원료와 같이 넣고 반죽해서 만들거나 갈기로 하여 잔다듬하며 자연석과 흡사하게 만든 석재입니다. 자연석 같은 견고함과 질감을 갖고 있어 다양한 색깔로 연출할 수 있으며 내 · 외장재로 사용됩니다.

수지계는 백색시멘트 대신에 폴리에스테르수지나 에폭시수지 등으로 결합하여 모조석처럼 만들어낸 것으로 균열이 적으며 수밀성, 방수성, 내마모성, 내산성입니다.

석재의 표면

정다듬은 두께 50mm~60mm의 원석 표면을 정으로 쪼아 가공한 것으로 거친마감, 중간마감, 고운마감이 있습니다. 혹두기는 두께가 100mm 이상으로 거친 표면을 요철 없이 메다듬으로 가공하여 장식효과가 뛰어나 외장재로 사용합니다.

버너마감은 불꽃으로 돌 표면을 엷게 벗겨 거친 면을 다듬은 것으로 외벽용으로 사용하지만 열처리한 것으로 강도가 약하여 구조재로는 사용하지 않는 것이 좋습니다.

잔다듬은 도드라진 마감면을 평행선으로 조각하듯이 치밀하게 깎아 마무리한 것을 말합니다.

물갈기는 두께 27mm 이상의 돌 표면을 카보런덤 숫돌로 갈아 광택나게 마무리하는 것으로 내 · 외벽이나 바닥용으로 사용합니다.

포천석으로 마감한 건물(판교)

점토벽돌

벽돌의 표준 크기는 190×90×57(mm)이고, 외장재나 내장치장용으로 폭넓게 활용되며, 강도와 흡수율에 따라 1종, 2종, 3종으로 나눕니다.

견출벽돌은 산화철이 있어 붉은색을 띠고, 변색 벽돌은 흑색, 진갈색, 회백색이며, 강도가 높고 흡수율이 낮은 것이 특징입니다.

이형벽돌은 창, 출입구, 천장 등 형상이 특이한 모서리나 장식용으로 사용하고, 유약벽돌은 유약을 발라 구운 벽돌로 습기나 물기가 많은 장소에 적당합니다.

특수벽돌로 오지벽돌은 장식물치장으로, 포도용 벽돌은 마룻바닥으로, 이외에도 고령토벽돌, 토석벽돌, 프레싱벽돌이 있습니다.

벽돌공사 시 건축주가 반드시 알아야 하는 것이 있는데, 지진으로 학교 건물 벽의 조적벽돌이 떨어진 것을 뉴스에서 본 적이 있을 것입니다.

이 경우는 불량시공했기 때문에 그런 것인데, 조적을 쌓을 때는 조적 사이사이에 H형 와이어메시를 넣고, 창틀 위에는 앵커받침대를 4m 간격으로 설치해야 합니다. 이러한 방식으로 조적시공해야 지진이 발생하더라도 한꺼번에 쏟아지는 일은 없습니다.

설계도면에 없거나 건축주가 모른다면 시공자는 공사비가 더 들어가므로 이를 알아서 설치하는 경우는 거의 없습니다. 이때 건축주가 추가비용을 주던지, 자재를 직접 구입해서 조적쌓기할 때 주면 됩니다.

지혜로운 건축주라면 설계도면에 이런 것까지 포함시켜야 분쟁이 없는 겁니다.

"건축주가 아는 만큼 분쟁이나 하자 없는 건물이 됩니다."

조적공사(광교)

건물주님은 그러지 마세요!

무역을 하는 동창생 녀석이 중국산 선풍기를 대략 만 원에 수입했는데 중국업자에게 천 원만 깎아줄 것을 요구했고, 그러자 중국 업자가 "하오, 하오" 대답했다고 합니다.

그런데 정작 납품된 선풍기를 받아보니 날개 하나가 없기에 바로 전화해서 하자 있는 선풍기를 납품했다고 따졌더니, 중국 업자 왈 "오! 신 사장님, 날개 하나에 천 원입니다. 원하신다면 천 원을 더 깎을 수도 있습니다."

"오! 신 사장님, 날개가 하나만 있어도 엄청나게 시원합니다." 띵호와, 띵호와.~이러더랍니다.

오랫동안 건축을 해보니 건물주들이 설계도면에 없는 작업을 요구하거나 비싼 제품으로 교체해줄 것을 요구하는 경우가 있습니다.

예를 들어 조적을 쌓을 때 앵커나 조적 와이어메시를 하려면 시공비와 재료비가 추가된다는 것을 알아야 합니다. 만약에 추가비용을 주지 않는다면 건물주의 건물도 날개가 하나 밖에 없는 선풍기처럼 될 수 있습니다.

그런데 아쉽게도 이렇게까지 챙기는 건물주를 아직 만나보지 못했습니다. "이 책을 읽는 건물주는 그러지 마세요."

경험의 한수

필자는 공사현장에서 건물주의 가족들이 현장을 찾는 것을 자주 목격하는데, 의외로 가족 간에 소통을 제대로 못한다는 느낌을 받을 때가 많습니다. 한쪽에서만 일방적으로 말하는 것이 대부분이고, "당신 생각은 어때?" 이렇게 물어야 소통이 시작된다고 봅니다.

'소통의 시작은 듣는 것부터라는 것을 건축주들은 명심하세요.'

내 건물이고 가족들과 같이 생활하는 공간인데, 시공자나 설계자는 바람과 함께 사라지지만 건물과 가족들은 그 자리에 남아 있습니다.

건물 시공을 계기로 그동안 불통이었던 가족 간의 소통의 장이 되도록 해보세요.

건축은 인격을 만드는 과정과 흡사합니다.

건축공사를 할 때는 이웃의 민원이나 갈등이 수차례 발생하는데 소음, 분진, 교통혼잡 등을 사전에 검토해야 합니다.

착공 전에 이웃에게 충분한 공사설명과 주민의 고충상담 및 작업시간대를 알리고 어느 정도의 양해를 구해야 하며, 때로는 작은 성의 표시의 선물이라도 준비해서 같이 나눌 수 있는 현명함도 보여야 할 것입니다.

under stand

서로 소통하며 산다는 것이 정말 힘들다는 것과 사람들은 보고 싶은 것만 보거나 듣고 싶은 것만 들으려 한다는 것을 누구나 한 번쯤은 느꼈을 감정입니다. 건축주는 좀더 비싸고 좋고 아름다운 것으로, 시공자는 좀더 많은 이익금을 남기려는 것으로 충돌하는 것입니다.

공사를 시작할 때는 사이가 좋다가도 하나둘씩 채워 가다보면 갈등이 발생하고 분쟁도 생깁니다. 아무래도 비우는 것이 아닌 채우는 것이라 그럴 것입니다. 그래도 소송까지는 가지 마십시오. 쌍방 간에 엄청난 손해입니다. 소통하고 상대방을 이해하도록 노력해야 합니다.

"under 밑에 stand 서다.는 상대방을 이해하려면 밑에 서 있어야 이해가 되는 겁니다."

가스공사

필자의 시공방법 중 하나는 골조가 완공되면 석재나 조적, 기타 외장재를 붙이기 전에 가스관을 외장재 안으로 매립하는 것입니다.

도시가스공사의 안전검사를 통과하려면 가스관을 특수강으로 사용한다면 외장마감재 안에 가스관을 설치할 수 있습니다.

가스관 시공비는 외벽에 노출되게 설치하는 것보다 비싸지만 외관이 수려하고, 가스관을 타고 들어오는 빈집털이범의 침입을 방지할 수 있습니다.

가스관을 외장마감재 안으로 매립하는 것을 추천하는데, 가스관 설치시기는 골조 완공 후 바로 하고, 일반가스관으로 설치한다면 석재나 조적 및 기타 외장재 작업이 끝난 후 하면 됩니다.

택지지구의 난방은 도시가스이며, 베란다에 가스보일러가 설치되고, 건물유지비 중 많은 비중을 차지합니다.

가스는 천연가스와 제조가스(석유계가스, 석탄계가스)가 있으며, 천연가스인 LNG는 지하에서 발생한 메탄가스가 주성분인 가연성 가스를 말하며, 알래스카, 수마트라, 중동 등지에서 수입됩니다. 무색무취이면서 인화폭발의 위험성이 높아 가스누수 감지를 위해 가스를 공급할 때 부취제까지 첨가하여 수입됩니다.

제조가스인 LPG는 석유정제과정이나 원유채취과정에서 생산된 것으로 프로판이나 부탄이 주성분입니다. 무색무취이며 폭발한계가 낮고, 인화점도 낮아서 소량의 유출에도 화재 및 폭발 위험이 큽니다. 가스누출 감지를 위해 부취제인 메르캅탄을 첨가하여 공급하고, 도시가스는 제조가스와 천연가스로 공급합니다.

아파트 리모델링은 내부를 모두 철거하기 전에 가스공사에 전화해 가스을 미리 차단해야 합니다.

경험의 한수

사람들이 아파트를 더 선호하는 것은 금전적인 부분의 유동성이 좋고, 재산증식을 목적으로 거주하는 경우가 있습니다. 그러나 주택이 아파트보다 좋은 점도 많습니다. 단순히 주거 목적으로만 본다면 주택을 지어서 사는 것은 층간소음이나 몇몇 제약들에서 벗어날 수 있어서 비교적 자유롭다고 할 수 있습니다.
더구나 신축 때부터 건축주가 직접 참여한다면 건물의 구석구석을 파악할 수 있고, 건축주가 원하는 구조재나 마감재로 선택할 수 있습니다.
또한 아파트와 달리 상가주택에서는 임대수입도 창출된다는 점에서 정년퇴직한 직장인이 투자하기에도 적당한 조건을 갖춘 것도 큰 장점입니다.
건물주의 취향이나 개성에 맞는 건물을 구현할 수 있고, 하나 밖에 없는 건물을 만들어 낼 수 있습니다. 건축주가 마음만 먹는다면, 친환경건물이나 에너지제로건물로도 만들 수 있습니다.
건축을 시작해서 현장을 떠날 때마다 필자가 느끼는 또 한 가지는, 건물을 만들어가면서 인격도 만들어지고, 지혜까지 생긴다는 겁니다.
공사를 할 때마다 잠언24장3절을 조용히 읊조리게 됩니다.
"집은 지혜로 말미암아 건축되고 명철로 말미암아 견고하게 되고."

문틀 실측 및 발주

골조의 완공 시점에서 외벽에 외장재를 붙이고, 창호틀까지 다 설치했다면 외부 거푸집이나 안전발판을 제거할 시기입니다.

그리고 건물 내부는 청소가 완료되었고, 방문틀과 창틀 설치가 완료되고 사춤까지 했다면 미장이 끝난 겁니다.

현관 철재문틀, 방문틀, 화장실문틀은 골조가 완공되자마자 건축주가 가장 먼저 결정해야 할 사항입니다.

건물주는 나무나 기타 재료들의 색상이나 무늬를 보고 결정한 후, 발주하고 일주일 정도 지나면 납품됩니다. 문틀의 색상이나 무늬는 신축이나 리모델링할 때도 인테리어의 첫걸음이라고 보면 되고, 문틀의 색상만으로 집안의 분위기를 좌우할 수 있습니다.

방틀 설치방법은 두 가지가 있는데, 내장목수가 있으면 문틀 설치를 설치하면 되고, 내장목수가 현장에 없다면 문틀만 전문으로 설치하는 전문가가 따로 있으니 문틀을 납품한 업체에 말하면 보내줍니다.

필자는 '인테리어의 시작은 가구가 아닌 색상의 조합'이라고 생각하는데, 문틀의 색상을 선택할 때는 그만큼 신중하게 하라는 뜻입니다.

미장

건물의 외벽이나 지붕면, 내벽면, 바닥면 등에 시멘트와 혼합재를 물로 갠 다음 바르거나 틈새를 채워넣는 작업을 말합니다.

균열이 생겨서 떨어지거나 들뜨는 하자가 자주 발생하므로 정밀시공이 필요한 작업이고, 현관문틀, 방문틀, 화장실문틀을 설치하면 미장공이 문틈과 벽 사이의 빈 공간을 채우는 것을 사춤이라고 합니다.

그와 동시에 현관의 방화문틀도 같이 설치해야 공정이 빨라지고, 이때는 잡철물 시공자가 투입되는데, 1층 상가의 알루미늄바, 갈바 중 하나를 선택한 후 설치가 끝나면 이곳 또한 사춤을 해야 합니다.

창문틀 사이의 틈새를 꼼꼼히 사춤해야 결로도 방지하고, 빗물도 새지 않습니다. 만약에 창문쪽에서 빗물이 샌다면 틀림없이 사춤을 잘못한 것이라고 생각하면 됩니다.

아파트 리모델링의 경우 오래된 창호는 단열이 불량해져 있을테니 창틀을 모두 뜯어내고 새로운 창호가 설치되면 그곳도 역시 사춤을 해야 합니다.

필자의 경우는 사춤이 끝난 후 어두운 실내에서 창틀을 통해 들어오는 빛으로 다음의 그림과 같은 방법으로 틈새를 찾아냅니다.

문틈 사춤(광교)

미장 순서

미장면의 돌출물, 이물질들을 제거하고 문틀이나 창틀의 틈을 확인한 후 사춤하고 초벌에 면을 잡고, 긁어주기는 쇠빗으로 수평을 잡고, 가늘고 고르게 바릅니다.

정벌은 초벌 후 갈라짐과 처짐 발생 여부를 확인한 후, 정벌착수는 물뿌리기를 한 후, 위에서 아래로 좌에서 우로 작업합니다.

1차 바르기 후 1~2시간이 지난 다음, 흙손으로 눌러 기포를 제거하고, 면을 매끄럽고 평활하게 마무리합니다.

시공요령은 불순물을 깔끔하게 제거해야 하자가 방지되고, 시멘트 한 포당 약 50~70% 정도의 접착제를 혼합해서 사용합니다. 건조상태를 확인하고 습도가 적고 바람이 없는 흐린 날이 가장 적당한 시기이고, 비올 때나 저온 시는 백화현상 및 탈락현상이 발생할 수 있으므로 공사를 중단해야 합니다.

벽면 미장의 부위별 주의사항으로 현관문은 반원형의 줄눈을 사용해야 다른 공정작업 때 수월하고, 승강기 출입구는 미장두께를 과다하게 바르면 안 됩니다. 나중에 엘리베이터가 작동했을 때 실금이 발생할 수 있습니다.

모서리는 메탈라스를 설치해서 균열을 방지하고, 코너비드를 사용하면 균열이나 모서리가 깨지는 것을 방지할 수 있습니다.

창틀이나 문틀에 실금이 발생되지 않도록 정밀하게 미장해야 하고, 바깥 창틀에는 사춤을 하며, 2종 모르타르방수로 이중 정벌바름을 해야 합니다.

바닥의 기포는 수분 흡수가 잘되도록 하루 전에 물을 뿌리고, 문 입구 주변과 외부와 접촉하는 면의 수분이 증발되는 것을 방지하는데, 너무 많은 물을 뿌리면 침하되고 방바닥에 실금이 생깁니다.

기포타설 후 최단 기간에 방바닥 미장마감을 해야 방바닥에 생기는 실금을 방지할 수 있습니다.

바깥의 맞닿은 벽면에는 찬공기가 그대로 전달되어 결로가 생기므로 이곳은 미장하지 말고 단열재를 붙여 석고로 마감하면 냉기를 차단하여 결로를 방지할 수 있습니다. 리모델링할 때도 이런 방식으로 벽면을 마감해야 결로에서 해방됩니다.

미장재료 구입

시멘트는 제조일로부터 3개월 이내의 것인지 확인하고, 강모래를 사용하며 요즘에는 강모래가 귀하여 바닷모래를 물 세척해서 사용하는데, 소금기가 남아 있거나 모래에 불순물이 섞여 있으면 백화현상이 발생합니다.

바닥 바름의 초벌바름은 입자가 굵은 것으로 정벌바름은 고운 것을 사용하고, 접착증강혼화제의 유효기간이 6개월인데 제조일을 확인한 후 사용하며 만약 5℃ 이하에 보관하면 변질되어 사용할 수 없으므로 주의하기 바랍니다.

접착제는 접착력을 향상시켜 방수성을 증대시키는데, 시멘트 한 포당 50g에서 70g를 섞어 사용하고, 혼합물이 과다 투입될 때는 백화현상이 생기니 주의하기 바랍니다.

요즘엔 모래와 시멘트를 섞어서 만들어진 미장용 모르타르가 사용됩니다.

경험의 한수

바깥의 찬공기와 접촉하는 내벽면에는 미장하지 않으며, 테크론이나 아이소핑크 패널을 붙여서 그 위에 석고보드로 마감해야 단열에 좋습니다.

요즘 아파트공사현장에서는 시공비도 절약되고, 미장하는 것보다 값싸고, 마감면이 좋아 주로 석고보드 붙임으로 시공합니다.

그래서 아파트는 벽에 못을 박고, 액자도 걸 수 없는 구조가 되었고, 장난꾸러기가 있는 집에는 벽면이 함몰되는 경우도 발생합니다.

판교복합단지의 아파트공사현장에서 벽걸이 TV를 설치할 곳만 미장하고, 나머지는 석고보드로 마감한 것을 다음 그림으로 남겨 보았습니다.

아파트현장의
석고보드 마감(판교)

워커힐의 추억

필자가 성남에 거주하는 '방수의 고수'에게 방수를 배우던 중 워커힐 호텔로 하자보수공사를 하러 갔던 때가 생각납니다.

워커힐 호텔은 박정희 대통령 시절에 군인들을 동원하여 10개월 만에 만들어진 것으로 그 당시 최고급 호텔이었습니다.

개관식에 루이 암스트롱이 축하공연을 했는데, 아쉽게도 what a wonderful world를 몇 년이 지나 불렀으니 그때는 못 들었을 것입니다. 그리고 한국 최초로 볼링장도 있었습니다.

그 당시 필자는 지금의 신사동에 있는 신동초등학교를 다닐 때였는데, 한강에서 친구들과 수영하고 놀 때면, 워커힐 호텔에서 떠내려 온 것으로 추정되는 콘돔을 입으로 불며 공놀이하고 놀았습니다.

"무슨 목적으로 쓰였던 물건인지, 진정 난 몰랐었네."

혹시 워커힐 호텔로 호캉스를 간다면 구내식당에서 파는 수제 단팥빵이 맛있는데, 한 번 드셔보길 바랍니다.

방수공사

방수는 설계와 설비배관 다음으로 중요하고, 골조공사가 끝나자마자 제일 먼저 방수공이 투입됩니다.

1차 시멘트방수 때는 먼지가 하나도 없도록 정밀 청소를 하고, 심지어 머리카락이 떨어져 있어서 이를 통해 물이 샌 적도 있으므로 그만큼 깨끗한 청소가 중요합니다.

화장실은 1m50cm 이상 높게 벽면까지 방수를 하고 건조가 되었으면, 2차로 아스팔트 프라이머로 바른 후 건조되면 담수해 놓습니다.

이때 신축이나 아파트 리모델링을 하는 건물주는 하도급업자들을 만나려고 공사현장을 가는데 아마도 방수공을 만나게 될 겁니다.

맛있는 간식이라도 들고 가서 "잘 부탁한다고 말하세요." 방수는 지나칠 정도로 강조해도 부족합니다.

방수의 종류

시멘트계 방수

방수제와 시멘트 모르타르로 혼합하여 표면에 도포하는 폴리머방수 공법입니다. 방수층 두께를 1종과 2종으로 구분하고, 작업도 단순하고 부착성능이 우수하며 방수효과가 뛰어나 주로 사용하는 공법입니다.

시멘트 모르타르의 공간을 메우는 방법에는 시멘트액체방수나 모르타르 및 콘크리트벽면 등에 바르는 발수방수가 있는데, 지하실 외벽에 뿌려 주면 좋습니다.

방수제를 혼합한 모르타르를 2~3회 발라 10mm~20mm 두께로 하고, 방수층이 넓을 때는 적당한 위치에서 신축줄눈을 사용하며, 하절기는 직사광선에 직접 노출되는 것을 피하고, 가급적 새벽이나 저녁에 발라야 좋습니다.

멤브레인 방수

불투수성 피막에 의해 방수하는 공법으로 아스팔트 합성수지방수, 합성수지시트방수, 합성수지도막방수 등이 있습니다.

비가열식인 고무아스팔트 시트 이중방수나 우레탄 도막방수가 있고, 얇은 피막을 형성하여 방수가 됩니다.

프라이머 두께는 3mm 이상 바르며, 현저하게 굴곡진 곳이 없어야 하고, 화장실 바닥의 시멘트방수가 끝나고 건조되면 그 위에 2차로 방수합니다.

바닥이 갈라진 곳, 접혀져 주름진 곳, 구멍도 없어야 하고, 표면층에 흠이 있거나 보강재와 재료 사이에 틈이 없어야 합니다.

경사지붕인 경우 아스팔트시트 붙이기로 하는데, 이때 토치램프로 시트 면의 바탕면을 균일하게 가열하여 밀착하거나 이음 부분은 덧붙임으로 합니다.

도막방수는 바탕면 도막에 여러 번 바르는 아크릴수지와 에폭시 등과 고무도료인 아크릴고무와 우레탄고무 등의 도막방수제가 있습니다.

아크릴수지도막방수제는 습한 바탕에 시공이 가능하지만 화재나 가스중독 같은 위험을 없애야 하고, 건조시간이 길다는 것이 단점입니다.

에폭시도막방수는 방수층이 필요한 평지붕이나 베란다 바닥에 사용하고, 균열이나 보수할 때 사용되며, 고가지만 성능이 좋아 평지붕 바닥에 많이 사용됩니다. 색상은 초록색이 많이 사용되는데, 여러 가지 색상이 있으므로 건축주가 좋아하는 색상으로 선택할 수 있습니다. 여러 색상이 있다는 것을 건축주가 모르면 아마도 옥상 바닥은 대부분 초록색일 것이고, 어떤 것이 됐든지 모르면 그냥 사는 겁니다.

우레탄고무도막방수제는 촉감이 부드럽고, 여러 가지 색상을 낼 수 있어 사무실이나 주차장 바닥에 사용되며, 콘크리트타설 후 2주 정도 지난 다음에 시공합니다. 추운 겨울철에는 3주 정도 지나서 시공하는 것이 좋습니다.

시트방수제는 합성수지나 아스팔트를 원료로 만들고, 두께가 1mm~3mm 정도의 시트이며, 접착제나 토치를 사용합니다. 방수면에 붙여서 사용하기 때문에 방수층이 튼튼하고, 시공이 편하여 목욕탕이나 지하실, 경사지붕면에 주로 사용됩니다.

방수 요령(화장실, 베란다, 창틀 주변)

창틀 주위는 모르타르로 사춤하고, 문틀 주변의 목심을 반드시 제거하며, 화장실이나 오배수관, 수도관이 파손되었는지를 확인합니다.

베란다 방수턱이 파손된 경우는 보수하고 트레인이나 슬래브 주변에 정밀하게 방수해야 하고, 트레인이나 배수트랩 주위는 테이프와 먼지나 이물질을 제거한 후 정밀 방수합니다.

화장실 벽면이 벽돌일 때는 미장한 후 방수하고, 바닥과 지붕슬래브의 기울기는 1/50이고, 욕실과 화장실은 1/100이며, 발코니는 1/150이고, 물이 고이면 새는 것이므로 무엇보다 기울기가 중요합니다.

지붕공사 시공 전에 비가 내려서 우수가 장기간 빠져나가지 못하면 누수가 발생할 수도 있으니 먼저 빗물배수 조치부터 해야 합니다.

베란다의 보일러 배관 아래에도 누수방지를 위하여 방수턱을 설치하고, 방수공사는 날씨가 5℃도 이하일 때는 작업을 중단합니다. 간혹 작업자들은 일당 때문이나 바쁘다는 핑계로 공사를 무리하게 강행할 수 있으니 건축주가 나서서 과감히 중단시켜야 합니다.

"이들은 다 떠나가고, 그 집에 살면서 두고두고 고생하는 것이 물새는 것이라며, TV에 나와 하소연도 많이 하는 것을 봤습니다."

실링재 방수

건축물의 틈새나 알루미늄 새시의 틈새를 채워 넣어 빗물을 방지하는 코킹이나 실리콘실링방수재가 있습니다.

코킹으로 창틀의 틈새를 충전하기 위해 사용되지만 주의할 점은 건축물의 수축이나 팽창까지 고려하여 틈새에 충전해야 합니다.

틈새의 수밀과 기밀을 유지하기 위해 사용되고, 이 작업은 창호업체의 직원이 하게 됩니다. 또한 접착성이 있어야 하고 태양광, 산성비, 유독가스 등에 내구성이 강해야 하며, 줄눈 주변이 오염되면 안 되고, 실링재 자체도 오염이 없어야 합니다.

실리콘계 비초산형의 항균작용 제품명은 SR-1-9030이고, 욕실의 타일 조인트 부분은 욕조 주위, 세면기, 욕실문틀, 그리고 주방가구 상판, 복층유리 등에 사용됩니다.

특히 욕실이나 주방 상판에는 반드시 물때방지용 실리콘으로 사용해야 하며, 물때가 자주 발생하니 건물주는 꼭 챙기기 바랍니다. 물때방지용 실리콘을 건축주가 직접 사다 주는 것도 좋은 방법이며, 비싸지도 않습니다.

방화문틀, 창호 주위, 조적조인트 부분, 승강기 주위는 폴리우레탄계 실링재를 사용하고, 교차되는 부분이나 가장자리부터 시작합니다.

기포 또는 빈공간이 발생할 수 있으므로 꼼꼼하게 충전하고 마감공구로 충분히 눌러 마감면을 고르게 바릅니다.

고래싸움에 내 건물이 터졌네

이 시기에 미장과 방수작업자, 전기공, 배관공의 작업들이 중첩되어 이들끼리 다툼이 발생하기도 합니다.

문제는 이 다툼으로 내 건물에 화풀이한다는 것인데, 각 공정의 작업자들과 친목을 다지는 것도 좋습니다.

용인보라택지지구에서 생겼던 일인데, 좌변기가 자주 막혀 세입자가 민원을 제기하여 별짓을 다해 보았지만 소용이 없었습니다.

결국 좌변기를 통째로 뜯어 보니 오배수관에 이 물질을 잔뜩 쑤셔 놓았었고, 수도관에 못까지 박아 건물벽에서 유전이 터지듯이 솟구치기도 했습니다.

누군가 배관공을 골탕을 먹이려고 한 것인데, 고래싸움에 내 건물만 터졌습니다.

"여유가 있으면 서로 양보하고 친절하게 대했을 텐데, 시간에 쫓기거나 무엇인가 부족해지면 서로 싸우게 되는 겁니다."

골조가 끝나면 구경꾼들이 건물에 함부로 출입하지 못하도록 임시 출입문을 만듭니다.

광교현장에서 발생했던 사건인데, 필자가 시공한 건물 내부구조가 궁금했는지 밤에 몰래 구경하다가 승강기 구멍에 빠졌고, 부상을 크게 당해 119 구급차까지 출동했습니다.

옛날에는 '야방'이라고 해서 공사현장에 보초를 서는 사람도 있었는데, 요즘에는 야방도 없으니 밤에는 상상도 못할 일이 발생합니다.

형틀목수에게 합판으로 출입문을 만들어 달라고 해서 출입구를 봉쇄하고, 잠금장치를 설치합니다. 세상은 상식적으로 도저히 이해 못할 행동을 하는 사람들이 있습니다.

언젠가는 광교에서 밤마다 좀도둑이 건축자재를 훔쳐가서 필자가 경찰서에 도난신고를 하고, 주변의 CCTV로 확인까지 요구했던 적도 있습니다.

그런데 주민들이 다 입주해야 CCTV을 작동한다면서, 그 이후로 사건 담당자에게 시도 때도 없이 '사건진행중'이라는 문자메시지를 약 반년 동안 받으며 괜스레 신고했다고 후회도 했습니다.

판교

담수 확인 및 하자

화장실의 1차 시멘트 액체방수는 1종으로 바르고 완전히 건조된 후에 2차로 아스팔트 프라이머로 방수공사를 완료한 후 이틀 정도가 지나면 물을 담가 놓습니다. 담수기간은 3일이며, 담수할 곳은 화장실이나 베란다입니다.

누수의 원인은 건물의 특성과 용도에 부적합한 공법으로 했거나 지역의 특성 및 기후조건을 고려하지 않았거나 시공자의 이익만 추구하려고 값싼 재료를 쓴 경우가 있습니다.

하자가 주로 발생하는 이유는 공정순서를 무시했거나 바탕처리, 지수배합, 바르기, 마무리 불량, 동절기 시공 제한 등을 꼼꼼하게 안 지켰기 때문에 발생하는 경우가 많습니다. 작업환경이 불량하거나 작업자의 숙련도가 떨어지거나 부적합한 방수재를 선택해도 그렇습니다.

건물주에게 강조하는 부분인데, 추운 겨울철에는 어떠한 공사도 안 하는 것이 가장 좋습니다. 특히 방수는 잘해야 본전이 아니라 잘해도 내 집을 망치는 꼴입니다.

물이 자주 새는 곳

일반적으로 가스보일러 분배기 조인트 부분의 뜨거운 열기 때문에 고무패킹이 느슨해져 물이 새는 경우가 많고, 싱크대의 수도관 연결 부위의 고무패킹이 헐거워져 물이 새는 경우도 많으니 이곳을 우선적으로 점검하면 물이 새는 원인을 찾아낼 수 있습니다.

만약에 싱크대에서 물이 샌다면 아랫집 천장으로 물이 새는 경우가 발생하여 하자보수해 주었다는 것을 한 번쯤 들어본 적이 있을 겁니다. 그리고 보일러작동 시 물이 새면 조인트 부분의 고무패킹을 교체하고, 보일러분배기 밑바닥에 모르타르 방수액을 발라주면 됩니다.

필자의 시공현장에서 겨울철 방수공사를 한 경험일인데, 건축주가 자금난이 심하여 상의도 없이 전세계약을 하고 갑자기 입주한다는 것입니다.

"필자는 절대 안 된다."고 말했으나 세입자까지 찾아와 계약서를 내보이며 간곡하게 부탁하는 바람에 건축주나 세입자에게 날씨가 풀리면 방수층이 들떠서 물이 샐 수 있다고 경고까지 했습니다.

혹시 비가 새면 필자를 원망하지 않는 조건으로 입주하였고 어쩔 수 없이 겨울철에 방수공사를 강행할 수밖에 없었습니다.

내부에는 난로와 온풍기를 작동시켜 최대한 난방을 한 후 방수해서 이상이 없었는데, 문제는 바깥의 평지붕이었습니다. 1차는 시멘트계 방수하고, 2차에는 우레탄도막 방수를 했습니다.

그런데 그 해 겨울은 이상기후로 많이 추웠고, 이듬해 봄이 되자마자 물이 샜습니다. 바로 하자보수를 해주었으나 건축주가 거친 언행까지 해댔으며, 이웃주민이나 근처 공인중개사무소에까지 소문이 나서, 어렵게 쌓아 놓은 필자의 명성이 하루아침에 타격을 입었습니다. "무슨 일이든 올라가기는 힘든데, 추락은 한방이더군요."

"건축시공의 지혜는 이치에 순응하고 억지로 하지 않으며, 무엇을 얻으려고 애쓰지 않는 겁니다."

판교 현장

기포공사

기포치기의 주목적은 아래에서 올라오는 습기를 차단하고, 난방열을 오랫동안 보존해 주는 역할을 하며, 결로도 방지해 주는 역할까지 합니다.

기포공사가 조적공사와 겹칠 때 조적공사를 먼저 한 후에 기포공사를 하는 것이 좋으며, 조적공사에 사용할 벽돌을 방이나 거실에 비치해 놓으면 기포가 파손될 우려가 있습니다.

수도배관은 수압을 걸어놓은 상태이므로 물이 새는 곳이 있는지 바로 확인 가능하고, 오배수관과 수도관은 잘 고정시켜야 합니다. 기포타설 시 들떠서 바닥선이 고르지 않을 수도 있습니다.

외벽 먹줄선에 맞추어 수평작업으로 구석구석까지 손흙손으로 마감하고, 기포층 두께를 유지해 주어야 균열이 방지되고, 기포도 습기를 유지해 주어야 크랙이 발생하지 않습니다.

특히 화장실, 베란다, 신발장 등에 기포가 넘치지 않도록 경계턱을 벽돌로 설치합니다.

여기서 건축주가 꼭 챙겨야 할 것이 있는데, 가족 중에 심한 아토피환자가 있다면 기포혼합재를 식물성으로 사용해야 합니다.

건축주가 몰라서 말하지 않으면 시공자가 알아서 식물성혼합재로 사용하지는 않습니다. 그래서 필자가 또 한 번 강조하는 것은 건물주는 건축시공을 어느 정도 알아야 한다는 이유들이 여기에 있습니다.

기포치기 전 부유물이 뜨는 일이 없도록 방바닥을 깨끗이 청소해야 하고, 바닥의 층간 소음방지포는 기포치기 전 바닥에 깔아야 합니다.

요즘은 소음방지포 설치는 법적으로 의무화되어 있고, 아이가 있는 집이라면 설치가 필수이고, 건축허가 조건에 포함될 수 있습니다.

온수난방 배관

주택에서는 바닥 난방이 아파트처럼 중앙온수난방이 아닌 개별 난방방식이고, 세대별 가스보일러로 난방을 합니다.

장점은 온도 유지나 유량 조절이 쉽고, 방열온도를 낮게 하여 쾌적감을 높일 수 있습니다. 증기난방에 비하여 연료 소비량이 적고, 보일러 취급도 간편하고 안전합니다.

단점은 방열온도가 낮고, 유량이 많아서 배관의 용량이 커야 하고, 열용량이 크다보면 예열시간도 길어지고, 혹한기에 장기간 집을 비우는 경우 보일러가 중단되어 동파위험도 있습니다.

온수배관에는 항상 찬물이 고여 있어서 날씨가 따뜻해져 보일러를 작동 않으면 방바닥에서 찬기운이 올라오는 단점이 있습니다.

급탕수는 70℃~80℃의 온수에 찬물을 섞어 사용하며, 급탕온도가 60℃ 이상이 되면 산소가 분리되어 철물을 부식시키는 원인이므로 요즘에는 PVC관을 많이 사용합니다.

온수난방의 단점 중 하나는 일정 정도 온도가 내려가야만 보일러가 작동되는데, 요즘 자재들은 성능이 좋아 내부단열이 잘되어 방안은 추운데, 보일러가 작동되지 않아 일부러 창문을 열어 춥게 하기도 합니다. 주택생활에서 유지비 중 가장 많이 차지하는 부분이 난방비 지출로 도시가스 요금일 겁니다.

난방 보일러 파이프를 까는 시기는 기포가 마른상태에서 작업합니다.

담배도 처음에는 몸에 좋다고 했다

신축을 하거나 리모델링을 할 때마다 건물주나 주부님들을 만나게 되는데, 신제품이 나왔다면서 그것으로 설치하고 싶어 합니다.

필자는 주로 반대하는 편인데, 인체에 무해한지, 하자는 없는지, 충분한 검증기간이 없었다는 것 때문입니다.

"담배도 조선에 들어올 때, 몸에 좋다고 광고했습니다."

어릴 적 설날 때마다 때 빼고 광낼 때, 한남동에 위치한 목욕탕에 가려면 한강의 빙판길을 건너야 했습니다.

"맨 처음에 건너면 살얼음에 빠지고, 맨 나중에 건너면 녹아서 빠지니, 중간쯤에 가거라."

"이것이 중용이란다." 이렇게 말씀하신 필자의 아버지(송월당. 정진성)가 너무나 보고 싶습니다.

방통치기

기포치기나 방통치기는 높이가 상당히 중요한데, 벽면에 먹선으로 표시하고 내장목수에게 부탁하면 방바닥의 높이를 표시해 줍니다.

거실바닥을 대리석으로 시공하고 싶으면 거실의 방통 높이가 달라져야 하고, 벽면에 표시하거나 방통칠 때 방통작업자에게 방바닥이 대리석이라고 말하면 높이를 맞추어 방통을 칩니다.

거실에 매립식 중문으로 달고 싶으면 먼저 문틀을 설치해 놓고, 방통치기 전에 문틀이 미리 달려 있어야 문을 여닫을 때 흔들림이 없습니다.

문틀을 납품하는 사람에게 연락해서 문틀 개당 설치비를 주고 설치하거나 내장목수에게 설치해 줄 것을 요구하면 됩니다.

만약 주방 한쪽에 간이 손세면대를 설치하고 싶다면, 기포치기 전에 설비공에게 설비배관 설치를 부탁하고, 수도관의 위치를 변경하고 싶을 때도 역시 말해 주어야 합니다.

방통공사 순서는 기포가 충분히 마른 것을 확인한 후 와이어메시(철망)를 깔고 그 위에 엑셀(온수관) PVC관을 고정하고, 그 위에 비닐이나 천으로 된 차광막을 깔고, U자형 핀을 촘촘하게 기포 위에 박아 고정시켜야 PVC가 뜨는 현상이나 크랙을 방지할 수 있습니다.

엑셀 PVC관 간격은 1cm을 유지하고, 난방배관에 이물질이 있는지 확인하고, 먹줄선에 맞게 방통모르타르 미장으로 수평을 잡으며, 두께는 약 5cm 정도로 칩니다.

방통이 너무 두꺼우면 오히려 난방효과가 떨어지고, 너무 얇으면 크랙이 발생하니 방바닥은 균일하게 밀기로 마감선에 맞추어 평활하게 하고, 물이 빠지면 쇠흙손으로 방바닥면을 바르게 잡습니다.

물 건힘과 마감 시까지 평균 6시간이 소요되므로 일찍 마감하고 작업지연에 대비해 조명등을 준비해 둡니다.

리프트식 승강기를 설치하면 바닥 밑에 구조물을 고정시키기 위해 방통으로 채워야 하고, 1층 상가 바닥에는 10cm 정도로 방통모르타르를 쳐서 마감 후 수평면을 바로잡습니다.

이때 1층 상가 바닥에 수도관을 양쪽으로 빼고 싶다면 배관공에게 말하여 수도관을 깔아야 합니다.

상가 바닥은 방통치기 전에 창호틀을 먼저 설치해야 상가 바닥면이 깔끔하고 비용이 절약됩니다.

방통을 친 방바닥이 건조되면, 단열재를 붙이고 석고를 치며, 인테리어를 시작해야 곰팡이가 발생하지 않습니다.

일부작업자는 작업순서를 거꾸로 하는 경우가 있는데, 그때는 건축주가 바로 중단시키고 시공순서대로 해달라고 하면 됩니다.

봉추 방통 선생

기포가 굳으면 그 위에 와이어메시를 깔고, 난방배관을 깐 다음 방통을 칠 때마다 필자는 삼국지 '적벽대전'에서 결정적인 역할을 한 봉추선생인 방통이 생각납니다.

방통은 훌륭하게 방바닥 역할을 다하고 강화마루에 깔려 빛도 못보고 없는 듯이 존재합니다.

"화려한 제갈공명에게 깔려 빛도 못 본 봉추 방통과 인생이 참으로 비슷하다고 생각했습니다."

만약에 강화마루가 아니고 인조대리석이라면 '더 겸손하듯이 방바닥을 더 낮추어야 깔끔합니다.'

만약 봉추 선생도 인조대리석에 깔린 듯 자신을 더 낮추었더라면 낙봉파에서 허무하게 죽지는 않았을 겁니다.

방통 선생은 "겸손하면 하늘이나 사람들이 도와준다는 것을 잠시 잊은 듯합니다."

우리 마님 바람났네.

필자가 건축시공 초기에 아무것도 모르고 막무가내로 시작할 때입니다. 그 당시에 필자는 황당하고 엉뚱한 말을 했을 것이고 그때마다 작업자들끼리 빈정거리듯 웃었는데, 그 이유도 몰랐고, 필자도 속없이 따라 웃었습니다.
그때만 생각하면 바람난 마님 이야기가 생각납니다.
대감이 안방으로 들어서는데, 발가벗은 총각 놈이 후다닥 뛰쳐나와 도망쳤다.
대감 왈, "누구냐?" 마님에게 묻자, 마님 왈, "이제는 하다못해 헛것까지 보느냐."했다.
머슴들을 모아놓고 "총각 놈을 보았느냐" 묻자, 머슴들은 "영감님이 헛것을 보셨습니다." 이구동성으로 말했다. 그 당시 필자가 대감꼴이 되었는데, 건축주도 어느 정도 건축을 알아야 필자와 같은 꼴을 당하지 않습니다.
아마도 그때 시공자들은 품삯을 많이 잡거나 공사일정을 질질 끌어 인건비를 많이 챙기려했을 수도 있었을 겁니다.

또 작업자들은 자신의 일만 편하게 하고, 뒷정리를 제대로 하지 않아 다른 작업과 꼬였거나 다시 부수고, 재시공했던 일들이 주마등처럼 스쳐갑니다.

민속촌 근처 현장

가설재 철거

비계는 작업안전대나 발판을 말하고, 어느 공사현장에서나 안전발판이나 안전대를 설치하라고 안전요원들이 수시로 현장을 돌아다니며 점검하고 안전교육도 시킵니다.

낙하물방지망은 공사 중 위에서 떨어지는 낙하물이나 추락사고를 방지하고, 이물질 및 옆 건물이나 통행자의 안전을 위해 반드시 설치해야 합니다.

비계설치는 1층이 완공되면 위로 올라 갈 때마다 설치하며, 비계가 철거되면 골조공사가 막바지에 도달했다는 것을 의미합니다.

이를 철거하는 시점은 외장재공사가 끝나고 창문틀까지 설치된 후에 철거해야 이후 창문을 달 수 있습니다.

비계 철거 전
(광교현장)

Part 06

외장 인테리어 마감재

외장 마감재

농경시대가 되면서 정착이 필요해졌으며, 그때부터 벽이나 지붕을 만들면서 건물의 형태가 발전해 왔습니다.

벽이나 지붕의 진화는 계속될 것이고, 어떤 것을 외장마감재로 할 것인가?라는 고민도 계속될 것입니다.

건축주에게 선택의 폭을 넓혀 주기 위해 외장마감재의 종류들을 설명하려고 하니 자신만의 독특한 외장마감재로 선택해도 된다고 말해 주고 싶습니다.

요즘에는 패널방식이 개발되어 벽에 앵커볼트를 박고 고정한 다음 마감재를 걸거나 접착재로 붙이는 방식으로 마감재의 종류도 많아졌고, 이 순간에도 새로운 방식의 마감재는 수없이 쏟아져 나오고 있을 것입니다.

외장마감재 선택은 부자가 잔칫집에 가기 전, 입고 갈 옷을 고르는 것과 비슷하여 붙박이장에 옷 종류가 많아서 어떤 것으로 입을까? 고민하는 단계에 이르렀습니다.

문제는 어떠한 외장재라도 좋은 점과 나쁜 점이 공존한다는 것입니다.

"아름답지는 않은데 싸고 견고하거나, 아름답고 싼데 견고하지 않거나, 아름답고 견고한데 비싸거나, 아름답고 견고하고 비싸지도 않는데 관리가 너무 힘들거나, 지나치게 아름다우면 금방 변색되거나 쉽게 질려버리는 등의 장단점이 있습니다."

외장재는 설계도면대로 시공해도 되지만, 다른 외장재로 바꾸고 싶다면 골조가 완공되기 일주일 전에 변경은 가능합니다. 특히 외장재 선택의 폭이 넓어진 것은 옛날 외장재에서 벗어난 합금이나 유리, 타일, 기타 특수합판 등의 종류가 다양해졌기 때문입니다.

외장마감재의 종류별 장단점을 알려줄테니 건축주의 취향이나 자본력에 맞게 선택하기 바랍니다.

외장재 선택의 조건은 햇빛, 비바람, 습기, 냉기에 우수하며 열손실과 방음에도 좋고, 물 흡수가 적으며, 태양열 때문에 휘거나 변형이 없어야 좋은 제품입니다.

그리고 균열, 들뜸, 벗겨짐, 변형, 처짐에 하자가 없어야 하고, 균일한 품질로 충격에도 강해야 합니다.

조적

옛날에는 벽돌이 건물의 구조재로 많이 사용되었는데, 20세기에 들어와 철근콘크리트 사용으로 구조보다는 외부와 내부마감재로 주로 사용되고, 벽돌의 종류는 점토벽돌과 시멘트벽돌이 있습니다.

골조가 완공되고 방통이 끝난 후 바닥이 마른상태에서 조적공사를 투입하거나 기포치기 전에 투입하는 것이 좋습니다.

점토벽돌은 내화성과 내구성이 높고, 특유의 색깔이나 질감이 있어 장식에 뛰어나 외부와 내부마감재로 널리 사용됩니다.

특히 모래를 더하여 부착력까지 좋아졌고, 석회를 혼합하여 원하는 색채도 만들 수 있고, 산화철을 넣은 붉은벽돌까지 만들었습니다.

보통벽돌은 불완전연소로 구운 벽돌은 검정색, 완전연소된 것은 붉은색인데, 갈라지는 결함이 있을 수 있습니다. 잘 구워진 벽돌은 치수가 작고, 색은 짙으며 두드리면 청명한 음이 나지만, 질이 나쁜 벽돌은 하얀가루가 생기는 백화현상이 발생할 수 있습니다.

경량벽돌은 점토와 목탄가루에 톱밥까지 혼합하여 만든 것으로 보통벽돌보다 가볍고 단열이나 방음효과도 좋아 특수목적으로 사용됩니다.

구멍벽돌은 벽돌 내부에 구멍을 뚫어 만든 벽돌이고, 다공벽돌은 점토에 유기질분말인 분탄, 톱밥, 겨 등을 혼합하여 만들어 가볍고 절단하거나 못 박을 때 좋습니다.

내화벽돌은 내화온도 1,500℃~2,000℃에서 구운 벽돌로 황백색이고, 내화도에 따라 저급품, 고급품, 보통급으로 구분됩니다.

주로 벽난로, 보일러 등의 내화성이 요구되는 곳에 사용되고, 야적 시에 빗물에 젖지 않도록 하고, 모서리가 깨지기 쉬우므로 던지거나 쏟는 일이 없도록 조심해야 합니다.

특수벽돌 중 이형벽돌은 원형과 둥그스름한 아치모양을 쌓을 때 사용되고, 검정벽돌은 진흙을 불완전연소로 만든 것으로 치장용으로 사용됩니다.

포도벽돌은 도로나 마루에 깔 때 사용하는 두꺼운 벽돌이고, 고령토나 점토흙, 황토흙 등을 1,200℃의 고열로 굽습니다. 그리고 단열, 보온, 방음의 효과가 좋고, 재료비가 저렴하여 유지보수비가 좋고, 질감이나 색상이 자연색과 비슷하여 시간이 지나도 싫증나지 않는 특징이 있습니다.

고령토벽돌은 파스텔 톤으로 색상이 밝으며 미세하여 균열이 없고, 규격관리가 좋아 생산수급이 좋은 편이고, 점토벽돌은 어두운 색상으로 표면의 오염이 잘 안 되는 편입니다.

시멘트 벽돌은 내부나 외부에 쌓을 곳과 비트(오배수관에 집합장소)에 쌓을 곳이나 상가의 화장실, 계단, 벽 등에 사용됩니다.

조적시공-줄눈놓기-발수재 뿌리기는 벽돌 수량과 크기에 따라 다르며, 연건평 150평 기준 약 2만 장에서 3만 장 정도가 소요됩니다.

벽돌 양은 1헤베당(190×90×57) 75장~78장이 사용되고, 1평방미터당(210×90×57) 46장~48장이 사용되니 벽돌 발주량은 상세도면을 참조하여 벽돌 수량을 산출할 수 있습니다.

조적공사(광교)

시멘트블록

시멘트와 모래로 만들고 보강철근을 삽입할 수 있도록 속을 비게 만들었으며, 비내력벽체나 실내에서는 칸막이벽으로 사용됩니다.

한국규격품인 B1형은 한국에서 사용되고, 기본블록은 두께에 따라 19cm(8인치), 15cm(6인치), 10cm(4인치)가 있고, 길이는 모두 39cm입니다.

이형벽돌은 기본블록의 형태나 치수가 다르므로 사용하는 용도에 따라 반블록, 양마구리 평블록, 인방블록, 창대블록, 장식블록이 있고, 창틀 부분에 아름답게 모양낼 때 사용됩니다.

특수블록은 거푸집블록, 보도블록, 치장콘크리트블록, 방음블록으로 특수용도로 사용됩니다.

인도블록은 공사로 인해 블록이 깨지는 경우가 많아 인도블록을 보수해 놓아야만 준공이 떨어집니다.

그리고 주차장 바닥에도 인도의 블록처럼 강도가 강한 특수블록으로 깔아야 합니다.(주차장의 특수블록 설치 여부는 지방마다 차이가 있을 수 있음)

인도블록 공사현장
(광교)

경험의 한수

수입벽돌을 사용하지 않고, 국내 벽돌만 발주하는 경우는 약간 부족하다싶을 정도로 발주하며, 시공 중 부족하더라도 추가 발주하면 됩니다. 이유는 시공 후 처리 비용이나 추가로 들어가는 비용이 비슷합니다.
벽돌은 모래와 시멘트를 섞어 사용하지만, 요즘엔 조적용 모르타르가 있어 작업이 편합니다.
기온이 4℃ 이하일 때는 물을 가열하고, 영하의 온도에서는 작업을 중지하며, 벽돌 3단마다 보강H 와이어메시를 매입하도록 하고, 실 띄우기는 매단마다 하며, 수직에 맞추어 시공해야 합니다.
가끔 벽면이 갈라진 것은 강추위에 공사를 강행한 것이 대부분입니다.
더 큰 문제는 벽이 무너져서 인사사고가 발생할 수 있고, 건축주도 책임이 있으니 추운 겨울철에 공사를 중단하는 것이 좋습니다.
창문폭이 넓은 경우 건물의 중간 중간에 조적을 단단히 고정할 수 있는 녹 방지용 앵커철물을 준비하고 외벽에 고정시킵니다.
최근 경주에서 지진으로 학교건물의 조적이 한꺼번에 무너진 것은 앵커나 보강H 와이어메시가 없어서 생긴 것입니다. 설계도면에 없는 부분이므로 건축주가 챙겨야 합니다.

> 외장재공사가 시작되기 전에 출입구 옆에 비디오박스를 벽으로 매립할 수 있게 박스 크기를 유성펜으로 표시해 놓습니다.
> 만약에 우편물 박스도 매립을 원하면 같이 표시하고, 시공자도 깜빡해서 놓치는 부분이니 건축주가 챙겨야 합니다.

백화현상

공기중에 수산화칼슘으로 탄산가스와 반응하여 외벽면에 하얀가루가 나타나는 현상을 말합니다.

모르타르 혼합 시 깨끗한 물을 사용하고, 해사(바닷모래)를 사용하면 백화현상이 발생할 수 있으니 강사(강모래)로 사용합니다. 하지만 요즘엔 강모래가 귀해져서 바닷모래로 사용하는데 물 세척으로 소금기를 제거하고 사용해야 하고 세척한 횟수에 따라 모래의 질이 달라집니다.

조적작업 시기는 겨울철과 장마철을 피하고, 발수재를 뿌리려면 유리창을 달기 전에 뿌립니다.

특히 벽돌의 최상단면으로 빗물이 침투되어 백화현상이 생길 수 있으니 두겁석을 깔고 두 장씩 겹치는 것이 좋습니다.

침투성 발수재는 알칼리성을 넣어 열화물질을 억제하거나 제거하여 방수를 향상시키고 강도도 증진시키는 방수법입니다.

시공 포인트

창호 주변에 벽돌을 쌓을 때 주변을 방수처리해서 시공 후 실리콘이나 코킹으로 마감하여 2차 방수까지 합니다.

창문 주변에는 15° 내외로 경사지게 세워쌓고, 줄눈은 빈틈없이 채우고 줄눈모르타르에 방수재를 섞어 시공합니다.

시공 후에는 12시간 동안 하중이 실리는 것을 금지하고, 3일 동안은 집중하중이나 진동충격을 금지합니다.

점토벽돌 190mm×90mm×57mm, 마감치수 30mm~40mm, 최소마감치수는 120mm이며, 하루 쌓기는 1.2m(18켜) 기준으로 최대 1.5m(22켜) 이내로 쌓기를 준수합니다.

줄눈시공

줄눈기준 10mm의 방수액이 포함된 시멘트모르타르(시멘트 1에 모래 3의 비율)의 갓 둘레에는 줄눈을 설치하고, 줄눈모르타르가 굳기 전에 줄눈파기로 치장합니다. 솔을 이용하여 벽돌 표면에 붙어 있는 모르타르를 제거하고 깨끗한 물로 닦아냅니다.

균열방지, 누수방지, 백화현상을 억제하고 미관상 좋게 하며, 마감재 손상을 방지하기 위해 줄눈시공을 합니다.

줄눈의 색상은 건축주가 직접 선택하는데, 벽면에 줄눈을 색상별로 견본으로 해놓으니 이 중에서 취향에 맞는 것으로 선택합니다.

석재

석재의 장점은 불연성이고 압축강도가 크고 내수성과 내구성, 내화학성이 좋고, 내마모성이 크며 종류도 다양하여 같은 종류의 석재라도 생산지나 돌의 조직에 따라 외관과 색조가 다르게 나타납니다.

외관이 묵직하고 치밀하여 아름다운 광택이 나지만 단점은 장대석을 얻기가 어려워 가구재로는 적당하지 않습니다.

화강암은 마그마가 굳어져 생긴 화성암으로 내구성, 내마모성, 내수성이 좋아 외장재로 사용됩니다. 그러나 비중이 크고 가공성이 좋지 않아 열에 닿으면 쉽게 파괴되고, 석회암이나 대리석처럼 분해되어 저항력이 없어지는 것도 있습니다.

대리석은 흰색으로 깨끗하여 신전이나 조각에서 많이 사용하지만, 산성비에 거무스름하게 변하기도 합니다.

사문암은 짙은 녹색 표면에 하얀 부분이 뱀의 표피 무늬이고 광택도 있고, 수분을 쉽게 흡수하므로 실내장식재나 내장재로 사용됩니다.

석재공사 방법은 앵커로 연결하는 건식공법으로서 석재 두께는 30mm 이상이고, 녹 방지철물로 사용하며, 진동드릴로 벽면에 앵커구멍을 뚫어 접착제로 붙여서 시공합니다. 연결철물의 상단은 석재고정용으로 하단은 석재를 지지하기 위해 사용됩니다.

석재마구리면에 미리 꽂임촉을 꽂기 위해 진동드릴로 구멍을 뚫어 놓은 곳에 볼트와 너트로 고정시키고, 석재의 고정이 완료되면 이음매에 실리콘으로 코킹마감합니다.

용도별 분류

마감석재는 강도가 약하지만 가공이 쉽고, 색상과 무늬가 아름다운 석재를 사용하고, 외장재로 사용되는 석재는 화강암, 점판암, 안산암 등이 있습니다.

내장에 사용되는 석재는 사문암, 사암, 대리석 등이 있고, 구조용 석재는 조직이 치밀하고 강도가 큰 석재로 사용되는데, 화강암, 사암, 안산암 등이 있습니다.

각석은 길이가 60cm~150cm에 각은 40cm이고, 150cm가 넘는 장대석은 고가이며, 판석은 실내마감재로 사용되고 두께는 20mm, 30mm, 40mm, 50mm 등이 있습니다.

가공별 분류

물갈기나 광내기는 자동연마기를 사용하여 돌 표면을 평활하게 광택을 내는 것이고, 버너구이는 버너로 고열의 불로 돌 표면을 엷게 벗겨내 거친 면을 보이는 방식입니다.

샌드블라스트는 석재 표면에 작은 모래를 분사시켜 세밀하게 흠집내거나 거칠게 만드는 마감이며, 물기가 있어서 미끄러져 넘어질 우려가 있는 곳의 바닥재로 사용됩니다.

워터제트법은 다듬은 돌 표면을 고압수로 분사하여 표면을 돌다듬으로 하고, 빗살무늬나 입체무늬 등의 여러 형태로 나타내어 실내장식 및 논슬립으로 사용됩니다.

혹두기마감은 그대로 쪼갠 표면보다 울퉁불퉁한 모양으로 만들어 자연 그대로의 멋을 내는 데 사용됩니다.

이것 또한 건축주가 외벽과 계단을 물갈기로 할 것인지, 버너구이로 할 것인지를 결정해야 합니다.

인조대리석

대리석, 사문암, 화강암 등에 채석을 얇게 자른 석분에 백색시멘트와 안료를 혼합하고 반죽하여 경화한 제품입니다.

천연석재의 모양과 질감, 색상을 가지면서 비중이 작아 시공이 간편하고, 건축물에 하중을 주지 않습니다.

건축주가 원하는 모양이나 색상으로 주문 생산도 가능하니 치장에 필요한 바닥재나 내벽의 마감재로 사용할 수 있습니다.

폴리에스테르수지나 아크릴수지 등의 액상을 결합하여 만든 수지계 인조석도 있고, 시멘트는 인조석보다 경화가 빠르고 균열이 적으며 수밀도가 좋지만 내열과 내화성에 약하니 사용할 때 주의하고, 내장재로 사용하는데 신발장 바닥이나 방바닥을 시공할 때 주로 사용됩니다.

신발장 바닥이 타일이 아닐 때는 건축주의 취향에 맞는 것으로 선택할 수 있는데 주의할 점이 있습니다. 신발장 바닥을 하얀색으로 하면 신발에 묻어오는 오염으로 인해 쉽게 더러워집니다.

석재 선택 시 유의사항

석재는 견고하고 강도도 크고 내구성이 좋습니다. 외부마찰에 강해야 하고, 무늬가 우아하고 통일성 있으려면 균일한 제품이야 하며, 방수와 방습에 강하고, 무늬의 변질이나 변색이 안 되는 제품으로 사용하기 바랍니다.

공사 시 충격에 약하므로 취급에 주의하고, 구조석재는 강도가 큰 것으로 건물의 외장재와 동일한 종류의 석재와 동일산지의 석재를 선택하면 좋습니다.

또는 외부나 바닥에 사용할 때는 내구성과 내수성까지 고려해야 하고, 특히 태양열에 강한 석재로 선택하면 됩니다.

바닥 모양

석재가 평평하고 선이 똑바른 공법이나 바둑판무늬, 오늬무늬 등의 제품으로 모서리가 예각면이 되지 않도록 시공해야 고급스러워 보입니다.

원형깔기, 마름모깔기, 일자깔기 방법 등이 있는데, 건축주가 선호하는 깔기 방법을 말해주지 않으면 석공 마음대로 깔게 됩니다.

석재 두께는 화강암일 때 20~30mm 정도이고, 차량이 다니는 바닥은 40~50mm 이상으로 합니다.

경험의 한수

외부마감재 선정은 건축주가 가장 많이 고민하고, 물어보는 공정입니다.
판교나 광교, 기타 택지지구를 같이 가자든지, 현장사진을 가져와 보여주기도 합니다. 그만큼 건축 상담할 때 시간도 많이 소요되고, 신중한 이유는 건물에 한 번 옷을 입히면 바꾸어 입기가 힘들기 때문입니다.
더구나 외장재는 건물의 첫인상을 주는 요소이다 보니 건축주의 경제력과 취향에 맞게 결정해야 합니다.
먼저 고려할 것은 외장재의 가격인데, 외장재마다 그 가격 차이가 크며 1층이 상가일 때는 간판 설치까지도 고려해야 합니다,
상가의 임차인이 선호하는 외장재가 있을 수 있으므로 주변의 건물 외벽도 살피는 것이 지혜로운 건축주입니다.
2층이나 3층의 세입자세대는 조용한 것을 원하는데, 상가임차인은 이동인구도 많고, 시끌벅적거리는 것을 선호할 것입니다. 그러니 지나치게 전원주택 느낌으로 외장재를 선택한다면 낭패를 볼 수 있습니다.
드라이비트(뿜칠계)로 시공하기도 하는데 외관도 수려하고 시공비도 저렴하지만, 점포주택일 때는 되도록 시공하지 않습니다. 화재에 취약하여 건축허가 시 조건부 조항이 붙을 수 있습니다.
드라이비트(뿜칠계)로 시공한 광교의 한 주택에서 1층은 자주 파손되고 오염이 되어 2층부터 뿜칠계로 시공했습니다. 그런데 3층 세입자가 이사할 때, 사다리차가 외벽에 부딪쳐 벽면이 함몰된 경우도 있었습니다.
노출콘크리트나 목재로 외부마감을 할 때는 공기오염이 적고, 외부인의 출입이 드문 주택에 시공하는 것이 좋으나 이동인구가 많은 점포주택에는 피하는 것이 좋습니다. 더구나 주택은 단열에 문제가 있는데, 20년 전쯤에 용인수지에서 한때 유행한 적이 있었습니다. 주택용에 하지 말고, 상가나 공연장 등에 적합하며, FM대로 시공하려면 가격이 만만치 않습니다. 그래도 하고 싶다면 정말 잘하는 시공자를 만나야 하는데, 시공자가 공사 욕심으로 무리하게 시공하여 건물을 망쳐놓은 사례를 주택가에 가면 종종 볼 수 있습니다. 처음에는 아름답고 빛났던 벽면이 공해 때문에 오염되어 고유의 빛깔을 잃고, 얼룩거리거나 물때가 잔뜩 낀 것을 보았을 겁니다. 그만큼 신중하게 선택하기 바랍니다.

엉덩이의 호랑이 문신

판교에서 시공하던 건물 옆에 외장마감재가 너무나 아름답고 모양도 독창적이어서 구경꾼들이 모여들었고 건축 관련 잡지에도 실렸으며, 건축 관련한 상도 받았던 건물이 있었습니다.

그런데 1년이 지나자 외벽에 물때가 생겨, 흉물스럽기 그지없었습니다. 그 화려했던 외벽이 변색되어 흉물스럽게 변했을 때, 필자는 그 건물을 보며 엉덩이에 호랑이 문신을 한 찜질방 사장이 생각났습니다.

분당 찜질방의 사장은 항문을 중심으로 오른쪽은 호랑이의 머리가, 왼쪽은 호랑이의 꼬리 문신이 새겨 있어서 마치 호랑이가 동굴로 들어가고 나오는 형상이었습니다. 찜질방 사장의 호랑이 문신은 젊었을 때는 아름다운 호랑이었고, 중년 때는 엉덩이에 살쪄 얼룩하마가 되었더니, 늙으니 엉덩이에 살빠져 고양이가 되었습니다.

"아! 영원히 변치 않는 것은 세상에는 없는 모양입니다."

특히 지나치게 화려한 외장재는 세월이 지나면 쉽게 변색됩니다. 필자는 새 차를 구입할 때 절대로 흰색이나 검정색으로 사지 않고, 주로 회색이나 은색으로 구입합니다. 먼지색깔과 비슷해 세차를 자주 안 해도 표시가 덜나기 때문입니다.

요즘에 유행하는 외장재는 먼지색깔인 회색이나 은색의 징크나 기타 금속패널이 많이 사용됩니다.

패널 마감재

마감재에는 석재벽, 목재, 합성수지제, 철재, 유리대리석, 타일벽, 목모시멘트판, 금속판, 사이딩, 도장벽, 경량기포 콘크리트패널 등이 있습니다.

단열재와 혼용하여 외장재로 사용하고, 종류로는 목재패널, PVC패널, 금속패널, 콘크리트 복합패널이 있습니다.

외장에 붙이는 판상제품이며 붙이는 방법에 따라 가로붙이기나 세로붙이기가 있으며, 가로붙이기가 방수에 더 유리합니다.

단부 이음부에는 홈가공하고, 표면에 스테인리스 등으로 도장이나 방부처리를 하여 단면 가공형태에 따라 외관 목적에 맞는 종류를 선택하면 됩니다.

세라믹 패널

양질의 점토를 물로 빚어 1,100℃~1,300℃에서 소성하여 만든 패널형태의 제품으로 테라코타 패널이라고도 하며, 불연재이면서 친환경재료입니다. 다양한 색상 표현이 가능하고, 벽돌처럼 질감이 중후한 느낌을 줄 수 있으며, 건물에 부착하는 방법은 건식으로 시공하며, 공사기간도 짧고 겨울철 공사도 가능하여 하자도 거의 없습니다.

목재 패널

천연원목이나 천연펄프섬유에 친환경 합성수지를 합성하여 고압으로 성형한 패널제품이고, 표면이 평활하고 색상이 선명하며, 물 흡수가 극히 적어 방수성은 좋으나 박리현상이 생기는 단점이 있습니다.

사이딩

사이딩은 목재를 판처럼 잘라서 이어붙이는 방법으로 나무 느낌을 주는 외벽마감재이고, 부패나 벌레에 저항력을 높이려고, 방부나 방염처리로 가공한 나무로써 전원주택이나 레저타운 등의 외벽용으로 많이 사용됩니다.

로그사이딩은 반달모양으로 연출한 것으로 나무 종류로는 적삼목, 가문비나무, 낙엽송 등이 쓰입니다.

베벨사이딩은 경사진 벽면에 삼각형으로 연출한 것으로 나무 종류는 적삼목, 가문비나무 등이 쓰입니다.

비닐사이딩은 경질의 PVC를 나뭇결무늬로 공사 과정도 간단하고, 외부 충격에도 강하며, 단열과 방수성이 좋고, 미관상 보기도 좋습니다.

사이딩마감(판교)

금속 패널

아연알루미늄 도금강판은 알루미늄, 아연, 실리콘 등의 합금을 도금한 재료로 갈바륨이고, 은백색으로 아름답고 내식성이 좋아 외장재나 지붕재로 사용됩니다.

스테인리스 강판은 내식성과 내구성이 좋으며, 외관이 아름다워 장식 목적으로 사용되고, 금속판 특유의 잇기방식인 마름모잇기와 일자잇기로 독특한 외관을 연출할 수 있습니다.

징크는 티타늄합금판으로 은회색이고, 아름답고 경량이며, 온도변화 등의 신축성 영향을 덜 받는데, 수입제품이어서 고가이지만 반영구적이어서 지붕 등에 사용됩니다.

요즘은 외벽마감재로까지 확장되었고, 빌딩이나 주택에서 사용되는 것을 자주 볼 수 있습니다.

• **금속의 종류**

동판은 옛날부터 많이 사용했으며, 가공이 용이하여 지붕잇기와 창문 주변의 물흘림 등의 복잡한 구조에도 시공이 가능합니다. 시간이 경과할수록 청록색을 띠어 고풍스럽지만 오염된 대기 중에는 흑색으로 산화되므로 표면에 화학처리하여 녹청색으로 발색한 것도 있습니다.

스테인리스강판은 철에 크롬과 니켈을 합금한 것으로서 내식성과 내구성이 우수하고 외관이 아름답습니다. 장식성을 위해 채색하여 도장한 스테인리스강판, 동으로 도금한 스테인리스강판, 표면을 화학처리한 변색된 스테인리스강판이 있습니다.

티타늄합금판은 은백색으로 아름답고 경량이며, 온도변화에도 변형이 적은 편이고, 여러 성능이 우수하지만 가격은 비싸고, 바닷가 근처에서 사용하면 좋습니다.

티타늄아연은 아연에 구리와 티타늄을 추가하여 합금한 것이고, 내식성에 열반사가 크고 전기전도성도 좋지만 산이나 알칼리에 약하여 바닷물에도 침식되기 쉬운 콘크리트나 땅속 매립용으로는 사용하지 않습니다.

착색(컬러)강판은 아연도금강판, 알루미늄강판에 도료나 시트를 입혀 색상과 무늬가 뛰어나고, 가공법은 도료의 종류에 따라 폴리에스테르수지강판이나 불소수지강판 등으로 구분합니다.

징크(판교)

알루미늄 아연도금강판(갈바륨)은 알루미늄 55%, 아연 43.4%, 실리콘 1.6% 등의 합금을 도금한 재료이고, 은백색으로 아름답고 우수한 내식성을 갖고 있으며, 외벽이나 지붕에도 사용됩니다.

최근 금속 외장재를 이용하는 건물이 점점 늘어나는 추세입니다.

외장 타일 마감재

불침투성인 자기질타일과 유화성 석기질타일과 비유화성 도기질타일이 있습니다.

외장재 타일은 대부분 자기질타일로 사용하고, 흡수가 적고 내구성이 좋아 사용하며 타일면을 깨끗하게 유지하기가 쉽습니다.

단점은 낱장으로 크기가 작아서 시공이 번잡하고, 부분 탈락이 많아 잘 사용하지 않지만 중동지역에서 청색 타일을 많이 사용하는 것을 보고 단점도 아름답게 승화시킨다는 것을 느꼈습니다.

노출콘크리트

노출콘크리트는 시공자의 경험뿐만 아니라 작품을 만들겠다는 열정까지 밑바탕에 깔려 있어야 하는 어려운 공사입니다.

발주 시 경쟁입찰이 아닌 품질 확보와 예술적 개념으로 접근해야 하고, 만약에 FM대로 시공을 원한다면 일반 외장재보다 약 3배 이상의 시공비가 더 들어간다는 것을 알아야 합니다. 따라서 주택 전체에 사용하는 것보다는 정하고 싶다면 1층 상가에만 하기를 권합니다.

공사 뒷이야기

무늬목이나 노출콘크리트의 단점은 이미 만들어진 벽면에 손댄다는 것이 노출의 의미나 고유의 무늬를 잃게 됩니다.
노출벽면과 동일한 색깔로 표현하기가 쉽지 않고, 면에 굴곡이 발생하여 이음 부위가 벌어져 있고, 보수한 흔적이 보일 때도 있습니다.
곰보나 조인트 부분이 잘못되면 마치 보수한 것처럼 보일 수 있고, 구조물에 균열이 생기거나 균열 부위에 백화현상도 보입니다.
합판과 합판이 만나는 부분이나 모서리 부분에 폼타이가 시멘트로 삐져나와 색깔이 다르게 보입니다.
줄눈이나 폼타이 배치가 창문 위치와 조화를 이루지 못하거나 외부 단열성이 떨어지는 단점도 있습니다.
주택단지에 가보면 엉터리 노출콘크리트 주택을 반드시 보게 되는데, 제대로 시공하지 못할 바에는 차라리 시도하지 않는 것이 낫습니다.
"이렇듯 허술하게 노출콘크리트로 시공했다면, 노출콘크리트의 창시자 안도 다다오가 무척 실망할 겁니다."

기타 치장콘크리트

노출콘크리트처럼 단순노출이 아닌 나뭇결이나 양각 및 음각무늬 등을 새기는 방법이나 골조의 일부만 노출시키는 방법이 있습니다.

천연골재와 무기계 안료를 사용하여 컬러콘크리트로 할 수 있으며, 단, 거푸집에 흠이 없고, 뒤틀림이 조금만 있어도 안 됩니다. 일반거푸집공사보다 많은 비용과 노력이 필요합니다.

거푸집의 면이 굴곡지거나 폼타이 위치가 정확하지 않으면 심한 균열이 발생하고, 더 큰 문제점은 하자가 발생하면 재시공이나 보수가 어렵다는 것입니다.

특히 노출콘크리트 시공은 풍부한 경험과 노하우를 갖춘 고수가 해야 하고, 우리나라 전시용 건축물의 노출콘크리트 대부분은 일본 시공자들이 시공합니다.

뿜칠계

순수아크릴 결합체와 요업으로 착색된 석영칩에 혼합제를 섞은 세라믹마감재료로 스톤코트 또는 마감스톤이라고도 합니다.

드라이비트는 수용성 순수아크릴수지와 천연골재로 만들어진 도료이고, 단열효과가 우수하며 습기에 강하여 곰팡이 발생을 억제할 수 있어 건물의 내 · 외부 마감재로 사용됩니다.

메시는 유리섬유망으로 강한 인장강도를 가진 소재이며, 스티로폼을 보호하기 위해 사용되고, 공사기간이 짧고 부분보수도 가능하며 가격도 저렴합니다. 다양한 색상이나 형태로 외벽을 연출할 수 있지만 때가 쉽게 타고, 다른 마감재에 비해 고급스러움이 떨어지며, 작은 충격에 쉽게 함몰되어 취급 시 주의가 필요하고, 특히 자동차를 주차하다가 벽면이 함몰되는 경우가 많습니다.

창호 주위가 부실하게 시공된 경우 문틀 주위로 비가 샐 수 있으므로 필자는 뿜칠계를 그다지 선호하지 않습니다.

화재에도 약하고, 건물의 가치를 하락시키는 요인도 있으며, 강풍이 불어오는 지역은 벽체가 떨어져나갈 수도 있습니다.

뿜칠계 종류

석재 같은 질감이 나면서 초고온에서(1,000℃ 이상) 특수가공한 것으로 내구성, 경제성이 우수하고, 반영구적으로 색상을 유지하며, 자연스러운 천연석문양도 있습니다.

대리석 질감은 다양한 색상과 무늬가 있고, 방수성, 내구성, 접착성이 우수하며, 뿜칠형, 미장형으로도 가능합니다.

스타코는 내 · 외부 마감재로 사용하며, 접착성, 신축성, 발수성이 우수하여 콘크리트 미장면이나 석고보드 등에 사용하며, 소석회의 주재료로 대리석가루에 점토를 섞어 만든 마감재이고, 옛날부터 건축마감재로 사용해 왔습니다.

드라이비트는 외부 단열공법의 마감재용 자재로 경제성, 기능성, 시공성이 우수하고, 아크릴수지, 화학약품, 특수규사 등을 혼합하여 사용합니다.

탄성코트는 아크릴수지 에멀션, 초내후성 안료를 사용한 고탄성방수 도료이고, 하자보수가 쉽고 헤어크랙 발생 방지에 효과가 있습니다.

광교현장

금속 마감재

철이나 비철금속을 가공하고 제작하여 설치하는 잡철공사로서 건물의 손상방지, 도난방지, 장식 목적으로 부착하거나 고정하는 금속공사입니다.

외부마감재인 조적공사나 석재공사, 기타 외부공사가 끝난 후에는 주택의 창틀, 현관의 문틀, 상가의 잡철공사를 시작합니다.

잡철공사로는 1층 상가 창틀, 발코니난간, 창문난간, 계단창틀, 계단난간, 선홈통, 캐노피 등이 있습니다.

잡철공사에 주로 쓰이는 알루미늄제품은 경금속으로 내식성이 우수하여 지붕마감 재료, 창호철물, 계단손잡이, 라디에이터, 싱크대, 상하수도에 사용됩니다.

코너비드는 벽이나 모서리 부분의 미장바름을 보호하기 위해 붙이고, 길이는 1,800mm이고, 아연도금, 황동, 스테인리스, 경질염화비닐 등이 있고, 아연도금을 주로 사용합니다.

알루미늄루버는 외부로 노출되어 있는 상가의 천장마감재로 사용하며, 다양한 모양과 색상이 있고 운반이나 시공이 간편합니다.

금속제 철물은 창호철물에 쓰이는 제품으로 창이나 문을 여닫거나 잠글 때 사용되는 일체의 모든 곳에 쓰이며, 경첩은 보통경첩, 자유경첩, 플로어힌지, 피벗힌지가 있습니다.

자물쇠나 열쇠는 함자물쇠, 핀텀블러자물쇠, 본자물쇠, 나이트래치가 있고, 창호개폐조정기는 도어클로저, 도어캐치, 도어홀더가 있으며, 손잡이는 알손잡이, 레버핸들, 파이프손잡이, 오목손잡이가 있습니다.

세대별 현관문은 아연도금강판이나 컬러강판을 사용하고, 문틀은 냉간압연강판을 사용하며, 여닫음 손잡이에 충격방지용 고무패킹을 부착해 벽에 흠집이 생기지 않도록 합니다.

계단논슬립은 미끄럼방지 철물로 황동, 스테인리스, 철제가 있는데, 황동이 많이 사용되고, 폭은 50mm 무게는 2.3kg 이상, 길이는 1,800mm입니다.

옥상이나 2층 이상은 난간대는 「건축법시행령 제40조」에 의거하여 반드시 설치해야 합니다. 만약에 난간대를 잡철로 시공하려고 한다면 도금을 잘해야 녹이 슬지 않는데, 잡철에 페인트를 칠하면 나만의 독특하고 아름다운 나간대를 연출할 수 있습니다. 간혹 주택에서 녹슨 난간대를 본 적이 있을 것입니다. 잡철 사용 시 건축주가 알아야 할 것은 먼저 잡철에 방수페인트를 칠한 다음 건축주가 선호하는 페인트의 색깔로 칠해야 녹스는 것을 방지할 수 있습니다.

계단난간대

계단바닥에 석재가 깔리면 계단난간대를 시공하는데, 많이 시공되는 금속제 위주로 설명하겠습니다.

난간대의 종류는 착색아연도금의 컬러강판난간과 스테인리스난간이 있고, 여기서 유의할 것은 최상층 마지막 난간높이는 1m20cm 이상으로 안목치수는 100mm 이하로 해야 합니다.

난간을 설치할 때는 계단의 수직과 상단면의 수평을 유지하고, 계단의 첫 단과 마지막 단의 난간기둥과 난간대의 간격이나 높이를 실측한 후 현장에서 제작 · 설치합니다.

발코니난간

발코니난간은 창틀을 끼우고 창문을 설치한 후 진행하는 작업이고, 금속제 위주로 설명하겠습니다.

난간높이는 바닥마감에서 1m20cm 이상, 간살간격은 안목치수 100mm 이하로 난간 하부 수평대와 턱과의 이격거리도 100mm 이하로 합니다.

난간대가 너무 길면(2m 이상) 흔들거리므로 중앙지지대를 세워야 하고, 스테인리스 난간대의 모양은 일자형, 돌출형, 항아리형, 화분대형이 있는데 이 중에서 하나를 선택하면 됩니다.

분체도장 난간은 다양한 난간살 모양이 있으니 선택하면 되고, 난간의 종류는 철제난간, 알루미늄난간, 스테인리스난간, 분체도장난간, 유리난간이 있습니다.

건축주가 난간대 설치 시 구체적으로 말해 주지 않으면 시공자의 취향대로 시공할 수도 있으므로 건축주가 원하는 종류를 직접 선택합니다.

경험의 한수

외부창의 난간대 높이는 내부 바닥에서 창문 밑 부분으로 1m20cm이며, 2, 3층에 거주하는 세대의 낙상사고를 방지하기 위한 안전 높이입니다.
난간대를 설치하지 않으려면 창문 높이에 맞게 골조공사를 하면 공사비도 줄일 수 있습니다.

베란다 부분은 방바닥에서 창문 밑 부분까지 최소 300mm 이상 높게 하고, 베란다를 통해 이삿짐이 들어올 수 있는 높이와 폭으로 창문을 만듭니다.
베란다 창에는 난간대를 설치하고, 건물과 난간 사이의 폭은 화분이나 에어컨 실외기 등을 놓을 수 있는 정도로 합니다.
사람이 거주하는 방이나 거실은 방바닥에서 천장까지 2m30cm이고, 그중에 방바닥에서 창문 밑까지 높이는 1m20cm입니다.
이것을 빼고 나면 1m10cm가 남고, 거기서 커튼 박스 20cm를 제외하면, 나머지 90cm가 창문높이가 됩니다.
만약에 창문을 크게 만들고 싶다면, 가로로 길게 해서 만들면 되고, 이렇게 하면 난간대를 설치하지 않아도 됩니다.

계단공사

뜬금없이 계단공사를 언급하는 이유는 외장재를 석재로 할 경우 계단도 같이 해야 하기 때문입니다.

조적공사라면 석재공사와 중복되지 않도록 내부 1층부터 최상층까지 계단에 사용하는 석재와 동일한 것으로 시공하고, 이때 2층 세입자세대 현관 바닥도 동일한 석재로 시공합니다.

여기서 세입자세대의 현관바닥을 석재로 하라는 이유는 타일로 시공하게 되면 세입자가 부주의해서 타일이 깨지는 경우가 생길 수 있으니 튼튼하게 석재로 시공하라는 겁니다.

계단 걸레받이는 검은색인 마천석으로 시공을 마친 후 계단벽타일을 시공합니다.

계단석의 색상은 건축주가 선택해야 할 사항이고, 설계도면에 표시되어 있어도 견본석이 마음에 안 들면 다른 석재로 바꿔도 됩니다.

계단석의 재료는 화강암, 안산암, 사암 중에서 마모성이 없고 흡수율이 적은 석재로 선택합니다.

현관 입구나 승강기 앞부분에 포인트 석재나 인조석을 이용하여 건물의 가치를 올려보는 것도 좋습니다.

승강기 입구까지 계단을 만들지 말고, 유모차가 올라갈 수 있도록 경사지게 하고, 1층 현관 입구는 미끄럼 방지를 위해 버너구이로 하며, 계단의 홈폭은 3mm~5mm로 파서 미끄럼 방지턱을 만듭니다.

청소가 힘든 논슬립보다는 일정 폭을 버너구이로 마감하는 것이 좋고, 물갈기로 가공한 후 앞부분 50mm 깊이와 폭으로 양쪽을 커팅 후 버너구이로 처리합니다.

계단높이는 18cm 이하에 계단넓이는 26cm 이상으로 하는 것이 안정감 있으며 사람이 딛고 오르내리기가 가장 편하고, 참고로 지하철 계단높이는 보통 15cm입니다.

계단공사는 물과 시멘트 1, 모래 3의 비율로 건비빔으로 모르타르로 약 30mm 두께로 깔고, 모르타르 위에 시멘트 풀을 고르게 뿌린 다음 석재를 올립니다.

고무망치로 수평을 잡고 완전히 밀착되도록 두들기고, 3일이 지나서 줄눈 시멘트로 줄눈채우기를 하여 3일 동안 이용하지 못하게 해야 합니다.

우편함

우편함은 세대수와 반송함까지 포함하여 만들어야 하고, 상가는 우편함이 없어도 되고, 부득이 외부로 설치할 수밖에 없는 경우는 빗물에 우편물이 젖지 않도록 처마가 있는 제품으로 설치합니다.

우편함은 기성품보다 주문제작하여 나만의 독창성이 돋보이는 우편함을 설치해도 좋으며, 주문제작비가 비싸지 않습니다.

우편함은 비디오폰 옆이나 근처에 설치하고 주소나 건물명을 적어 넣을 수 있는 재질로 우편함을 제작 · 설치합니다.

도로명판을 제작하는 곳은 해당 구청에서 알려주며, 집에 도로명판을 부착한 사진을 찍어 두어야 합니다. 준공제출 서류 중 하나입니다.

우편함 시공 시기는 외벽공사를 시작하면서 벽면에 우편함 설치 위치를 표시해 놓고, 1층 조적공사나 석재공사가 시작되면 우편함이나 자동문박스도 현장에 미리 가져다놓아야 벽면에 매립할 수 있습니다.

주소지 표시판

지붕공사

지붕공사의 시점은 외부마감공사인 조적공사나 석재공사의 창틀 설치가 끝나면 지붕공사를 시작하고, 지붕공사까지 완료되면 비계는 철거합니다.

비계가 철거되면 토목공사인 오배수관, 수도관, 통신선, 전기선, 가스관의 인입공사를 할 수 있습니다.

지붕 선택은 가볍고 방수, 방습, 내화, 내수성이 좋으며, 외관도 아름답고 열전도율이 낮은 것으로 선택합니다.

지붕공사까지 끝나면 안전망이나 안전발판 등의 비계를 모두 철거합니다.

지붕 마감재

아스팔트 싱글

미국, 이탈리아 등지에서 수입하는 자재이고, 제조업체와 제조날짜를 확인하며, 두께는 2.8mm 이상, 크기는 330mm×990mm의 제품입니다.

두꺼운 바탕의 원지에 아스팔트를 침투시킨 후 표면을 블로운 아스팔트로 입히고, 모래나 광물입자를 밀착시켜 만듭니다. 시공이 간편하고, 가격도 저렴하며, 경량이고 곡면이나 급경사지붕에 사용합니다.

다양한 색상이 있어 원하는 색으로 선택해서 시공하고 방수나 내수성, 내변성 우수합니다.

무게는 기와의 1/5 이하이기 때문에 상부로부터 하중의 부담을 줄일 수 있습니다.

중앙부에 평균 폭 10mm 이상의 접착제가 있는 제품이며 동판이음 부위, 싱글이나 동판은 녹방지용 콘크리트못으로 사용합니다.

바람이 심한 지역에서 접착 불량일 때는 바람에 날아가는 하자가 발생할 수 있으므로 정밀하게 시공해야 합니다. 지나다니다가 접착 불량으로 바람에 날아간 지붕을 한 번쯤은 본 적이 있을 것입니다.

점토기와

점토에 모래를 섞고 900℃~1,000℃로 구워 만든 기와이며, 가마의 온도 차이로 표면 광택과 강도에서 차이가 납니다.

색상은 다갈색, 적갈색, 청색인 청기와가 있고, 기와 모양에 따라 한식기와, 일식기와, 양식기와로 나뉘며 기와의 색상과 모양은 건축주의 취향에 맞는 것으로 선택하면 됩니다.

여기서 건축주가 반드시 알아야 할 사항은 기와를 받쳐주는 하지작업을 해야 한다는 것입니다.

건축주가 모르거나 관심이 없으면 일반적으로는 목재로 하지작업을 하는데, 10년쯤 지나면 목재가 썩어서 기와가 주저앉을 수도 있으니 도금된 철물로 하지작업을 하는 것이 좋습니다.

금속기와

공사가 끝난 후 찌꺼기는 모두 치워 깨끗이 청소하고, 싱글공사 후 동판의 접합 부위는 실링재로 마무리합니다. 4.0t 이상의 부식방지를 위한 보호용 피막으로 금속기와와 동일한 재질의 기성품으로 기본풍속에 따라 규격이 결정되니 시공할 지역의 기본풍속을 확인해야 합니다.

멤브레인방수 후 각형강판 트러스를 대고, 기와걸이틀을 설치한 후 금속기와를 올리고, 플래싱으로 마감합니다.

경사지붕은 슬래브, 거푸집 설치 – 내부단열재 설치 – 바닥철근배근 – 지붕슬래브 콘크리트타설 – 방수모르타르 및 보호미장 – 아스팔트 프라이머 – 플래싱 설치 – 싱글잇기와 방수모르타르 및 보호미장 – 아스팔트 프라이머 – 플래싱설치 – 싱글잇기 순서로 합니다.

프라이머 도포 시 유의할 점은 바탕면이 완전히 마르지 않은 상태에서 시공하면 갈라지는 하자가 발생합니다.

10℃ 이하의 추운 날씨에는 작업을 금지하고, 작업방향은 처마에서 용마루방향으로 시공하면 됩니다.

금속지붕

알루미늄 아연도금강판은 내구성, 내후성, 경량성, 시공성이 양호하고, 불소수지알루미늄시트로 사용됩니다.

스프레이코팅방식은 불소함유량 미달이 우려되고, 제조사별로 품질의 편차가 크며, 색상의 균일성도 떨어져 표면오염 등의 긁힘이 발생합니다.

티타늄아연징크는 티타늄과 구리가 첨가된 아연합금제품으로 표면의 산화보호층 때문에 산화가 억제되어 내부식성, 내마모성, 가공성이 양호해서 유지보수가 필요 없는 반영구적 재료입니다. 하지만 고가이고 원자재를 수입하여 국내에서 가공 · 제작 후 사용하고, 시공순서는 바탕정리 – 금속프레임 설치 – 내수합판 설치 – 방습지 설치 – 마감판 순으로 합니다.

한때 금속지붕이 유행한 적이 있었고, 지금도 건축주들이 선호하는 지붕 마감재 중 하나이지만 한 번 하자가 발생하면 하자보수가 힘들다는 것을 알고 신중히 선택하기 바랍니다.

물동이공사

드레인은 15~20mm 정도로 작은 것을 선정하고, 홈통은 가능한 상부와 하부치수가 동일한 사각형으로 선정합니다.

슬래브 관통 주위에는 방수모르타르로 꼼꼼히 방수처리하고, 하자가 가장 많이 발생하는 곳이며, 빗물이 흘러내리는 경우도 있으므로 신경써서 작업해야 합니다.

홈통 하단부에는 빗물로 인한 토양 침하가 발생할 수 있으니 잡석이나 콘크리트로 마감하고, 추운 겨울철 결빙으로 미끄러져 다치는 사태가 발생할 수 있으므로 트렌치를 설치하는 것이 좋습니다.

옥상에 사용되는 주철제의 드레인 뚜껑은 조립이 가능한 제품으로 선정해야 거름망 역할을 할 수 있습니다.

홈통공사 시 주의사항으로 루프드레인은 콘크리트타설 시 매립하는 것이 좋은데, 홈통 주위에 들뜸이나 균열로 인한 빗물이 새는 것을 방지하기 위한 것이고, 낙엽이나 불순물 때문에 배수구가 종종 막히니 자주 청소해야 합니다.

건축주가 꼭 알아야 사항은 물동이가 창문 가까이로 지나가면 빗방울 떨어지는 소리가 크게 들리므로 창문쪽과 떨어진 곳에 설치하고, 건축시공자가 고수인지 하수인지는 물동이 위치만 봐도 알 수 있습니다.

처마 설치

건물 처마 끝에 설치하는 홈통에는 안홈통, 밖홈통이 있고, 처마홈통의 경사도는 1/200 이상으로 하고, 요즘엔 처마 없는 지붕이 늘어나고 있습니다.

외관은 세련되어 보이지만 벽면에 비가 들이쳐 물때가 끼어서 지저분해질 수 있고, 물곰팡이도 생깁니다.

처마 설치 시 처마길이는 30cm~45cm 정도에 1m 간격으로 하고, 홈걸이로 고정합니다.

공사 뒷이야기

동탄 1차신도시에서 공사가 끝나고 1년쯤 지났을 때, 비가 많이 내리던 추석 때의 일입니다.
옥상에서 계단으로 빗물이 쏟아진다는 건축주의 전화를 받고, 대전에서 돌아왔던 적이 있는데, 그 건물은 건축주가 입주하지 않고, 세입자들만 입주해 있으며, 세입자가 입주한 지도 2년이 조금 지난 상황이었습니다.
건물 옥상으로 올라가니 옥상드레인망에 먼지와 낙엽들이 거름망을 막고 있었던 것입니다.
세입자들은 한 번도 옥상에 올라가지 않았고, 청소한 적도 없어서 이물질이 배수구를 틀어막아 급기야 빗물이 계단으로 흘러내린 겁니다.
마른걸레로 닦아내고 옥상도 청소하고 거름망도 제거했습니다.
건축주가 거물에 거주하지 않는다면, 옥상에 거름망을 설치하지 말고, 좋은 세입자가 입주하는 것도 '건축주의 복'이라고 생각합니다.

동탄 현장

창호공사

유리 종류

규산과 같은 산성 성분과 염기성 성분을 함유한 원료를 혼합하여 1,400℃~1,600℃의 온도로 용융하여 다시 냉각시킨 후 결정화되지 않도록 열처리한 재료입니다.

유리강도는 휨강도를 말하며, 두께가 얇을수록 크고 많이 휘어지고, 급히 가열했다가 냉각시키면 깨지기 쉽습니다.

공기 중에 습도가 많으면 유리 표면에 습기가 흡착되어 절연성이 떨어지며, 보통판유리는 750℃ 정도의 온도에 녹는 특성이 있고, 보통판유리는 건축물의 창호, 출입구에 사용되는데, 맑은 판유리와 흐린 판유리가 있습니다.

흐린 판유리는 한 면을 규사로 갈거나 때리는 방식으로 불투명한 상태로 가공한 것으로 실내장식용이나 칸막이용으로 사용됩니다.

두께는 2mm, 3mm, 4mm, 5mm의 얇은 판유리로, 채광 용도인 목재창호는 2mm, 강재창호는 3mm를 사용합니다.

두께가 6mm, 8mm, 12mm, 15mm의 두꺼운 판유리는 채광용보다는 실내차단용, 칸막이벽, 통유리, 기타 특수목적으로 사용됩니다.

보통판유리는 두께가 2mm인 경우 최대 크기 600mm×1,200mm이고, 두께 3mm, 4mm, 5mm인 경우는 최대 크기 1,800mm×1,200mm입니다.

무늬유리는 한 면이나 양면에 무늬가 새겨진 반투명유리로 아늑한 분위기를 연출하고, 투시를 차단하며 프라이버시를 보호하며, 장식적인 효과가 있고, 두께는 2mm, 3mm, 4mm, 5mm, 6mm가 있습니다.

마판유리는 투시성과 투명성이 우수한 고급유리로서 고급건축물의 외부 창유리로 쓰고, 강화유리는 강도를 5배 증가시켜 파손율이 낮고, 충격으로 깨져도 파편모서리가 날카롭지 않아야 안전하며, 샤워부스창이나 계단난간의 옆판, 테두리 없는 유리문에 사용됩니다.

보통유리는 온도 차이가 70℃면 파손되는데, 200℃의 온도변화에도 견디고, 12mm 두께는 절단이 불가능하여 열처리 방식으로 절단합니다.

색유리는 광선의 일부를 조절하여 통과시킴으로써 눈부심을 막아주고, 복사열을 흡수하여 냉 · 난방비 절감에 효과가 있어 안쪽 창문에 주로 설치합니다.

망입유리는 내부에 금속망을 삽입한 구조이므로 깨져도 파편이 튀지 않고, 연소도 방지할 수 있어 엘리베이터 문에 사용하고 두께는 7mm, 10mm가 있습니다.

반사유리는 실내에서는 밖이 그대로 보이고 실외에서는 거울처럼 보여 외부의 시선을 막아주는 효과가 있고, 태양열 차단 효과에는 색유리보다 반투명유리가 좋습니다.

젖빛유리는 유리의 한 쪽 면을 사포로 물갈기한 안개 낀 모양으로 거친 면이 실내의 안이 되도록 하고, 반투명과 불투명이 있으며, 실내 안쪽 창에 주로 사용합니다.

로이유리는 유리 표면에 엷은 금속막을 입힌 판유리로서 태양광 등에서 발생하는 열을 창문을 통해 내부로 반사시켜 난방과 보온에 좋습니다.

스팬드럴유리는 공장에서 열처리하는데, 일반유리보다 내구성과 강도가 높고 열에도 강하며, 다양한 색상으로 만들 수 있고, 각종 인테리어에 이용하고, 보나 기둥을 감추기 위해 창이나 커튼월에 끼워 사용하기도 합니다.

유리는 건물의 가치를 높여주는 내 · 외장재이므로 직접 보고 제품을 선택하고, 설계도면에 있는 유리로 제대로 납품되었는지도 확인하기 바랍니다.

창문 설치

내부 목공사 전에 창문에 유리를 끼워야 하고, 외장 마감재공사가 완료되면 비계를 철수하기 전에 창틀을 먼저 설치하고, 사다리차를 불러 유리창을 끼우는 순서로 합니다. 다만, 주변의 여건에 따라 비계가 있는 상태에서 작업할 수도 있습니다.

페어글라스(이중유리)는 내부를 진공으로 하거나 특수기체를 넣어 방음 · 차음 · 단열효과를 좋게 하고 결로방지에 우수합니다. 현장에서 절단가공이 불가능하고, 2중, 3중의 판유리를 일정한 간격으로 띄어 금속재로 기밀하게 테두리를 두른 유리입니다.

복층유리는 2장 판유리 사이의 6mm 공간에 건조한 공기를 넣거나 진공상태로 만든 후 밀봉 · 접착하여 만든 유리입니다.

컬러로이복층유리는 코팅면이 강하고, 두께는 18mm와 24mm가 있고, 녹색창문은 외부창으로 사용하며, 단열, 방음, 결로방지, 채광 효과 등이 뛰어나 특수금속막으로 코팅하여 가시광선만 통과시켜 자외선과 열을 전달하는데, 적외선은 통과시키지 않는 차열효과가 높은 유리입니다.

건물 북쪽의 창은 단열효과가 뛰어난 유리를 설치하여 결로를 막고, 한여름에 석양빛을 받는 쪽의 창은 단열효과가 뛰어난 유리로 설치합니다.

창호는 대기업에서 납품하는 경우가 대부분이니 매장을 직접 찾아가 창호의 종류를 알아보는 것도 지혜로운 방법입니다.

창문 실링재

각 접합부의 틈새 및 줄눈을 충전하여 기밀성과 수밀성을 높이는 재료를 말하고, '실(seal)'은 틈서리를 밀봉한다는 뜻입니다.

실리콘은 기온의 영향을 받지 않고 탄력성이 우수하며, 반복되는 접합부 틈새의 신축에도 강합니다.

줄눈 부분이나 창호 주위를 충전하고, 유리창을 끼우는 등에 광범위하게 사용되며, 내수성과 신축성이 우수하고, 줄눈을 구성하는 부재에 접착하여 장기간 우수한 접착성이 유지되도록 해야 합니다.

그리고 태양열, 비, 눈, 유독가스 등이 노출되는 환경에 강한 내후성이 있어야 하고, 줄눈 주변에 오염이 덜 되어야 합니다.

종류로는 실리콘, 변성실리콘, 폴리설파이드, 폴리우레탄, 아크릴계가 있으며, 기후와 건축자재의 조건에 맞는 제품으로 선택합니다.

유의할 점은 먼지나 이물질, 그리고 습기가 있으면 접착 부위가 쉽게 떨어지니 바탕면을 깨끗하게 청소하고, 습기가 있는지 여부를 반드시 확인한 후 시공합니다. 청소 불량은 나중에 물이 새는 원인이 됩니다.

외부창호 주위의 누수원인은 난간 바닥의 고정브래킷을 통해 누수되거나 외부실링재의 찢김 및 훼손으로 비가 새는 경우입니다.

또한 창틀 하부 앵커고정 부위의 실링재 탈락으로 앵커 부위에 누수가 생길 수 있습니다.

각종 창호

여기에서는 바깥창문뿐만 아니라 실내창문도 같이 설명하는데, 인테리어에서 창호는 실내 · 외의 분위기를 연출하는데 중요하므로 건물주가 선호하는 것으로 선택합니다.

창호의 종류로는 목재창호, 금속재창호, 알루미늄창호, 스테인리스창호, 합성수지창호, 시스템창호, 알루미늄과 목재가 섞여 있는 복합창호, 기타 창호가 있습니다.

미닫이는 횡방향으로 개폐하는 창호이고, 미세기는 한쪽만 옆으로 밀어 겹쳐 여는 창호이며, 여닫이는 세로로 한 면에 경첩을 단 회전식 창호이고, 내밀기는 벽면에서 내미는 창호, 붙박이는 개폐를 못하는 창호로 여러 형태의 창호가 있습니다.

창호 선택

아름다운 디자인도 좋지만 각 설치 부분별로 채광이나 조명, 환기, 프라이버시 보호나 청소가 용이한 점 등을 고려하여 선택합니다.

창문의 위치나 크기, 바람의 방향 등을 고려하고, 효과적인 환기를 위해서는 마주보도록 창문을 설치하는 것이 좋습니다.

단창인 경우 하단쪽으로 외부의 찬공기가 유입되게 하고, 상단부로 더운 공기가 빠져나가게 설치하면 환기시키는 데 효과가 있습니다.

원목 창호보다는 집성목이나 ABS(합성수지) 소재로 만든 창호를 사용하는 경우가 많습니다.

• 알루미늄창호

잘 녹슬지 않고, 무게가 철의 1/3 정도로 경량이며, 색상이 다양할 뿐만 아니라 내용 연한도 길고, 미관상 좋은 경금속재입니다.

옛날에는 창틀로 많이 사용했으나 단열성이 떨어지고, 부식이 잘 되어 지금은 잘 사용하지 않으며, 옛날에 지어진 주택에서 본 적이 있을 것입니다.

• 합성수지창호

염화비닐중합체를 주원료에 안정제와 충격강화제 등을 첨가하여 압축 · 성형한 플라스틱창호입니다.

보온성, 방음성, 내후성, 부식성과 유연성이 우수한 창호로 한때 대세였던 알루미늄창호를 밀어냈습니다.

개폐 시 소음이 적고, 색깔이나 문양이 다양하며, 디자인도 좋습니다. 주택에서는 ABS도어로 사용됩니다.

• 스테인리스창호

크롬과 니켈로 합금한 합금강으로 알루미늄과 비교하여 강도가 크고 내화성, 내구성이 좋습니다.

화학작용에도 쉽게 녹슬지 않으며, 재료비가 고가이지만 장식효과가 뛰어나 대형건물에 많이 사용됩니다.

점포주택일 때에 1층 상가의 창틀로 사용하는데, 자동창호와 회전창호가 있습니다.

방문의 형태

개폐방식에 따라 여닫이문, 자재문, 미세기문, 미닫이문, 회전문, 접문으로 나누고, 재료에 따라 플러시문, 양판문, 널문, 합판문, 유리문, 창호지문, 세살문, 비닐살문이 있습니다.

자재문은 여닫이문에 자유경첩을 달아 안팎으로 자유롭게 열리고, 저절로 닫히며, 화장실의 미닫이문, 외미닫이문, 쌍미닫이문은 거실 입구에 사용됩니다.

유리문은 문에 울거미를 하고, 그 중간에 살을 넣어 유리를 끼우는 문이고, 온장유리를 쓰기도 하고, 하부에는 널을 댄 징두리널유리문도 있습니다.

비늘살문은 직사광선을 막고, 통풍이 잘되는 문으로 외부에서 실내쪽이 보이지 않으면서 통풍이 가능한 문이고, 화장실과 세면장의 내부 출입문으로도 사용됩니다.

양미닫이문은 환기나 채광이 필요한 부엌에 설치하고, 외측여닫이문은 계단에 설치하며, 내 · 외측여닫이문은 실내쪽으로 옥탑방 등에 설치하고, 채광과 통풍은 좋으나 붙박이창은 실내에서 청소할 수 없습니다.

별도의 청소대책을 마련하고, 천장창은 건물의 지붕이나 천장의 채광을 목적으로 설치하며, 수평창문이나 경사진 창문은 조도가 균일하여 측창에 비해 3배가 밝아집니다.

창호마감 치수 및 위치 결정

건물에 외부창호틀을 설치할 때는 단열재 두께까지 고려하고, 내부창틀의 내민길이까지 계산해서 결정합니다.

문틀의 끝부분이 방바닥으로 파묻히도록 해야 문틀이 튼튼하고, 마감도 깔끔하게 됩니다.

내부창호의 마감치수는 단열재+석고보드+내민 폭을 감안하고 창의 내민길이까지 고려해서 마감하는 것이 좋습니다.

주방의 창문은 싱크대 위치까지 고려해야 합니다. 설거지하면서 바깥을 내다볼 수 있으면 좋고, 특히 각종 주방수납장까지 고려하여 주방이용 시 지장이 없도록 창호와 문을 설치합니다.

화장실문틀은 내부의 폭까지 고려해서 타일을 붙여야 합니다.

≪리모델링할 때 알아두면 좋은 문짝 규격≫

문짝 규격의 1호는 가로 800mm×세로 1800mm 이하에 무게는 24~25kg이고, 2호는 가로 900mm×세로 2,100mm 이하에 무게는 40~60kg입니다.

3호는 가로 950mm×세로 2,100mm 이하에 무게는 60~85kg이고, 4호는 가로 1,050mm×세로 2,400mm 이하에 무게는 80~120kg입니다.

5호는 가로 1,200mm×세로 2,400mm 이하에 무게는 100~150kg으로 나눕니다.

특히 화장실문짝의 경첩은 스테인리스 나사못으로 설치해야 녹을 방지할 수 있습니다.

건물주가 목재상에 문짝 규격의 호까지 말하고 주문한다면, 바가지를 씌운다거나 혹시 여성분이라고 함부로 대하지는 않을 겁니다.

목재창호

조선시대에 목재창호나 창살문은 부의 상징이었는데, 임진왜란 때 문짝까지 뜯어서 피난을 갔다고 합니다.

현대주택에서 목재창호는 별로 사용하지 않는데, 나중에 인테리어할 때 한번 사용해 보기 바랍니다. 운치가 있으며, 필자가 선호하는 인테리어방식입니다.

필자가 인테리어 관련 책을 찾다보면 북유럽식, 영미식, 기타 방식들은 있는데, 정작 한국식은 별로 없었고, 책에서 찾은 인테리어들도 모습이나 분위기가 비슷해 보였습니다. 국적불문의 인테리어보다는 이제 한국식 인테리어에 관심을 가질 때가 되었다고 생각합니다. 우리나라 고유의 인테리어적 요소를 우리가 활용하지 않으면 누가 하겠습니까?

우연히 TV에서 봤는데 외국사람이 한국식 인테리어를 해놓고 사는 것을 보고 무척 부끄러웠습니다. 국적 없는 인테리어를 하는 것보다 한국식 인테리어로 해보기를 추천합니다.

한국형의 창살은 울거미, 띠장, 살, 널로 구성되고, 변형이 생기지 않는 건조된 목재를 사용합니다.

겉모양은 옹이나 갈라짐, 흠이 없고, 곧은결과 촉감이 좋고, 우아한 광택이 있는 담색이나 갈색으로 사용합니다.

집의 분위기와 조화가 잘되는 창호가 좋은데, 침엽수류인 삼송, 삼나무, 미송, 적송 등과 활엽수류인 삼나무, 주목, 나왕 등으로 만들어진 제품을 사용합니다.

창호틀은 건축물에 고정시켜 설치하므로 비교적 강도가 뛰어나고, 흠집이 없는 것으로 선택하고, 주택 내부의 채광, 환기, 전망, 출입을 목적으로 설치하며 외형이 부드럽고 아름다운 것으로 선택하면 됩니다.

현관의 중문에 사용되는 미세기문틀이나 문짝재질은 래핑문틀은 나왕문틀과 발포PVC가 있고, 설치할 때는 수평과 수직을 맞추고 문틀을 고정시켜야 여닫기가 편합니다.

가다가 뒤돌아본 마감순서

지금까지의 마감순서를 다시 짚어보겠습니다. 이 방식으로 마감을 하면 공사비나 공사기간도 단축되고, 하자도 거의 없을 것입니다.

골조가 완공되면 내부에 있는 건축자재나 폐기물을 깨끗이 치우고, 바로 방수와 미장을 하면 전기공은 전기선, 배관공은 오배수관과 수도관을 설치할 겁니다.

방문틀, 현관문틀과 출입문에 방화문틀을 실측하여 주문하고, 통상적으로 일주일 후에 문틀이 납품됩니다.

화장실과 베란다에 방수작업을 하고 방수가 마르면 물을 담가 놓는데, 대부분 방수공이 미장일까지 함께 합니다.

문틀이 납품되면 바로 설치한 후 미장공이 골조와 문틀 사이의 틈을 사춤하고 미장도 하게 됩니다.

수도배관과 오수관배관을 설치할 때, 전기배선작업도 동시에 이루어지며, 이때쯤에 외벽을 붙일 겁니다.

방바닥에 층간소음방지재를 깔고, 기포를 치며 2~3일이 지난 후 난방배관을 깔고, 다음으로 전기선이나 수도관을 깔고, 방통을 치고 2~3일이 지나면 방바닥이 마르면서 끝납니다.

방바닥이 마르면 내장목수가 천장면, 벽면에 실내구조틀을 만드는 작업을 합니다.

이때 외장공사인 조적공사나 석재공사, 기타 공사가 마감되면 창호업체에 전화하여 창틀을 실측하여 창호를 주문하고, 창호가 납품되기까지는 통상적으로 1주일 정도 걸립니다.

내장목수는 창문 주변에 벽면만 남기고 마감재를 다 붙이고, 창틀 붙이기가 끝나면 미장공이 사춤이나 미장을 하여 완전히 마른상태를 육안으로 확인한 후 내장목수는 내단열과 석고붙임을 합니다.

설비배관공의 오배수관 설치가 끝나면 내장목수는 외부의 찬공기가 닿는 벽면에 단열재를 붙이고, 그 위에 석고붙임을 합니다.

내장목수가 천장이나 벽면에 붙일 때, 건축주는 등박스나 커튼박스의 크기와 모양을 알려주고, 전기공에게 아일랜드식탁을 설치할거라고 말하면 콘센트를 위치에 맞춰 설치할 것입니다. 혹시 콘센트가 부족하거나 콘센트 위치가 잘못되었으면 건축주는 바로 시정해 줄 것을 요청하고, 이때는 건물주가 공사현장에서 살다시피 해야 편한 주거공간이 만들어집니다.

시공자는 건물주의 마음을 잘 모르고 알아서 해주는 경우는 없습니다. 사물이나 사람이 편한 쪽으로만 움직이듯 건물주의 생활을 편리하게 하려는 작업이 아닌 작업자가 일하기 편한 쪽으로만 작업하게 됩니다.

설비업자는 화장실과 부엌에 환기구를 설치하고, 지붕공사가 끝나면 비계나 안전발판, 안전망들이 철거되는데, 이때는 외부공사가 끝난다는 것을 의미하고, 비계가 철거되면 창호업체에서 유리창을 달면 됩니다.

건축을 알아야 하는 이유

건축주가 건축비만 던져 놓아도 시공자가 알아서 꼼꼼하게 해준다면, 필자의 이 책을 참고할 필요 없이 던져버려도 됩니다. 하지만 건축주가 건축시공을 아는 정도 만큼만 시공하거나 잘 모른다면 그냥 지나치는 시공자도 있습니다. 그래서 건축주는 시공에 대해 공부해야 합니다.

자동차나 가전제품에 고장이 나면 고치거나 버리면 그만인데, 건물은 그럴 수 없습니다.

건축주가 신축 때부터 시공과정을 모른다면 시공자들이 떠난 후에 하자가 발생해도 원인을 찾아내기 어렵습니다. 시공은 공정도 많고, 벽에 매립된 시설물들도 많아 뜯어보지 않는 한 하자를 찾아내기 힘듭니다. 그러니 공정마다 건축주가 꼭 챙겨야 입주 후에 고생을 덜 하고, 특히 내장인테리어를 할 때는 현장에 있으면서 스마트폰으로 자료들을 검색하거나 매장도 방문해서 제품들에 대한 정보를 알아보기도 하는 애정을 쏟아야 건물도 보답합니다.

"건축주도 건축시공을 배우고 노력하고 애정을 쏟아야지 집이 되지 무관심하면 짐이 됩니다."

"건축주가 아는 만큼 보이고, 모르면 불편하고, 아는 만큼 주거생활도 편해집니다."

건축시공의 도

'강변에 살고 싶다면, 악어와 싸우지 말아야 하듯이' 건축주와 시공자 간에 갈등이 생겨도 싸우지는 말아야 합니다.

건축시공도 인간관계처럼 수많은 시공과정이 톱니바퀴처럼 이루어져 각 공정마다 서로 맞물려 돌아갑니다.

한 공정에서 갈등이 생기면 바로 다음공정에까지 영향을 미치는 구조가 시공과정입니다. 처음에는 사이좋게 시작하다가, 공정이 거듭될수록 갈등이 생기다가, 완공쯤에 원수가 되는 경우를 많이 보았습니다. 감정을 지나치게 앞세우면 결과적으로 내 건물에만 악영향을 미칩니다.

"연필의 본질은 나무가 아닌 심이고, 건축시공의 본질은 하자도 없고, 튼튼하며 아름다운 나의 건물을 만드는 것입니다. 순식간에 지나가는 감정에 치우쳐 영원히 내 곁을 지켜줄 건물을 소홀히 한다면 지혜롭지 못한 행동입니다."

물론 건축시공도 모르는 상태에서 억지를 부리는 건축주나, 꼼꼼한 시공보다는 돈만 밝히는 시공자도 있습니다. 필자의 경험으로 건축시공은 지혜이며, 참고 또 참아야만 하는 '고행의 길'이었습니다.

이곳까지 도착했다면 70% 이상의 공사가 끝났다고 봐도 무방합니다.

앞으로의 공정은 재미있고, 실생활에 유익하며 지혜까지 얻을 수 있을 것입니다.

특히 인테리어에 관심 있는 여성들이나 아파트 리모델링을 고민하고 있는 주부들에게는 유익한 정보가 될 것입니다.

여기까지의 시공과정에서 중요한 것이 무엇이냐고 어느 독자가 질문한 적이 있는데, 필자는 다음과 같이 대답했습니다.

"각 공정들이 하나같이 소중하지만 굳이 뽑으라고 한다면, 첫 번째 설계도면이고, 두 번째 방수이며, 나머지는 오배수관입니다."

Part 07

리모델링 직접 해보기

리모델링의 지혜

지금까지의 상황은 신축일 때는 건물의 외벽에 마감재가 붙어 있고, 내부는 방통까지 쳐져 있는 상태이며, 리모델링일 때는 아파트 내부가 모두 철거되어 있고 새시까지 철거된 상태이며, 아마도 방수공이 방수공사를 하고 있을 것입니다.

여기서부터는 신축이든 리모델링이든 간에 내면을 가득 채워야 하기 때문에 순서는 대부분 같습니다.

각 공정을 작업순서대로 설명하고, 공사 시 주의할 점과 하자가 자주 발생하는 곳과 각종 마감재들까지 설명하겠습니다.

세상의 일들은 얽히고설켜 돌아가는 톱니바퀴처럼 건물의 신축이나 리모델링도 그러합니다.

만약 순서에 입각하여 작업하지 않으면 사소한 하자가 발생하거나 집 안 분위기와 전혀 어울리지 않아 심각한 경우 철거하고 다시 시공해야 하는 일까지 발생합니다.

"어려운 일은 처음부터 어렵지 않았고, 큰일도 처음부터 큰일이 아니었습니다. 적절한 시기를 놓치니 쉬운 일이 어렵게 되었고, 작은 일이 크게 된 것입니다."

인테리어는 작업특성상 건물주가 현장에 상주하게 되며, 작업자들이 수시로 물어볼 겁니다.

이때 너무 안이하게 대답하면 낭패를 보며, 너무 간단하게 생각하면 큰 어려움에 직면할 수도 있습니다. 그러니 건축주는 사전조사도 많이 하고 발품도 팔아가며 시공에 대한 정보를 알아두어야 합니다.

인테리어공사

내부인테리어는 바닥공사, 내장공사, 천장공사가 있습니다. 바닥, 내벽, 천장 등에 단열재를 붙이고, 목재나 석고보드로 붙여서 마감하는 작업입니다.

인테리어 마감재는 튼튼할 뿐만 아니라 화재나 습기에도 좋아야 하고, 사용이 편리하면서 아름답기까지 해야 합니다. 그렇다고 인테리어의 아름다움만 지나치게 강조하다 보면, 실용성이나 편리성, 환경유해물질로 건강을 해치는 경우가 있으므로 간결하고 견고하며 지나치게 번잡하지 않고 자연스러워야 쉽게 질리지 않습니다.

자재 선택도 새집증후군의 원인이 되는 벤젠이나 톨루엔 등의 휘발성 유기화학물이나 포름알데히드 등의 유해물질을 방출하지 않는 친환경제품으로 선택해야 합니다. 이런 유해물질들은 두통, 구토, 어지럼증, 피로감이나 집중력저하와 같은 증상뿐만 아니라 피부에 붉은 반점까지 생기게 합니다.

포름알데히드는 MDF, 압축한 목재, 파티클보드, 벽지, 보온재, 단열재, 페인트 등에 섞여 있습니다.

오염물질 방출 정도에 따라 등급이 매겨져 있어서 납품서를 보면 확인할 수 있습니다.

시공자나 인테리어업자는 집주인의 건강보다는 싼 재료를 선택하고, 이익금만 생각할 수도 있습니다.

"인테리어공사는 자연과 닮은 점이 있는데 갈라지거나 이어주기도 하고, 넓혀 주거나 좁혀 주기도 하며, 때로는 더해 주거나 덜어내기도 하고, 접거나 펼치기도 하고, 휘어지면 곧게 펴기도 하며, 움푹 패면 채워가며 새롭게 거듭납니다."

내면 만들기

처음 마주치는 바닥선보다 낮게, 벽면보다는 넓게, 천장선은 높게 마감 폭을 잡아 주어야 깔끔합니다.

"인테리어공사는 원만한 인간관계와 상당히 비슷합니다."

상대방을 처음 만날 때는 좀더 높거나 낮고, 넓은 마음이면 좋은 인간관계가 형성될 것입니다.

다만, 인테리어와 사람이 차이가 있다면, 배려했음에도 얕잡아 보거나 배려가 당연한 권리라고 사람들은 생각한다는 것입니다. 하지만 건물의 내면 채우기는 다릅니다. 자재들을 각 위치에 맞게 적재적소에 배치하고, 신경도 쓰며 손이 가면 갈수록 아름다움으로 양팔 벌려 사람들을 반겨줍니다.

무엇보다도 내면 만들기의 기본정신은 사물을 긍정적으로 바라보는 시각이 중요한데, 부정적인 생각을 가진 사람은 주변을 불편하게 하듯이 건물의 내면 채우기도 비슷합니다.

건축마감에도 사랑이 담기면 자녀들의 방과 부부방, 거실, 주방, 화장실의 도배나 타일, 페인트 등의 색상까지도 달라집니다.

어떤 집에 가보면 집 안은 밝고 깨끗한데 마치 병실에 온 느낌을 받을 때가 있고, 인테리어업자가 지나치게 화려하게만 치장하여 집주인의 개성이나 인격을 전혀 반영하지 않은 것처럼 보일 때도 있습니다. 이는 집 안의 인테리어만으로도 화목한 가정인지 아닌지 파악되고, 편안하게 집과 어울리는 인테리어인지 단순히 보여주기식 인테리어인지가 보입니다.

벽과 바닥, 천장과 벽, 벽과 문틀 등은 성질이 다른 것과 맞닿는 나무와 종이, 타일, 석재와 페인트는 몰딩이 감싸줍니다. 몰딩은 다른 성질끼리 부딪치는 곳이나 허물을 감추어주는 역할을 하는데, 가족 간의 허물이나 잘못을 몰딩처럼 감싸야 가정이 화목해집니다.

"인테리어는 숨기는 예술이자 감싸주는 예술이고, 화목한 가족처럼 서로의 잘못과 허물을 감싸주는 예술입니다."

시중에 수많은 인테리어 관련 책과 정보가 공존하고, 하물며 가족 중에 누군가는 인테리어를 한 번쯤 해보았을 것입니다.

필자가 인테리어를 하면 할수록 삶의 지혜로 가득했는데, 건물주에게 당부하고 싶은 것은 인테리어에는 여러 가지 스타일이 있다는 것입니다.

그리고 인테리어 관련 책들도 무수히 많고, 인테리어 디자이너가 TV에서 강의도 합니다. 그러니 인테리어업자에게 모든 것을 맡기는 오류를 범하지 말라는 것입니다.

"그것은 업자의 집이지, 나의 집이 아닙니다."

집의 인테리어가 아름다고 화려하다고 무조건 좋은 것은 아닙니다. 남의 집을 방문한 것처럼 낯설거나 불편하다면 그것 또한 좋은 인테리어가 아닙니다. 장점들은 참고만 하고, 가족들이 사용하기 편하고 기분도 좋아지며 화목해지는 마감재로 선택하는 것이 가장 좋은 인테리어입니다.

가끔 TV에서 인테리어를 직접 했다고 자랑하는 것을 보았는데, 하나같이 하얀색 바탕이나 크림색 일색이었습니다. 필자는 마치 병실을 보는 것 같았고, 생기가 없어보였습니다. **"그런 인테리어는 누구나 할 수 있는 것이고, 누구나 하는 것은 자랑거리가 아닙니다."**

누구나 하는 흰색과 아이보리색 계열의 인테리어나 책에서 자주 나오는 대로 하지 말고, 자신의 개성이 담긴 오직 하나뿐인 인테리어로 해보기 바랍니다. 남의 시선을 의식하지 말고, 가족들에게 안성맞춤인 인테리어를 해야 합니다.

"인테리어를 지나치게 검소하게 하면 인색해보이고, 지나치게 화려하면 편안하지 않습니다."

빈 공간에 하나씩 채우는 것이 인테리어인데, 사람의 천성은 고치기 힘들지만 인테리어는 언제든지 고칠 수 있습니다. 인테리어는 정해진 법칙 따위는 없는데 그 상황에 맞게 변하기 때문입니다.

인테리어 시작

인테리어공사는 건물주가 선호하는 마감재 모양이나 색상 등을 선택하고 빨리 결정해야 공사기간을 단축할 수 있습니다.

내장목수가 천장에는 등박스, 커튼박스, 몰딩 돌리기, 내벽에는 외기에 노출된 내벽 단열재와 석고붙이기, 문선 돌리기, 아트월 만들기 바닥은 걸레받이를 만듭니다.

보통 내장목수는 5명 정도 투입되고 인건비 중 가장 비싸니 공사계획을 잘 세워야 합니다.

건축자재나 필요한 준비물들을 미리 준비하여 작업의 흐름이 끊어지지 않도록 해야 시간낭비를 줄일 수 있고 공사비도 절약됩니다. 마감재의 질감, 색채, 패턴, 가공성, 시공성, 경제성, 안전성 등을 고려하여 거실과 방의 몰딩이나 마감재들은 건축주의 개성과 취향에 맞는 것으로 선택합니다.

면적이 좁은 부분은 개성이 강하고 다소 강한 색채로 선택하고, 작은 부분에서 큰 부분으로, 바꾸기 어려운 재료부터 바꾸기 쉬운 마감 순서로 시공합니다.

천장, 바닥, 벽 등의 공간들은 가장 크게 차지하고 중요하므로 지나치게 돋보이면 싫증나기 쉬우므로 편안한 색감으로 선택하며, 유지보수가 편한 제품으로 선택합니다.

실내공간의 크기, 용도, 형태, 조건에 맞게 재료의 색상이나 패턴으로 결정하고, 좁은 실내는 밝은 색으로 하는 것이 넓어 보이는 효과가 있습니다.

전반적인 색상을 조화롭게 하기 위해 자연풍경의 색채는 친밀감을 느끼지만 낯선 배경색은 이국적인 느낌이 들어 친숙하지 않을 수도 있습니다.

명도, 색상, 채도의 차이가 비교적 적고, 배색이 맞춰져 있으면 조화롭다고 느끼고, 색상 차이가 작으면 구별하기 힘들어 애매한 느낌을 주며, 반대로 색상 차이가 커도 자극적이므로 피하는 것이 좋습니다.

천장이 낮다고 생각되면 세로줄무늬로 하면 높아 보이는 효과가 있고, 창문이 작거나 어두운 곳이라면 광택이 나는 재료를 선택합니다.

인테리어 스타일

클래식한 이미지는 화려하고 중후하며 고급스럽고, 품격이 있는 것에는 큰 몰딩장식에 전통꽃무늬나 페이즐리 무늬벽지가 사용되는데, 대리석 중에는 수공예 직물색상에 황금색무늬목이나 아이보리색이 있습니다.

모던 이미지로는 실용적 · 절제미 · 도회적 · 세련미 등으로 시크하고, 단순간결하며 대부분 직선적입니다. 패턴목재나 금속, 대리석타일도 사용되고, 색상에는 무채색계열의 아이보리, 브라운이 있습니다.

내추럴 이미지는 여유롭고 자연주의적이고, 간결하며 단순하고 절제된 선과 형태로 금속이나 식물소재인 나무를 주로 이용하고, 색상으로는 아이보리, 베이지, 그린계열이 있습니다.

서민적 이미지에는 절제된 도회지의 이미지로 세련되고 시크하며 단순간결, 직선적, 기하학적 패턴의 목재나 금속, 대리석 타일이 있으며, 색상으로는 무채색의 회색계통이 있습니다.

캐주얼 이미지는 경쾌하고 신선한 컬러가 있는 색유리가 있으며, 색상으로는 오렌지, 파랑, 빨강, 녹색 등의 원색이 사용됩니다.

오리엔탈 이미지는 동양적, 평온함, 중후함에 단순간결, 절제된 선의 천연소재, 무늬목, 면 등이 있고, 식물소재로 나무가 있고, 색상은 백색, 무채색, 나무무늬색 등이 주로 쓰입니다.

이렇듯 인테리어에서는 색상 느낌이 중요한데, 자연색, 우아한 색, 세련된 색, 캐주얼한 색, 현대적인 색, 클래식한 색 중 건축주가 선호하는 색상을 선택하되 3색 이상을 선택하는 것은 가급적 피하는 것이 좋습니다.

“이와 같은 이론은 참고만 하고, 집주인이 선호하는 마감재가 최고이고, 아무리 뛰어난 제품일지라도 조건에 맞지 않으면 쓸모가 없는 겁니다.”

필자는 옛날 고택의 창살이 있는 문짝에 창호지 대신 우윳빛 유리창을 붙여서 마감하고, 그 안에 조명까지 설치하는 한국적 운치가 있는 인테리어적 요소 이용을 선호합니다.

한국고유의 인테리어가 아름답고 운치 있다고 외국사람들은 말하는데, 정작 우리는 영미식이니 북유럽식이니 기타 국적불문의 인테리어로 하면서 자랑을 하곤 합니다.

“이제는 국적불문의 인테리어로 그만하고, 한국식 인테리어로 돌아올 때라고 생각합니다.”

타일공사

신축에서는 골조가 완성되었거나, 아파트 리모델링의 경우에는 내부가 철거된 상태입니다.

가장 먼저 방수공사를 시작해야 하고, 문틀이 달렸다면 틈새에 사춤과 미장을 할 겁니다.

화장실과 베란다의 세탁기 주변에 방수와 미장이 말랐는지 확인하고, 내장단열재와 목재나 석고보드가 붙어 있으면 집 내부의 기본틀이 갖추어진 겁니다.

신축은 이 시기에 전기선과 콘센트박스를 설치하고 배관공은 오배수관이나 수도관을 연결할 겁니다.

이때 타일공사를 하는데, 화장실과 베란다부터 타일을 붙이고, 여기까지 아파트 리모델링과 같습니다.

신축에서 석공과 계단석이 결정되었다면 계단에 하박기에 석재공사가 끝나면 계단벽에 타일을 붙이는데 화장실 타일공사할 때 같이 하면 됩니다.

이때 자주 깜빡하는 것은 싱크대와 신발장제작자에게 싱크대와 신발장 주변의 타일 붙일 곳을 매직펜으로 표시해 놓을 것을 요구해야 합니다.

물론 건물주는 싱크대와 신발장의 모양이나 디자인이 이미 결정되어 있어야 합니다.

타일공사 방법

내부는 내장목수가 목공사 후 타일시공을 하는 것이 좋은데, 다른 작업자와 공정이 중복되지 않게 시공하는 것이 중요합니다. 특히 계단을 만드는 석공이나 타일공, 배관공, 전기공, 내장목수까지 서로 뒤엉켜 다투는 일이 발생합니다.

더욱이 타일시공은 집중해야 하는 일이기 때문에 타일공은 일반적으로 성격이 까칠한데, 다투고 조용히 끝나면 좋은데 문제는 건물에 피해를 준다는 겁니다. 오배수관을 깨놓거나 타일에 흠집을 내기도 하고 목재, 심지어 수도관에 못까지 박기도 하니 작업들이 서로 겹치지 않도록 공정별 작업시간을 배정해야 합니다.

타일시공 순서는 계단벽 – 주방벽 – 주거와 상가 화장실벽 – 발코니 – 화장실바닥 – 현관바닥 순으로 시공합니다.

특히 화장실바닥이나 베란다바닥에 타일시공을 할 때는 방수층이나 오배수관을 깨뜨리지 않도록 주의합니다.(상당히 중요함. 화장실에서 물새는 원인 중 하나임)

숙련되지 못한 타일공이 바닥에 물매를 잡는다고 무리하게 화장실바닥을 깎아내어 방수층이나 오수배관을 깨뜨리는 경우가 있습니다.

화장실 타일시공이 끝나고 5일 정도 지나서 하루 정도 물을 담아놓는 것이 좋습니다. 화장실바닥이나 베란다바닥은 주로 물이 많이 새는 곳이며, 집주인이 입주한 후 하자도 많이 발생하는 곳이라 주의해야 합니다.

특히 아파트 리모델링일 때 화장실에 물이 샌다면 바로 아래층 화장실천장으로 물이 쏟아져 하자보수를 해주는 일이 종종 발생합니다.

타일은 성능, 모양, 가격 등을 고려하여 선정하고, 타일이 클수록 치수차가 뒤틀리거나 일그러지는 경우도 많습니다. 싼 제품일수록 표면에 흠집이 많고, 옆면 가장자리가 곱지 않으며, 나만의 디자인으로 타일을 제작한다면 약 30일 정도 걸려서 납품되므로 미리 결정해야 합니다.

타일 선택은 비교적 시공이 간편하고 시공 후 균열이나 변색이 없고, 내구성이 좋은 내 · 외장재로 고릅니다.

벽타일 규격은 250×400mm이나 300×600mm이고, 바닥타일 규격은 200×200mm이나 300×300mm 크기가 있습니다.

화장실 치수는 200×200mm 규격일 때, 벽타일 높이가 198mm이고, 줄눈치수는 2mm이며, 바닥은 196mm일 때 줄눈치수를 4mm 기준으로 나눕니다.

주방벽타일은 다양한 모양과 무늬, 색깔이 있으며 비교적 저렴한 비용으로 고급스런 분위기를 연출할 수 있습니다. 이곳은 인테리어의 포인트가 되는 곳인데, 범위는 작지만 효과가 크며, 타일제품 선정에 있어 신중해야 합니다.

만약 주방바닥에 대리석타일로 깐다면 맨발로 다닐 때 피곤을 덜 느끼는 감촉이 좋은 제품으로 선택합니다.

아무리 부티나는 타일이라도 적합하지 않는 곳에 붙인다면 싼 티가 나기도 합니다.

타일의 종류

건축주는 타일을 선택하는 데 고민을 많이 하게 됩니다. 세입자세대는 대중적이고 유행에 덜 민감하고, 오염이 덜 타는 튼튼한 타일로 선택합니다.

주인세대의 타일 선택은 비교적 고급스러운 것으로 시공하여 건물의 가치를 올려 투자개념으로 접근하는 것도 좋습니다.

폴리싱타일은 인조대리석 효과에 다양한 색상과 디자인 기능을 하고, 색조타일의 파스텔톤 색상은 베란다바닥에 주로 사용됩니다.

대리석타일은 천연대리석이 약해서 강도를 높인 타일이며, 대리석에 비해 단가가 저렴하고 가벼워 현관, 거실, 주방바닥에 사용됩니다.

내벽용 타일은 정사각형, 직사각형, 보더타일을 사용하며, 다양한 색상과 형태의 제품이 많습니다.

바닥타일은 유약을 바른 타일보다는 유약을 바르지 않는 타일로 사용하는 것이 좋고, 일반적으로 두꺼우면서 미끄럽지 않게 요철모양으로 가공한 타일이 좋습니다. 아름다운 외관이면서 청소가 편안한 시유타일을 사용하며, 바닥타일은 정사각형과 직사각형으로 사용하며, 충격에도 강하고 보행성이 좋습니다. 색상에 반점을 넣어서 돌과 같은 느낌이 나게 하는 벽돌 계통은 갈색이나 베이지색으로 사용하여 클래식한 느낌을 주는데, 필자가 선호하는 타일입니다.

모자이크타일은 표면 너비가 90mm 이하이고, 내벽과 바닥에 사용하고 원형, 정사각형, 직사각형, 정육각형, 타원형이 있고, 미끄럼 방지를 위해 무유모자이크타일도 있습니다.

코너타일은 벽과 바닥, 기둥의 구석 모서리, 걸레받이에 사용하기 위한 특수타일이고, 태피스트리타일은 직물무늬모양의 타일입니다.

보더타일은 가늘고 길게 된 타일로서 특수한 봉형으로 시유제품이고, 색상이 다양하여 벽의 중간띠돌림, 걸레받이, 갓둘레 테두리 장식용으로 사용됩니다.

합성수지 테라조타일은 색상이 다양하지만 현장가공이 어렵고, 미끄러워 외부공간이나 현관 앞쪽에는 시공하지 않습니다.

논슬립타일(안전관리 시행규칙 4조)은 미끄럼 방지용으로 표면에 홈을 파거나 요철이 있는 것이고, 내마모성에 강하게 유화로 처리한 도기질타일로서 건조 및 습윤 마찰계수 0.5 이상의 규정을 준수한 제품입니다.

특수타일은 디지털기술로 자신이 원하는 이미지를 구현한 세라믹타일의 일종인데, 벽면에 명화나 가족들의 사진까지 새겨 넣는 타일로 제작할 수도 있습니다.

타일 재질

자기질타일은 점토질 원료에 다량의 암석을 배합하여 1,230℃~1,460℃에서 고온처리하여 만듭니다. 흡수율이 거의 없고 강도가 높아서 손으로 두드리면 맑은 금속성 소리가 나며 내장용, 외장용, 바닥재의 모자이크타일로 사용되고 색상은 백색입니다.

석기질타일은 석암점토 원료이고, 1,160℃~1,350℃에서 고온처리해 만들어 흡수율은 적으나 강도가 비교적 약하고, 일반적으로 유색의 불투명으로 내구성이 높아서 외장용과 바닥용으로 사용됩니다.

점토질타일은 소량의 암석을 배합하여 1,100℃~1,230℃에서 고온처리해 만들고 흡수율이 높고, 다공질로 경도가 낮아 표면이 마모와 충격에 약하며, 백색과 유색으로 내장용에 주로 사용됩니다.

타일 선정

타일 규격의 치수나 두께, 휘어지는 기준에 적합해야 하고, 국내나 외국제품이든 간에 가급적이면 동일회사 제품으로 사용하는 것이 좋습니다.

추운 지역에서는 따뜻한 톤으로 더운 지역에서는 시원한 톤으로 선택하고, 타일 모양에 따라 정방형, 장방형, 육각형, 팔각형, 특수형이 있습니다.

욕실바닥과 발코니바닥은 도기질로 크기는 200mm×200mm 이상, 두께는 7mm 이상, 줄눈폭은 4mm가 일반적입니다.

화장실벽은 자기질(시유)로 크기는 200mm×250mm 이상, 두께는 6mm 이상, 줄눈폭은 2mm입니다.

현관바닥은 자기질(무, 시유)로 크기는 300mm×300mm 이상, 두께는 7mm 이상, 줄눈폭은 5mm입니다.

세탁실바닥은 자기질로 크기는 150mm×150mm 이상, 두께는 7mm 이상, 줄눈폭은 4mm입니다.

주방벽은 도기질(시유)로 크기는 200mm×200mm 이상, 두께는 2mm 이상, 줄눈폭은 2mm입니다.

줄눈 재료

현장에서는 조합줄눈재와 기성조합줄눈재로 많이 사용되고, 시멘트는 힘을 가했을 부스러지고 파괴되므로 균열이 발생하기 쉬운데, 이런 문제점을 해결하고자 탄성이 뛰어난 수직줄눈재를 개발했습니다.

재질로는 아크릴이나 에폭시계가 있고, 신축성 줄눈재는 내후성실리콘, 유동성우레탄, 실런트 등이 있으며, 타일 색과 동일한 색으로 선택하는 것이 좋습니다.

화장실바닥이나 현관바닥에는 물때가 잘 타는 흰색줄눈재 사용은 가능하면 피하기 바랍니다. 물때는 상당히 끈질기고 집요합니다.

"부인을 사랑한다면, 화장실의 물때 청소에서 해방시켜 주세요."

화장실 줄눈시공

타일시공 시 유의사항

특히 타일은 귀티가 나거나 싼 티가 날 수 있으며, 장소에 적합하지 않는 타일을 붙이면 집 안의 분위기를 망치기도 하니 선택이 매우 중요합니다.

아무래도 눈에 잘 띄는 곳이 화장실과 주방인데, 타일매장에서 가서 보면서 안목을 넓힐 필요가 있습니다.

주방벽타일은 주방창이 상부장이나 하부장에 닿지 않도록 시공하고, 주방창을 기준으로 타일나누기는 온장타일이나 조각타일로 시공합니다.

화장실타일은 방수시공 후 1주일 이상 양생한 다음, 타일붙이기 전에 수직 · 수평 · 직각 여부를 확인하기 위하여 수평기준실을 매 장마다 띄우고, 수직기준실은 최소 4장마다 띄우기해서 시공합니다.

모르타르는 건비빔한 후 3시간 이내, 물반죽 후 1시간 이내에 사용하고, 줄눈파기는 3시간 경과 후에, 치장줄눈은 24시간 경과 후에 시공합니다.

타일줄눈 시공 후 바로 닦아내지 않으면 나중에 잘 닦아지지 않으므로 깔끔하게 마감해야 합니다. 직사광선을 피하고 2℃ 이하인 경우에는 급열보온으로 양생하며, 적정온도 20℃를 유지해야 합니다.

제품 보관 온도는 10℃의 실내보관하고 3개월 이상된 제품은 사용을 금지하고, 바탕면을 완전 건조시킨 후 시공합니다.

화장실과 주방벽타일은 줄눈간격이 좁은 것이 좋으며, 타일 단면이 각진 것으로 사용하면 모서리의 줄눈폭을 작아 보이게 하는 시각적 효과가 있습니다.

문틀과 타일이 맞닿는 부분은 문을 개폐할 때 충격으로 타일이 깨질 수 있으니 손잡이에 충격완화 장치가 필요합니다.

타일뒤채움할 때 공간에 시멘트가루를 지나치게 뿌려서 모르타르로 채울 경우 백화현상이 발생합니다. 그리고 떠붙임할 때는 수분이 적으면 부착강도가 약할 수 있으므로 타일 뒷면을 축축하게 적셔야 합니다.

떠붙임할 때는 모르타르를 충분하게 채워 넣어 틈이 생기지 않도록 하고, 위생도기를 설치할 때 타일이 함몰될 수 있으므로 빈틈이 없도록 채워야 하고, 만약 불량시공일 때 타일을 두드리면 빈 소리가 들립니다. 떠붙임에서 모르타르 배합비율이 떨어지면 접착력이 약해져 타일이 와장창 쏟아지는 경우가 있습니다.

만약 겨울철에 타일시공할 때 난방기구로 완벽하게 보온하지 않으면 날씨가 풀리는 봄날에 타일이 와장창 쏟아질 수 있으므로 기온이 2℃ 이하일 때는 공사를 중단하고, 꼭 공사를 해야 한다면 난방을 해서 타일이 얼지 않도록 충분히 양생시킵니다.

타일의 줄눈이 오염되면 염산을 사용하면 제거되지만 타일이 벗겨질 수 있으니 주의하기 바랍니다.

위치별 타일시공

세대별 현관바닥은 스테인리스실 마감선부터 마루귀틀까지 가능하면 온장처리하고, 무늬타일은 중앙에 오도록 하며, 신발장 면적을 제외한 나머지 부분은 균형을 맞추어 붙입니다.

종방향 나누기는 마루틀에서 현관문틀쪽으로 나누고, 횡방향나누기는 신발장 끝선과 벽체의 끝선을 기준하거나 중앙에서 양쪽으로 나누기합니다.

베란다바닥은 타일줄눈 및 벽체 접합부의 줄눈 과다를 방지하기 위해 육안으로 확인하고, 설비작업자에게 오수드레인 위치를 확인합니다.

오수드레인 규격은 대부분 직사각형으로 타일 치수와 규격이 다른 경우가 많으므로 타일나누기를 잘해야 보기가 좋습니다.

베란다의 평면이 달라지는 경우 그 부위에서 양방향으로 타일나누기하고, 세탁기를 놓을 부분은 10cm 정도 높여서 시공해야 물빠짐이 좋습니다.

실내에서 바라볼 때 베란다턱에서 내부벽쪽으로는 온장처리해야 시각적으로 보기가 좋습니다.

화장실 양변기 부분에는 바닥선이 수평되게 깔고, 급격한 구배를 주지 말며, 완만하게 유지해야 넘어지지 않습니다.

계단벽타일은 타일 뒷면에 붙임모르타르를 바르고, 벽의 아래에서 위쪽으로 붙여 나가야 하고, 충분히 누르거나 두들겨서 빈틈이 생기지 않도록 눌러 붙임으로 합니다.

모르타르 두께는 15mm~20mm가 표준이며, 만약 고무망치로 두드리는 횟수가 너무 많으면 내부 모르타르 강도가 약해져 탈락할 수 있습니다.

타일줄눈은 가로, 세로가 일정한 모양으로 통줄눈과 세로만 엇갈리게 하며, 치장줄눈으로 나눕니다.

통줄눈은 균열이 잘 생기지 않고, 무게감이 별로 없는 작은 타일로 많이 시공하는 편이고, 작은 타일을 치장줄눈으로 엇갈리게 시공하면 너저분하게 보이므로 큰 타일로 할 때만 치장줄눈으로 시공하는 것이 좋습니다.

마음으로 인테리어를 하다

어떤 일이든 간에 다년간의 경험과 시행착오를 겪으면서 빈 공간을 물이 흘러가서 차곡차곡 채우듯이 그 분야의 고수들도 마찬가지입니다.

시공고수는 누워 있거나 앉거나 걸을 때도 벽지나 마루를 수없이 붙였다가 뜯어내고 싱크대, 붙박이장, 위생도기와 수전들을 설치했다가 부수기를 반복합니다. 마음으로 인테리어를 하다보면, 한숨도 못 자는 경우도 있습니다. 만약 건물주가 인테리어를 하더라도 똑같이 잠 못 이룰 것입니다.

필자는 옛날부터 같이 일했던 각 공정별 고수들이 은퇴했거나 떠났기에 낯선 작업자들과 만나는 경우가 많습니다.

요즘에는 각 분야에도 작업자에 따라 실력편차가 있는데, 일하는 동작만 보아도 실력을 알 수 있습니다. 그런데 실력이 떨어지거나 주의가 산만한 작업자를 집으로 가라고 말할 수 없습니다. 잔소리하면 집으로 그냥 가버리면 다른 작업자를 구하기가 쉽지 않고, 다른 작업자가 이어서 하지 않는 이유는 하자가 발생하면 후임자가 뒤집어쓰기 때문입니다. 특히 화장실의 타일공사는 정밀시공이 필수입니다. 또한 벽타일이 시공불량이면 타일이 떨어지고, 바닥타일이 돌출되면 걸려 넘어지는 사고들이 발생합니다.

화장실 타일시공 시 기울기를 못 잡으면 물이 빠지지 않고, 무리하게 기울기를 잡으면 방수층이나 오배수관을 깨뜨려 물이 새는 경우가 있습니다.

바닥의 매지가 넓으면 물때가 생기거나 매지가 일부 떨어지기도 하므로 화장실의 타일시공은 매우 집중해서 작업해야 합니다.

최근에 성남에서 공사할 때 일인데, 타일공이 스마트 폰으로 음악을 틀어놓고, 따라 부르며 타일을 붙였는데, 집중력이 떨어져 하자가 발생하지 않을까 걱정되기도 했습니다.

"안에 소중한 게 있다면, 밖이 소홀해지고, 밖에 소중한 게 있다면 안이 소홀해지는 겁니다."

이 말이 떠올라 화장실에 물을 채워 넣었더니 아니나 다를까 물이 새는데, 오수관을 깨뜨려 놓은 상태여서 보수작업이 필요했습니다.

분당 리모델링 현장

목공사

목재는 가장 오래된 마감재이고, 콘크리트가 가질 수 없는 장점을 가지고 있으며, 인테리어에 없어서는 안 되는 마감재입니다. 설명하는 내용이 목조 건물을 선호하는 건축주들에게 도움이 되기를 바랍니다.

나무는 비중에 비해 강도가 크고, 전기나 열에 대한 효과도 크며, 추위나 더위, 소음에 강하고, 재질이 아름답고, 유연하고, 자연친화적이라 목조주택만 고집하는 사람도 있습니다.

가공하기도 좋고, 소음이나 습기 흡수에도 우수하지만 불이나 벌레에 약하고 습기에 변형되기도 합니다. 화재에 취약하여 외장재로 사용 않고 내장재로 많이 사용됩니다.

구조재는 침엽수가 많이 사용되는데, 가볍고 건조가 빠른 나무에는 소나무, 낙엽송, 잣나무, 전나무가 있습니다.

수장재는 무늬가 곱고, 뒤틀림이 적어서 장식이나 실내마감으로 사용되는데 느티나무, 오동나무, 단풍나무, 참나무, 벚나무, 떡갈나무가 있습니다.

수입산은 티크, 마호가니, 자단, 흑단, 나왕이 있으나 나왕은 재질이 약해 벌레에 약합니다.

창호재나 가구재는 나뭇결이 고르고, 결함이 없고 잘 건조된 재료로 사용합니다. 창호재는 나왕, 전나무, 느티나무, 벚나무, 티크, 감나무가 있고, 가구재는 나왕, 호두나무, 티크, 마호가니, 자단, 흑단 등이 있습니다.

목재의 방부, 방충, 방염제들은 유성방부제로 방습, 방부, 착색을 유성페인트로 하여 외장재에서 사용됩니다.

수용성방부제는 ACQ계로 비소나 크롬이 들어 있지 않은 친환경방부제로서 부식과 부패로부터 보호하고 성능도 우수합니다.

흰개미가 습격할 때는 수용성인 붕산계로 뿌려서 방충하고, 방염처리는 11층 이상의 건축물에 사용해야 합니다.

노련한 목수

노련한 목수는 손놀림에 리듬감이 있어 아름답다는 느낌을 받습니다. 그러나 서툰 목수는 나무의 무늿결을 살피지도 못하고, 연장을 다루는 것도 서툴러 손은 다치고 목재나 공구까지 망치고 맙니다.

필자는 토성건설대표로 있다가 형틀목수를 잠깐 배운 적이 있는데, 손재주도 지독하게 없어 망치로 못을 한방에 똑바로 막는 데까지 약 1년이 걸렸습니다. 손가락을 치거나 허리에 찬 공구주머니의 망치와 시노를 수없이 잃어버리기도 했습니다.

침대에서 끙끙 앓아누워 생각했는데, **"숙련된 기술은 오랜 작업으로 얻어지는 결과이고, 그 자식조차도 연습하지 않고는 이어받을 수 없겠구나!" 하면서 쓰임의 그릇은 스스로 만들어야 한다는 것을 깨달았다.**

문선 돌리기

타일공사와 동시에 작업하거나 타일공사가 끝난 후에 내장목수가 작업해도 됩니다. 내부는 이미 단열재가 붙어 있는 단계입니다.

몰딩은 바닥과 벽, 천장과 벽, 문틀 사이의 마감을 깔끔하게 하기 위해 감추는 작업이라고 할 수 있습니다.

벽지마감이나 무늬목, 타일마감은 몰딩이나 문선의 마감폭에 따라 무늬가 달라지고 문선의 무늬나 모양과 색상은 여러 가지가 있는데, 이것도 역시 건물주가 선택합니다.

타일공이나 내장목수가 일할 때는 신축현장이든 리모델링현장이든 주부님들이 현장을 찾는 경우가 있는데, 상당히 바람직하다고 생각됩니다.

모든 시설물은 사용자가 편해야 하는 것도 있지만, 아무래도 여성분들의 섬세한 미적 감각이 뛰어나다고 생각되기 때문입니다.

몰딩과 걸레받이

몰딩은 건물 내부의 모서리나 가장자리에 미관상 설치하는 띠형태의 마감재이고, 천장과 벽마감재가 다르기 때문에 만나는 부분을 자연스럽게 연결해주는 역할을 몰딩이 해줍니다.

몰딩은 인테리어에서 시공면은 작지만 집 안의 분위기를 좌우하는 중요한 부분이고, 재료로는 천연무늬목이나 인조시트 마감재가 사용됩니다.

원목몰딩은 가격이 비싸고 추가로 도장처리하는 번거로움이 있지만 원목의 고유 색상과 고급스러운 색상 때문에 고급주택에 많이 사용됩니다.

랩핑몰딩은 가격도 저렴하고 도장공정이 별도로 발생하지 않으며, 색상을 자유롭게 선택할 수 있어 많이 사용되지만, 랩핑이 자주 벗겨지는 경우가 생기고 랩핑몰딩은 약 10년 정도 지나면 떨어져 나가는 경우가 있으니 이런 점을 고려해야 합니다.

천장몰딩은 벽과 천장이 만나는 곳을 깔끔하게 마감하기 위해 붙이는 것으로 평수와 분위기에 따라 적절한 모양 및 크기에 맞게 몰딩과 걸레받이가 서로 어울리는 색상으로 선택합니다.

문선몰딩은 문틀 주변에 설치하여 문을 돋보이게 하며, 문선의 재질은 문틀과 같은 재질, 같은 색상으로 마감하는 것이 좋습니다.

평몰딩은 벽면을 장식하기 위해 붙이는 것이며, 코너몰딩은 벽의 모퉁이 안쪽을 매끄럽게 마감하기 위한 것입니다.

허리몰딩은 벽을 구분해주고 보호하기 위해 붙이는 몰딩이며, 몰딩의 폭은 60mm~90mm이며 길이는 2,400mm입니다.

뒷면은 목공본드를 칠한 후 실타카핀으로 본드가 마를 때까지 임시 고정시키는 역할을 합니다.

걸레받이는 바닥과 벽이 맞닿는 벽면에 오염되는 것을 방지해주는 역할을 하고, 벽마감면과 마루가 다르므로 만나는 부분을 자연스럽게 해주는 역할을 합니다.

걸레받이는 벽면과 바닥이 만나는 부분에 부착하는 몰딩이므로 신축인 경우 방바닥에 습기가 있다면, 곰팡이가 생길 수 있으므로 난방보일러를 작동시켜 완전 건조한 후 시공합니다.

강화마루나 기타 마루재로 깔 때는 마루시공자에게 걸레받이 시공을 맡겨야 마감면이 깔끔하고 비용도 절감됩니다.

또 벽지나 벽 하단 접촉 부분에 널로 붙이는데 두께는 2cm~3cm×너비는 15cm~20cm입니다.

나무의 성질

나무는 여러 가지 색상이 있고, 특유의 광택이나 향기가 나며, 아름다운 나뭇결을 가지고 있어 나무의 특징에 맞는 실내치장의 창호재, 가구재로 쓰입니다.

광택은 곧은결면이 가장 아름답고, 그 다음에는 널결면인데, 마구리면이 가장 떨어지는데, 활엽수가 침엽수보다 광택이 좋으며, 실내치장이나 가구재로 쓰입니다. 색깔이나 광택도 중요하지만 나뭇결이 얼마나 아름다운가에 따라 나무의 가치가 결정됩니다.

나뭇결 종류로는 널결, 곧은결, 엇결, 무늿결이 있고, 목재의 향기는 건조 전에는 강하지만 건조될수록 점점 줄어드는 단점이 있습니다.

가공목재

내장마감에서는 대부분 가공목재로 사용되고, 모든 것은 장단점이 공존하는데, 가공목재 역시도 그렇습니다.

가공목재는 값싸고, 자연보호를 위해 꼭 필요하지만, 고급스러움이 떨어지고, 세월이 지나면 뒤틀리거나 랩핑이 벗겨집니다.

보통합판은 얇은 목재를 여러 면으로 겹쳐서 접착제를 붙인 합판으로 일명 베니어판이라 하고, 두께는 2mm~18mm입니다.

우레탄코팅합판은 거푸집으로 사용되고, 준재수형합판은 내장용이나 가구용으로 사용됩니다.

마루합판은 플로어링보드라 하고, 두께 9mm×너비 60mm이고, 길이는 600mm입니다.

기타 종류로 플로어링블록은 정사각형으로 뒷면에 방부처리한 것이고, 기타 패널블록과 마루판재가 있습니다.

합성목재는 50% 이상의 목분과 폴리에틸렌, 폴리프로필렌 등으로 구성되지만 접착제를 사용하지 않아 유해물질이 방출되지 않으므로 친환경적인 수지화장판이고, 외관을 살리고 변색이나 갈라짐 등의 하자가 없으며, 데크재나 사이딩 등으로 목재의 대체재로 사용됩니다.

밀도섬유판(MDF)은 톱밥을 접착제로 압축가공해서 만든 인공목재판으로 중밀도섬유판입니다. 습기에 약하지만 무겁고 높은 강도 때문에 마감이 깔끔하여 실내인테리어에 많이 사용됩니다.

라미우드는 인공합판으로 목재 표면에 특수랩핑 필름을 접착한 건축내장이고, 문틀이나 문짝, 벽미장패널, 붙박이가구용으로 사용됩니다.

OSB는 목편에 접착제를 사용하여 판재의 형태로 만든 것으로 목조주택이나 인테리어공사 때 내·외장의 바탕재로 사용됩니다.

PVC계는 길이제한이 없고 비닐시트 파손 시 보수하기 어려우며, 천장등박스, 천장마감, 천장장식판, 몰딩돌림, 아트월, 문선 및 벽체 모서리장식, 걸레받이로 사용됩니다.

합판은 실내 천장, 칸막이 내벽, 바닥재와 기타 마감재로 사용되지만 합판 자체만으로 사용은 드물고, 필름이나 무늬목 등을 붙이거나 채색·도장하여 가공한 것으로 사용됩니다.

합판의 두께는 3, 6, 9, 12, 15, 21, 24mm이고, 길이가 900mm×1,800mm(현장에서 삼육합판이라고 함), 1,200mm×2,400mm(현장에서 사육합판이라고 함)가 있습니다.

합판마루인 경우 수축 · 팽창으로 들뜨거나 걸레받이와의 많이 벌어진 틈으로 하자가 발생할 수 있어서 합판두께 만큼 걸레받이를 띄워 시공한 후 재단 및 마루에 끼워 마감합니다.

가로, 세로방향의 각재는 접합부에 틈이 발생하지 않도록 정밀제작하고, 전기박스나 설비배관 주위는 석고보드를 고정시키기 위해 보강목으로 설치해야 처지지 않습니다.

천장공사에서 달대 및 달대틀은 시방서에 지정된 각재를 사용하고, 간격은 400mm×600mm로 하여 반자틀로 짜며, 천장틀에 사용하는 못은 녹이 슬지 않는 것으로 합니다.

전선들을 정확히 빼놓아 조명 주위를 깔끔하게 하고, 등기구나 점검구 주위에 보강목으로 받치면 처지지 않습니다.

방과 거실의 등박스는 여러 가지 모양과 색상이 있으므로 포인트로 주어 실내분위기를 업그레이드시킬 수 있는 것으로 직접 만들거나 기성품으로 구입할 수 있습니다. 등박스의 기성품으로는 기본형, 매립형, 돌출형, 전통형이 있으며, 조명기구의 종류에 따라 건축주가 선호하는 기성품으로 고르거나 현장에서 내장목수에게 제작을 의뢰하면 됩니다.

커튼박스는 나왕합판이나 12mm 합판으로 사용하고, 함수율이 15% 이하의 증기건조된 나무여야 틀어짐이 없습니다.

경험의 한수

간혹 작업자가 자재를 임의로 바꾸어 놓아 자재는 멋진데, 전체적인 분위기와 어울리지 않는 경우가 발생할 수도 있습니다.
예를 들면 한복입고 운동화나 운동모자를 쓴다든지, 양장입고 머리에 족두리 쓰는 부조화는 초보자가 흔히 하는 실수입니다.
샘플만 보고 고르면 실패할 수 있으므로 실제 시공된 집을 보고, 직접 고르는 것이 가장 좋고, 견본과 다른 경우도 있습니다.
인테리어는 되도록이면 주부에게 맡겨야지 나중에 가사노동하면서 잔소리를 덜 듣습니다.
아무래도 많이 사용하고, 집 안에 거주하는 시간이 비교적 많은 주부의 시각으로 인테리어를 하는 것이 좋습니다.
몰딩작업이 다 끝나면 방문을 달아야 하는데, 내장목수가 투입할 시기에 맞추어 방문과 손잡이 경첩을 납품받고, 건축주는 방문 색상이나 모양에 맞추어 선택합니다.

수입 목재

나왕은 주로 필리핀, 말레이시아, 인도네시아 등지에서 생산되며 담홍색으로 나뭇결이 교차되어 있습니다. 비중이 비교적 작아서 가공이 쉽고, 건조나 접착성이 좋아 가구재, 수장재, 구조재로 사용됩니다.

미송은 미국, 캐나다, 멕시코 등지에서 생산되고, 담황색으로 나뭇결이 곧고, 강도는 소나무와 비슷하며 수축성이 작고 강도가 약해 광택이 나는 구조 재나 수장재로 사용됩니다.

티크는 인도, 미얀마, 태국 등지에서 생산되며, 황백색으로 강도는 보통이고, 수축성이나 흡수성은 떨어지는 반면 내구성이 매우 커서 마룻널재나 수장재와 가구재로 사용됩니다.

지단은 인도와 태국 등지에서 생산되며 적갈색이고 단단하여, 아름다운 고급가구재로 사용되고, 흑단은 미얀마 등지에서 생산되며 담갈색으로 단단하여 아름다운 고급가구재로 사용됩니다.

마호가니는 멕시코나 쿠바 등지에서 생산되며 홍갈색으로 치밀하고 견고하며 아름다운 광택이 나서 수장재나 가구재로 사용됩니다.

기타 목재

루버는 여러 장을 맞물려 끼울 수 있도록 양쪽 옆면에 제혀쪽매로 만든 목재로서 스프리스루버, 향목루버, 오크루버, 레인파인루버가 있습니다.

나무 색깔과 향기가 나서 실내의 벽장식으로 사용되고, 다양한 색상을 내기 위해 니스나 오일스테인 등으로 도료를 하고, 습기를 조절하거나 나무색을 그대로 살리려면 도료를 칠하지 않는 것이 좋으며, 보드로는 벽마감용이나 판재, 각재로 되었습니다.

다양한 색깔과 나뭇결을 갖는 목재는 실내장식 효과와 습기 조절, 단열효과를 높여 주고 무공해 소재이므로 주거환경에 좋습니다.

석고보드 붙이기

이 공사는 골조가 끝나고, 방통이 끝나고, 방바닥이 마른 후 내장목수들이 집 안 구조의 틀을 만드는 작업에 들어갑니다.

여기서 거론하는 것은 그만큼 중요하므로 인테리어공사에서 구조를 만들고, 내면의 기초가 되기 때문입니다.

벽과 천장에 붙이는 일반 석고보드는 불연, 단열, 방음성능을 가지며 가볍고, 백색으로 두께는 12.5mm입니다.

주방에는 습기가 많으므로 높은 강도와 방수기능이 좋은 방수 석고보드로 붙이고, 연한 푸른색으로 두께는 12.5mm입니다.

결로 방지용 석고보드는 결로 발생 부위의 곰팡이 방지를 위한 것이며, 아이보리색으로 두께는 12.5mm이며, 길이는 90mm×1800mm이고, 창문 주변에 붙이는 것이 좋습니다.

장점은 내화성이 크고 차음성, 단열성, 경량이고 신축성이 없으며 가공이 용이하고 설치 후 도료나 도배할 수 있습니다.

단점으로는 강도가 약하여 파손 우려가 있으며, 습기에 약하고, 유의사항으로는 석고 납품 후에 휨이나 변형을 방지하기 위해 세워서 보관합니다.

석고판에 습기가 스며들면 부풀어 오르고 곰팡이가 발생하므로 보관 시 주의하고, 석고보드 시공 시 절단 부분은 위로 향하게 해야 하며, 바닥에 습기가 있으면 들뜨는 하자가 발생하므로 난방을 해서 습기를 제거합니다.

붙일 때 장소마다 종류와 석고보드가 달라야 하는데, 만약에 업자에게 인테리어를 맡기고, 건물주가 모르면 값이 저렴한 회색의 석고보드로 전부 붙일 수도 있습니다.

바깥 부분과 접촉되는 벽면은 미장하지 말고 1차는 테크론으로 2차는 석고보드 붙임으로 내단열한 것이 좋은 단열법입니다.

인테리어에서 집 안의 구조틀은 석고판이 많이 사용되고 종류도 다양하며, 화재나 결로 방지, 가격도 저렴하여 내장목수들이 주로 사용합니다.

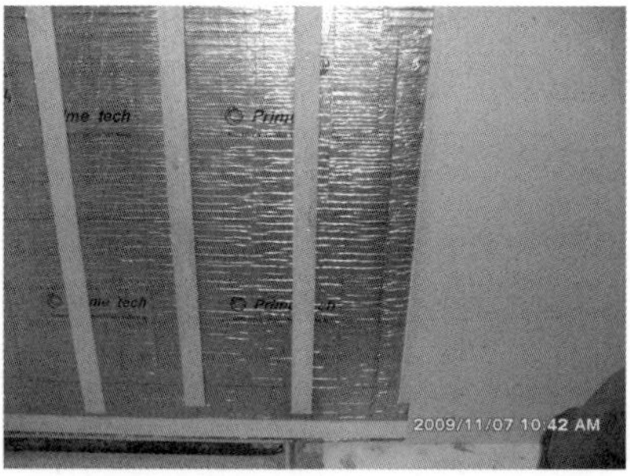

창틀단열재 붙이기와 석고마감(판교 현장)

하자가 발생하는 것들

시공고수를 현장에서는 일머리를 잘 안다고 표현하는데, 일머리를 잘 안다는 것은 오늘을 파악하고, 내일의 일뿐 아니라 오늘의 결과로 앞으로 어떤 결과로 이어지는지를 파악하고, 해당 작업자나 건축자재, 중장비를 준비하고 적재적소에 투입하는 것입니다.

시작부터 완공까지 수없이 해보고 파악해야 가능한 일들이고, 수많은 경험과 시행착오로 얻어지는 결과로 일머리가 좋은 것이라고 생각합니다.

시공순서대로 공사하지 않으면 하자가 발생하여 뜯어내거나 공사기간이 길어지는 것들은 일머리를 몰라서 생기는 겁니다.

서판교 근처의 호화주택건설현장에서 온수배관선을 깔고 방통을 친 후, 습기가 완전히 마른 상태에서 벽면에 석고보드를 붙이는데, 석고보드를 먼저 붙이고 난 후 방통을 쳐서 습기가 석고보드로 흡수되어 도배지까지 검정곰팡이가 발생하고 냄새나서 석고보드를 제거한 후 재시공하는 것을 보았습니다. 또 용인동백에 행정복지센터현장에서는 2층에 천장텍스를 붙인 상태에서 3층에서 방통을 치니, 2층 천장텍스가 함몰되어 모두 제거한 경우도 있었습니다. 수원 경찰청 근처의 정형외과병원에 하자가 발생하여 찾아가보니 복도 벽에 타일이 갑자기 와장창 쏟아져 입원환자들이 피신한 적도 있었는데, 이유는 겨울철에 보온처리를 하지 않고 타일시공했기 때문이었습니다.

이러한 경우에서 볼 수 있듯이 도배지에 검은곰팡이가 생기거나 악취가 나는 경우는 내벽이 완전히 건조되지 않은 상태에서 도배했기 때문입니다.

또한 페인트공사에도 칠하는 벽면에 습기가 있다면 나중에 페인트가 들뜨는 현상이 발생합니다.

특히 겨울철 인테리어공사는 추위 때문에 일머리가 뒤죽박죽되고, 하자도 많이 발생하므로 추운 겨울철에는 가능하면 공사를 중단하고, 벚꽃이 휘날릴 때 시작하는 것이 좋습니다.

이런 결정은 시공자나 설계사의 말에 흔들리지 말고, 건축주가 과감하게 중단시켜야 합니다. 하자가 발생하여 뜯어내고 재시공하면 기존 공사비에 10배 이상의 비용이 더 들어간다는 것을 명심하기 바랍니다.

인테리어 하자들

맞벌이 가구의 증가로 낮에 집의 창문을 굳게 닫아 놓으면 환기가 안 되어 결로가 발생할 수 있습니다. 화장실이 북쪽에 위치한 경우 습기가 사라지지 않아 결로가 발생할 수도 있습니다.

창문이 없는 화장실의 경우 뜨거운 물을 사용하면 수증기 때문에 거울이 안 보이는 경우가 있는데, 수증기가 밖으로 나와 거실이나 방으로까지 스며듭니다.

그리고 주방에 창문이 없는 경우도 요리하면 수증기가 발생해 수증기는 빠져나갈 곳이 없다면 거실과 신발, 장롱 뒤편에 붙어 결로가 발생합니다.

콘센트 위치가 가전제품 위치와 맞지 않거나 에어컨 전용콘센트가 없거나 계단 높이가 18cm 이상이라면 오르내릴 때 힘듭니다.

영아 1살부터 4살까지의 인사사고는 화장실에서 자주 발생하고 문틈에 아이들의 손이 낄 수 있으며, 출입구 창이나 욕실 등에 쓰이는 유리의 강도도 확인 후 선택합니다.

또한 도시가스관을 타고 빈집털이범이 침입할 수 있으니 가스관을 외장재 안에 매립하여 마감하고, 상가주택인 경우 저녁에 취객들이 노상방뇨를 할 수 있으니 어두운 곳에 외부등으로 주변을 밝게 하는 방법도 있습니다.

1층 상가에 식당이 임대된다면 음식냄새가 위층으로 올라오니 냄새를 방지할 수 있도록 지붕옥상에 후드 설치 장소까지 미리 계산하는 것이 지혜로운 건축주입니다.

상가 수도계량기는 대부분 외부에 설치되는데, 추운 겨울 수도동파방지를 위한 단열방법도 강구해야 합니다.

이렇듯 건물에는 하자가 발생할 수 있는 요소들이 많습니다.

현관에 들어서니

현관은 얼굴과 같은 역할을 하는데, 집의 첫 이미지이고, 풍수지리에서 지형의 형세 따라 사람의 성격이나 외모에 영향을 미친다고 했으며, 현관을 통해 길함과 흉함이 온다고도 했습니다.

설계도면을 그릴 때부터 옆 건물의 위치에 따라 햇빛이 들어오는 방향과 바람골까지 계산해서 현관을 배치합니다.

현관을 열었을 때, 먼지나 찬바람이 들어오지 못하도록 미닫이문을 설치하고, 내부가 보이지 않도록 반투명유리로 하고, 유리면이 넓은 것을 선택합니다.

미닫이문 앞의 발디딤판은 문 열기와 신발 벗기가 편한 위치가 되어야 하고, 수납이 넉넉한 신발장으로 설치하며, 현관에 들어서서 화장실이 보이지 않도록 합니다.

요즘은 신발의 종류도 다양하고 신발수가 많아져 신발장은 되도록 크게 만들고, 우산과 기타 운동기구까지도 넣을 수 있게 넉넉한 신발장으로 깊이는 400mm 이상으로 하면 됩니다.

미닫이문을 열고 안쪽을 바라볼 때 보이는 면이 벽면이 되는 것이 좋으며 그곳에는 그림이나 장식장, 꽃꽂이를 놓습니다.

구조상 가능하다면 현관문에 창문을 설치하면 좋으나 불가능하다면 조명을 균등하게 비추어 밝게 하고, 현관문은 따뜻하고 밝은 색깔로 선택해야 좋은 일도 들어온다고 합니다.

현관문은 밖으로 열게 하고, 현관문을 좀더 크게 하고 싶으면, 한쪽은 밖으로 한쪽은 안에서 열 수 있도록 설치하고, 현관문의 최대 높이인 2,500mm까지로 합니다.

현관문의 개념은 두 가지로 접근해야 하는데, 옛날식 정문 앞에 큰 대문이나 요즘처럼 유리자동문이 대부분입니다.

상가 주택일 때는 각 세대별로 들어가는 현관문이 따로 있고 화재 예방을 위한 철제방화문으로 번호 키를 눌러서 들어가는 시스템으로 되어 있습니다.

실과 각 방의 배치에 있어 기본은 가족 간의 화목인데, 아름답고 비싼 인테리어어도 가족끼리 싸운다면 그것은 지옥의 인테리어입니다.

설계 때부터 부부침실과 자녀들 방, 공부방 등을 구분하고 거실, 주방에 아일랜드식탁까지 두는 경우는 환기방법을 계산해야 합니다.

지금 살고 있는 집을 기준으로 각 실의 위치나 크기는 설계도면에 반영하는 것이 실수를 줄이는 방법입니다.

실과 방 사이에

침실의 본질

무엇이든 본질과 목적을 잃어버리면 방황하는데 인테리어를 하다가 작업자와 갈등이 생기면 다른 공정까지 차질이 있으니 참아야 하고, 일하다보면 알아서 할 수 있는 일도 있지만, 말로 표현을 못하거나 말로 표현은 하지만 못하는 일도 발생할 수 있습니다.

하지만 인테리어의 본질은 아름답고 단단한 내면의 완성이므로 스쳐가는 감정에 휩쓸려 본질을 잃어서는 안 됩니다.

침실의 본질은 편안한 잠자리이며 너무 크거나 너무 작아도 안 되고, 침실에 TV이나 컴퓨터나 책상을 놓아서도 안 됩니다. 수면을 방해하는 물건들을 놓는 것을 피해야 불면증에 시달리지 않으며, 편안한 잠자리가 침실의 본질이자 목적입니다.

기본 조건은 프라이버시 보장과 안정감을 주는 벽지와 조명, 편안한 침대를 놓아 최고의 잠자리가 되도록 해야 합니다.

침대배치는 머리쪽이 외벽쪽으로 누운 채로 출입문이 보이도록 하고, 출입문은 안으로 여닫이로 하며, 침대 양쪽에 통로를 두어 한쪽의 거리는 75cm 이상이 되게 합니다.

전용 침대는 안방문을 열었을 때, 침대가 보이지 않는 게 좋고 침실 색상은 단색계통으로 파란색은 긴장감을 완화시키는 색상이며, 오렌지색은 여성적이며 따뜻한 느낌을 줍니다.

부부욕실이 있어야 하고 비데나 월 풀 욕조로 설치하고, 욕실에서 나오자마자 탈의실에 화장대와 잠옷이나 속옷을 보관할 수 있는 공간을 설치하고, 화장대의 깊이는 600mm 정도로 합니다.

자녀방

자녀방에는 책상을 같이 놓는 경우가 대부분인데, 필자는 이런 구조는 가급적 피하라고 권합니다. 자녀방의 목적도 편안한 잠자리이고 자녀방에 컴퓨터, 책상이나 붙박이장 등은 수면을 방해하는 것들이므로 설치 않는 것이 좋습니다.

아이의 공부방이나 옷방을 따로 만드는 것이 좋은데, 그 방의 목적을 벗어나면 집중력이 저하됩니다.

성장에 맞춘 동심을 키우는 침대와 벽지로 하고, 조명은 고연색성의 형광등 색상은 국부조명으로 설치합니다.

색채는 순색을 기본으로 색깔의 면적이 너무 크거나 현란하면 어지러우므로 사용을 피하고, 무채색을 혼용합니다.

작은방은 화사하게 큰방에는 색상 톤을 다소 낮추는 것이 좋으며, 아동이라면 중간색과 원색을 조화시키고 벽, 천장, 바닥은 중간색으로 합니다.

내구성과 안전성을 유지관리하기 좋은 마감재를 선택하며, 2층 나무침대 사용 시 아래층과 위층의 높이가 1m 이상이어야 머리가 부딪치지 않습니다.

공부방의 책상은 기성품보다는 방의 크기와 기능에 맞아야 하고, 컴퓨터까지 놓을 수 있는 적합한 디자인으로 직접 제작하여 설치하는 것도 고려해야 합니다.

경험의 한수

집들이에 갈 때마다 계단의 타일, 현관 입구, 거실, 주방, 마지막으로 화장실을 보면, 그 집의 생활수준이나 인생관까지 어느 정도 짐작할 수 있는데, 아무래도 필자의 직업병인가 봅니다.
그중에도 화장실 인테리어가 상당히 중요한데, 건물의 가치 상승을 투자가치로 볼 정도로 중요합니다.
타일 선정과 수전 선택 시 디자인은 스마트 폰으로 검색하거나 요즘에는 타일전문매장도 많이 생겼기 때문에 이곳저곳을 둘러보면서 안목을 넓혀야 합니다.
유럽산 고급형 타일로 선택했다면, 타일줄눈선은 좌변기에 맞게 시공하며, 벽과 바닥에는 쪽타일을 쓰지 않는 것이 좋습니다.
화장실의 타일시공만은 전문으로 하는 고수에게 맡기는 게 좋은데, 특히 주방가구와 화장실은 유행에 가장 민감한 부분이고, 유행에 따라 자주 리모델링되는 부분이기도 합니다.

부모님 방

부모님과 같이 산다면 자재 선택에 유의해야 하는데 욕실바닥에 화강암을 깔거나 주방바닥재를 자기류나 석재로 했을 경우 미끄러져 다치는 일이 발생할 수 있으니 마감재 선택을 신중하게 해야 합니다.

방 온도는 기본 온도에 3℃ 정도 더 높게 하고, 조명은 밝게, 외로움 해소를 위해 외부로부터 접근이 쉽고 전망 좋은 조용한 곳에 배치합니다.

가능한 한 부부침실과 떨어져 배치하고, 나이가 들수록 추억을 먹고산다고 하니 큰 수납장을 설치하고, 전용 욕실을 갖추고 욕실용 의자까지 설치하면 좋습니다.

거실과 부엌 가까운 곳에 위치시켜 가족들과 소통하도록 하고, 벽과 천장은 온화하고 부드러운 색상으로 합니다.

부모님 방까지 인테리어를 하는 사람이라면 인격적으로나 경제적으로 모두 성공하지 않았을까 생각되는데, 이런 분이라면 언제든지 무료로 건축 상담을 하겠습니다.

화장실

일반 가정은 하루 물소비량이 1인당 약 280리터 정도이고, 네 명 기준으로 하루에 1톤 이상의 물을 사용합니다.

당연히 물을 많이 사용하므로 방수는 철저히 하고, 습기를 제거하는 대책까지 마련해야 합니다.

물 전체 사용량에 화장실은 약 4분의 2 정도, 세면과 세탁은 4분의 1, 식사준비 및 기타가 4분의 1이라고 합니다.

자재는 수분에 따른 내구성을 고려하고, 포인트 타일과 위생기구는 아름답고 가능한 고급형으로 선택합니다.

투자 개념으로 점포주택을 신축했다면 주인세대는 최고급호텔처럼 화장실을 꾸며야 하고, 만약 한 집에서 오래 살 계획이라면 디자인의 계획을 컴퓨터그래픽을 활용하여 시뮬레이션한 후 샘플을 선정하는 것이 좋습니다.

주인세대는 비데는 반드시 설치하고 여유 있는 크기로 위생기구를 설치하며 수건걸이는 세면용, 비데용, 발수선용으로 3개를 설치합니다.

세면기 높이는 700mm~750mm까지 설치하고, 만약 욕조를 설치할 때는 출입구 70cm 이상으로, 욕조 높이는 400mm~450mm로 합니다.

대변기와 세면기는 같은 공간에 두어 물기가 없도록 하고, 별도로 샤워부스를 설치하여 물기가 세면기와 대변기로 침범하지 않도록 차단하며, 샤워부스 안에만 물때 청소를 하다면, 가사노동을 상당히 줄일 수 있습니다.

단, 겨울철에 화장실의 수증기가 탈의실로 침범할 수 있으므로 환기시설을 설치하고 습기가 잘 빠지는 제품으로 선정합니다.

화장실 안 자재의 종류

천장재는 SMD이며 환기팬, 천장등, 점검구, 환기덕트가 있고, 천장재 시공은 타일을 붙이고 일주일 후에 설치합니다.

벽체는 벽타일에 욕실문틀, 문짝, 샤워부스, 뒤 선반장, 욕실장, 욕실거울, 컵걸이, 비누대, 샤워기, 세면기 수전, 샤워 수전과 헤드, 수전걸이, 옷걸이, 휴지걸이, 잡지꽂이, 벽부등, 방수콘센트, 샤워부스 강화유리, 바닥은 바닥타일, 재료 분리대, 욕조, 양변기, 트레인과 커버 등이 있습니다.

욕실 내부공간의 크기는 일반적으로 1,500mm×2,000mm이거나 1,600mm×2,200mm이고, 샤워부스 부분을 낮춤시공하는데, 최소한 70mm로 낮추어야 문 개폐 시 신발이 걸리지 않습니다.

수전 설치는 배관공이 마지막으로 하는 작업인데, 이것까지 설치되면 전기공이 화장실 조명을 설치한다면 인테리어가 거의 끝났다고 보면 됩니다.

화장실 돔

타일시공이 끝난 후 2~3일 후 타일이 마른 것을 확인하고 화장실 돔을 설치하며, 재질은 폴리에스테르수지로 전기절연성, 내열성, 내약품성이 좋아서 주로 사용됩니다.

제작과 성형이 가능하고, 유리섬유로 보강한 것으로 매우 강하여 욕조, 창틀, 커튼월, 화장실 돔이나 베란다 돔에 설치하는데, 습기에도 강하고, 마감도 깔끔합니다. 환풍기는 다공질 알루미늄박은 탄소체 강선으로 보강한 후 환기구로 연결합니다.

참고로 베란다 천장에도 폴리에스테르수지로 설치하면 깔끔할 수 있으니 화장실 돔을 설치할 때 같이 작업하는 것이 좋습니다.

화장실 시공

벽체와 바닥을 입체적으로 고려하여 포인트 타일 크기는 가능한 한 동일 규격으로 선택하며, 욕실바닥은 오수트레인에 맞게 기울기를 잡아서 시공하고, 바닥에 오 · 배수트랩의 정확한 배관과 기울기를 1/50로 유지합니다.

연결배관의 수직과 수평을 유지하며 연결 삽입구 깊이를 배관에 표시하며, 급수나 온수관은 10mm 두께에 원통형 발포폴리에틸렌 보온재로 사용하고 방음과 보온을 위해 배관에 씌웁니다.

급수와 온수관을 연결할 때는 배관 말단부에 이물질이 들어가지 않도록 엘보를 설치하고, 양변기 연결 오수관의 이물질을 제거합니다.

바닥판 위에 고무패킹과 상부 렌인지를 설치하고, 이곳은 물이 자주 새는 곳이기도 합니다.

그리고 실링재로 처리하여 마감하고, 방수코킹을 부착한 후 양변기에 조립하며, 만약 양변기가 화장실 문에 걸린다면 편심을 사용하여 양변기 위치를 이동시킬 수 있고, 편심은 철물점에서 흔하게 구입할 수 있으며 가격도 저렴합니다.

화장실 거울은 KS G-3117에 1급 규격에 적합한 거울로 기계가공에 의한 테두리 부분이 면처리된 것으로 설치합니다.

화장실 시공

샤워부스

필자가 주로 시공하는 방법인데, 유닛(욕조, 세면기, 변기와 함께 있는 것) 욕조 설치는 자유롭게 이동식 욕조로 화장실 공간을 충분히 확보합니다.

강화유리로 샤워부스를 설치하며, 좌변기와 세면기쪽에는 온수난방 배선을 깔아 발 차가움을 해소하고, 습기를 제거하며, 물때까지 제거할 수 있습니다.

거실에서 방지턱 없이 화장실에 들어가게 샤워부스 안쪽에는 턱을 70mm 낮게 시공하며, 욕실신발은 샤워부스 안에 있는 것이 좋습니다.

화장실은 주부들의 가사노동이 가장 많은 곳 중 하나인데, 욕실의 물때와 화장실의 물때를 제거하는 일은 힘드니 만약에 습식 샤워부스쪽만 물때가 있다면 그나마 가사노동을 확실히 줄일 수 있을 것입니다. 좌변기와 세면기쪽에는 물기가 없어 쾌적하고 깨끗하여 맨발로도 화장실로 들어갈 수 있습니다.

살면서 발생할 수 있는 것들

화장실 수납장 안쪽까지 손이 닿지 않아 사용이 불편하거나 욕조의 창문이 높아 손이 닿지 않으면 미닫이문 때문에 벽의 스위치 및 수건걸이를 달지 못하거나 욕실의 외닫이문 뒤쪽에 수건걸이가 있어 사용하기 불편할 수도 있으므로 잘 맞춰서 설치하면 됩니다.

샤워부스의 유리문을 여닫을 때 화장실벽에 닿아 유리의 파손 우려가 있고, 화장실문이 미닫이문일 때는 밖에서 물내리는 소리가 들립니다.

화장실문이 좌변기에 닿아 문이 열리지 않을 수 있고, 전등은 아름다운데 조립이나 전구교환이 어렵게 설치되는 경우도 있습니다.

소파에 누워서 코딱지를

집안 살림을 맡아서 한다는 것은 결코 쉽지 않은 일인데, 옛날보다 엄청 청결해졌지만 위생면에서 더 깨끗한 환경이 요구되고 있습니다.

이렇게 유지하려면 스스로 깨끗해진 것은 아무 것도 없으며 수많은 손길이 가야만 깨끗하게 유지할 수 있습니다.

집안에 이런 사람이 반드시 있는데, 치우는 자, 어지럽히는 자, 소파에 누워서 코딱지 파면서 대충 살자는 수수방관자, 세탁기나 냉장고, 청소기까지 생겼음에도 가사노동은 도대체 줄지가 않습니다.

음침한 침대 밑이나 책상 밑에서 먼지들은 깡패처럼 몰려다니고, 화장실이나 싱크대에서는 물때가 까마귀떼처럼 새까맣게 내려앉습니다.

일주일만 방치해도 집 안은 엉망이 되고, 만약 아기나 어린이가 있다면 그 가사노동은 실로 엄청나므로 가족들은 구역별로 맡아서 청소를 해주어야 합니다. 화장실청소는 남편이, 거실은 큰아들이, 설거지는 딸이 하는 식으로 역할분담을 한다면 가정이 화목해질 것입니다.

필자는 사랑하는 외동딸과 살고 있는데, 직장에 다니는데 결혼한 여성상사가 절대로 결혼하지 말라고 한답니다. 남편과 맞벌이하는 데 집안일과 육아를 독박하다시피 한다면서 혼자서 살겠다고 하니 아빠로서 그래도 결혼은 해야 한다고 당당하게 말할 수가 없었습니다.

필자는 주로 화장실청소를 하는데 화장실의 물때를 직접 닦아 본 사람들은 알겠지만 허리가 끊어지게 아프며, 결코 쉬운 일이 아닙니다.

필자는 오형제 중에 막내인데, 어렸을 적 어머니를 도와 설거지를 하곤 했습니다. 그때 싱크대의 물때가 장난이 아니었음을 알았습니다.

장난삼아 엄마의 이름을 부르면 촌스럽다고 싫어했던 엄마의 설거지를 계속하고 싶은데, 옥상으로 올라가더니만 10년이 넘도록 내려오지 않습니다.

필자도 조만간 옥상에 올라가 "엄니! 김판순. 그 이름이 세상에서 가장 세련되었어!"라고 말할 겁니다.

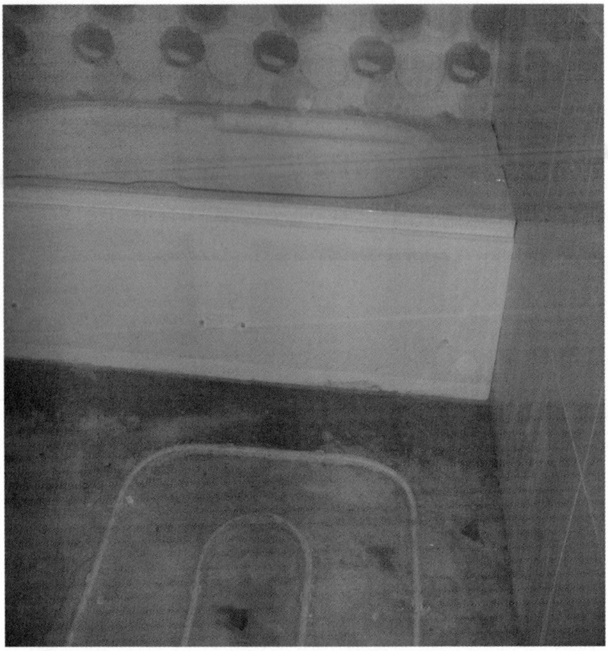

화장실바닥에
난방배관 깔기

위생도기

위생도기 설치는 배관공이 설치하며, 작업 시기는 타일을 붙이고 일주일쯤 지난 후에 화장실돔 설치가 끝나면 위생도기나 수전을 설치합니다.

배관공의 마지막 작업이라고 보면 되고, 집에서 나온 오배수관을 오배수 집수관에 연결하고 사진을 찍어 준공서류에 첨부합니다.

백토와 점토, 납석, 원광석을 주원료로 반죽하여 위생도기 모양으로 만들고, 백색, 청자색, 분홍색, 흑색, 상아색 성형물에 유약을 바르며, 1,250℃에 구워서 만들고, 좌변기로 사용됩니다.

도기는 내부에 공간이 있고, 약간 흡수성이 있으며, 세면기로 사용하고, 단점으로는 탄력성이 없어 깨지기 쉽고 파손 부위에 수분이 침투하여 오염이 생길 수도 있습니다.

그러나 견고하여 산과 알칼리에 침식되지 않고 내구성이 강하며, 색깔도 다양하고, 표면이 매끄러워 오수에도 변질되지 않습니다.

세면기는 벽걸이형, 스탠드형, 카운터형이 있고, 모양과 색상도 다양하며, 가족구성원의 체형에 맞는 것으로 선택합니다.

양변기와 세면기의 색상은 화이트, 아이보리, 그린, 핑크, 은은한 느낌의 파스텔 톤이 있습니다.

샤워부스 폭은 1,800mm 이상이고, 문짝개폐 시 진동과 충격으로 강화유리가 파손되지 않게 띄움시공을 합니다.

쿠션재나 실링재처리 등의 마감이 필요하고, 세면기의 종류는 벽에 부착하는 타입, 오버 카운터 타입, 언더 카운터 타입, 볼 타입이 있습니다.

좌변기 주변 치수로 최소 폭은 750mm~900mm이고, 문에서 최소 폭은 450mm이고, 문 크기에 따라 다르며 화장실 입구의 크기는 60mm 이상으로 하고, 화장실 크기는 0.9m×0.9m이며, 좌변기 설치는 0.8m×1.2m가 표준입니다.

조명기구와 환기시설, 배수시설 등은 효율적으로 배치하고, 트랩청소구멍을 열어 머리카락이나 이물질을 자주 청소할 수 있는 제품으로 설치하고, 위생도기에 굴곡이 많아서 물때가 껴서 잘 지워지지 않는 제품은 되도록 피하는 것이 좋습니다.

위생도기도 건축주가 제조회사와 제품의 색상, 모양까지 선택합니다.

위생기구

물을 사용하고 버리기 편리하게 만든 기구로서 세면기, 욕조, 주방싱크대 등의 세척용과 대변기, 소변기 같은 수세용으로 나눕니다.

급수를 위한 수전의 아랫부분에 지수전을 설치하여 고장에 대비하고, 유속이 변할 때 소음이나 진동을 막기 위해 공기실을 설치합니다.

세척용 기구인 세면기의 배수용 마개는 체인이 달린 것과 상하로 움직여 개폐하는 팝업식이 있고, 배수구는 P트랩, S트랩, 드럼트랩, 벨트랩이 사용됩니다.

좌변기는 오물이 내려가고 난 후 냄새가 적고, 세정작용이 우수하고 물막힘이 없어야 하며 소음이 적어야 합니다.

소변기는 상가 주택에 설치하고 벽걸이식과 스툴식이 있으며, 바닥설치형인 스툴식이 공공화장실에 사용됩니다.

공사 뒷이야기

용인민속촌 옆에 보라지구에서 공사할 때의 일입니다. 필자가 공사하는 옆 건물은 1층 상가 화장실이 가정집 현관문을 열고 들어가, 계단 옆에 위치해 있었습니다. 상가 1층은 고기전문점이었는데, 만취한 손님들이 계단에 오줌을 싸거나, 구토해놓아 2층 세입자들과 식당주인이 다투는 것을 보았으니 1층 상가와 가정집의 출입구를 완전히 분리하는 것이 좋습니다.

그리고 1층 상가에 술파는 가게가 입주하게 되면 주변의 어둑한 장소에 조명을 설치하지 않는다면 집 주변으로 오줌냄새가 진동할 겁니다.

어느 날 화장실의 하수구가 막힌다고 낯선 여자로부터 전화를 받았는데, 필자가 누구냐고 물었더니 판교의 점포주택으로 이사 온 세입자인데 필자의 번호를 알려주어 전화했다고 했습니다. 그 집은 2년 전에 완공했고, 지금까지 전화는 한 번도 없었는데, 불안한 마음으로 이유를 물으니 화장실의 하수구가 자주 막힌다고 하길래, 그 여성에게 물었습니다.

"혹시 긴 머리입니까?", "어찌 아셨어요!", "머리를 감고 난 후에는 정사각형 오수트레인 뚜껑을 열어서 머리카락을 빼내야 합니다."

머리카락이 하수구에 끼어도 자동적으로 내려간다고 생각하는 사람들이 의외로 많습니다.

머리카락 막힌 집

거실

아파트에 사는 사람들은 가질 수 없는 것이 주택에는 있는데, 주인세대의 거실 층고를 마음대로 높일 수 있다는 겁니다.

복층구조가 나온다면 내부계단을 만들어 내부인테리어를 폭넓게 연출할 수 있고 거실에 계단을 만드는 것은 부의 상징이자 아름다움을 최대한 연출할 수 있는 공간이 됩니다.

현관의 위치와 거실의 위치는 밀접한 관계가 있으니 현관의 배경과 조화되게 색채는 밝고, 아늑하고 안정감 있는 무채색이나 중간색으로 선택합니다.

가족을 위한 다목적 공간으로 각 방과 현관에서 접근이 쉽도록 중앙배치하고, 거실에서 테라스로 바로 나갈 수 있다면 좋은데, 이럴 경우 거실바닥보다 레벨이 너무 낮지 않게 합니다.

여름철 낮에 남쪽 창문으로 들어오는 햇빛을 차단할 수 있는 베네시안 블라인드가 좋으며, 만약 서쪽 창문이라면 두꺼운 커튼이 좋습니다.

천장이 옥탑방까지 개방된 경우에는 공간이 커서 보기는 좋지만, 더운 공기가 상층부로 올라가서 아래쪽의 난방에 문제가 생깁니다.

온도의 대류현상으로 찬공기는 밑으로, 더운 공기는 위로 올라가 거실이 높을수록 추워진 것이니 별도의 단열과 난방계획을 수립해야 합니다.

소파와 TV의 거리는 최대한 이격시키고, 천장등과 스탠드 램프와 벽부등으로 간접조명하며, 벽의 액자에 스포트라이트를 설치하고, 조명색조는 밝고 부드러운 것으로 선택합니다.

공부를 잘하는 이유

자녀의 공부방과 거실의 연관성에 대해 언급하려고 하는데, 아빠는 거실 소파에 누워서 TV을 보면서, 자녀들에게 공부하라고 합니다. 자녀가 공부를 등한시하는 것은 부모가 모범을 보이지 않은 탓이지, 자녀의 머리가 나쁜 것은 아닙니다.

자녀들이 공부를 잘하기 바란다면, 일단 거실의 TV부터 치우고, 자식이 어릴 때부터 부모의 책보는 모습을 보여준다면, 잔소리를 하지 않아도 스스로 공부할 것입니다.

자녀들의 학업 성적에 연연해하지 않는 부모라면 각 주거공간의 목적을 벗어나 자유롭게 배치하거나 거실에 TV가 있어도 관계 없습니다.

자녀는 부모의 거울이라는 것을, 딸내미를 보고 뼈저리게 느끼는데, 필자도 모범을 보이지 못했습니다. 자녀들이 모두 명문대에 다니는 집의 인테리어를 해보면 그 이유를 바로 알게 됩니다.

아무튼 이런 이유가 아니더라도 주거공간은 본질과 목적에 맞게 사용되어야 합니다. 주방은 밥 먹는 곳이지 부부 싸움하는 장소가 아니고, 거실에서 TV을 보며 치킨에 맥주를 먹거나 자녀에게 잔소리하는 장소가 아닌 자녀의 고민을 들어주는 가족 간의 소통의 장소가 되어야 합니다.

특히 공부방에서 부모는 책을 읽거나 자녀는 공부하는 장소이어야 하지 PC방이 되어서는 안 되는 겁니다.

"**본질이나 목적을 벗어나면, 혼란스럽고 시끄러워집니다.**"

필자의 딸내미는 다행히 취업했고, 잔소리도 하지 않는데, 필자는 TV를 보며 웃다가도 딸내미가 우연히 쳐다보면 혹시나 용돈을 주지 않을까?하고 최대한 불쌍한 표정을 짓곤 합니다.

"세상에서 가장 어려운 상대가 아마도 자식이 아닐까? 생각합니다."

소음 잡기

화장실 천장 돔을 설치할 때 같이 소음방지재를 설치하는데, 오배수관에서 나는 물내림 소리를 흡음과 차음, 그리고 방습재 기능을 하는 내부주름배관을 사용하거나 흡음재나 아연시트로 사용하면 됩니다.

세탁기 소리는 방진매트를 설치하여 소음을 잡고, 에어컨 실외기와 벽 사이에 스티로폼을 끼워 넣어 소음을 잡으며, 위생도기는 절수형이나 무소음형으로 구입하고, 급격한 수압변동이 발생하는 부위에는 수격방지기를 설치합니다.

오수배관의 진동음을 잡기 위해서는 골조 타설 전에 흡음피복재를 오수배관에 감싸고, 배수관은 차음성능이 좋은 배관재질로 사용하며, 화장실의 위생기구는 완충공간에 있는 벽쪽으로 설치하여 소음을 줄입니다.

베란다

아파트는 주거공간이 한정되어 있기 때문에 별도의 다용도실을 설치할 수 있는 공간이 별도로 없지만 주택에서는 베란다나 옥탑층의 활용공간으로 충분히 사용할 수 있도록 수납장이나 선반을 설치합니다.

공사가 끝나고, 1년쯤 지나서 건축주를 만나면 하나같이 수납공간이 부족하다고 하소연하는데, 설계단계부터 수납공간을 충분히 생각하고 베란다에는 가스보일러와 세탁기 설치대를 만들고, 세탁기를 설치할 때는 행동반경을 확인하고 가스보일러와 충돌하지 않게 설치합니다.

빨래건조대도 설치하는 것이 좋으며, 가능한 부엌과 근접한 곳에 설치하고, 건물주가 주의할 점은 수납장 문에 조명기구가 닿지 않도록 설치하는 것입니다.

세탁물과 세재 등을 보관할 수 있는 수납공간을 설치하고, 세탁기, 보조냉장고, 가스보일러의 위치에 맞게 적재적소에 콘센트를 배치합니다.

주인세대의 주방 옆에 별도의 주방전용에 베란다를 만들면 유용한데, 그곳에 조리대를 설치하여 청국장냄새나 고기 굽는 냄새가 거실이나 방 안으로 퍼지는 것을 줄일 수 있습니다. 빨래를 널 수 있고, 김치냉장고까지 들어갈 공간까지 확보하면 좋습니다.

상가 인테리어

상가의 천장마감은 주변 상가를 둘러본 후 설치 여부를 결정하는데, 일반 사무실이나 부동산사무실로 임대되면 천장텍스를 설치하고, 만약에 커피숍이나 식당으로 임대될 경우 천장텍스는 설치하지 않아도 됩니다. 대부분 인테리어 시 다 뜯어내다보면 폐기물이 됩니다.

만약에 상가 천장이 미관상 보기가 좋지 않다면 상가의 벽면을 아이보리색이나 흰색으로 칠할 때 천장도 같이 뿌려주면 깔끔하고 보기에도 좋습니다.

1층상가 바닥의 마루와 보도블록공사(광교)

요즘에는 노출콘크리트의 영향을 받아 골조의 원형 상태로 인테리어하는 경우가 많으므로 상가의 내부마감은 주변 상가의 인테리어를 참조하여 결정하는 것이 좋습니다.

상가의 경우에는 갈바 스틸프레임을 이용하여 다양한 모양의 출입문을 만들 수 있는데 문제는 시간이 지나면 녹이 잘 생긴다는 점을 고려해야 합니다. 이때는 용접 부위를 그라인더로 갈아내고, 1차로 녹방지용 페인트를 바르고, 2차로 건물주가 원하는 색상으로 꼼꼼하게 도장합니다. 이 제품으로 난간대를 설치하면 멋있게 보이는데, 가끔 주택가 창문 난간대가 녹슨 것을 본 적이 있을 겁니다.

건물주나 인테리어에 관심 있는 사람이 꼭 기억해야 할 것은, 1차는 녹방지용 페인트를 칠하고, 선호하는 색상을 선택하여 2차까지 칠해 주어야 창문난간대가 녹슬지 않습니다.

상가의 천장마감재

작업 시기는 상가의 미장이나 도장공사가 끝나고, 상가 유리창이 설치되면 주택에 수전을 설치할 때쯤 천장도 마감됩니다.

상가의 내부 천장마감재료를 천장텍스라고 하는데, 석고와 시멘트를 혼합하여 만든 재료로 두께는 6mm, 9mm, 12mm, 15mm가 있으며, 크기는 300mm×600mm나 600mm×600mm이고, 여러 모양과 색깔이 있으니 치장면이 아름다운 것으로 고르면 됩니다.

상가 바깥의 천장마감재를 알루미늄 스팬드럴로 사용하면 외관도 수려하고 보기도 좋고, 간혹 목재루버로 마감하여 고급스럽게 연출할 수도 있으나 오염이 생길 수 있습니다.

상가 화장실

상가 주택에는 상가면적 때문에 임대료에 영향을 미칠까봐 화장실의 크기를 건물주는 많이 고민하는데, 상가면적을 크게 하겠다고 남녀화장실을 공용으로 하는 일은 없도록 하기 바랍니다.

남자화장실이 여자화장실보다 조금 큰 이유는 소변기가 있기 때문이고, 소변기의 종류로 전자밸브식은 사용자의 움직임을 감지센서에 의해 작동되므로 장소에 알맞은 제품과 종류로 선택합니다. 소변이 튀는 것을 막을 수 있는 볼이 넓게 디자인된 제품을 선택하고, 종류로는 벽걸이형과 스톨형으로 나눕니다. 좌변기의 종류 중 로우탱크식은 실의 탱크에 물을 담았다가 레버핸들을 조작하며, 소음이 적어서 가정용으로 많이 사용됩니다. 하이탱크식은 탱크에 물을 담았다가 천장에서 잡아당기는 방식으로 과거에 많이 사용되었고, 플러시밸브식은 핸들을 누름으로써 작동되는 장애인용, 공공화장실, 유치원에서 많이 사용됩니다.

필자가 캄보디아나 미얀마에서 건축업을 시작해보려고, 시장조사를 한 적이 있었는데, 전 세계적으로 코로나가 없어지면 한국식 원룸이나 상가를 나의 벗이자 캄보디아의 동생과 같이 건축을 하려고 합니다.

캄보디아에서 대단지주택과 상가를 건설 중인 벗이자 동생인 Lim Bun Ly는 캄보디아 명문대를 졸업하고 영어와 중국어, 한국어까지 능통한 수재이고, 기아자동차에서 연구원으로 일하다가 만났습니다.

캄보디아건설 현장과 Lim Bun Ly

필자는 동남아의 소변기를 수입해서 상가건축에 시공하고 싶었는데, 소변기가 너무 작아서 간신히 볼일만 볼 정도의 크기임에도 한국의 소변기보다 소변이 튀어나오지 않아서 바닥이 흥건하지는 않았습니다.

한국의 소변기는 크기만 했지 주변으로 튀기 때문에 위생면에서는 동남아의 작은 소변기보다 구실을 못하는 것 같습니다.

가구배치

가구배치는 마루가 깔린 후 설치하면 되고, 소파 배치는 서로 마주보면 부담스럽기 때문에 대화할 수 있는 거리인 2.3m 정도로 유지하고, 정면배치보다는 코너배치가 시선이 부딪치지 않아 편안합니다.

TV이나 바깥을 바라볼 수 있게 배치하고, 대규모 거실은 ㄷ형 또는 대면형 배치가 좋으며, 중규모 거실은 ㄴ형 배치가 좋고, 소파가 커서 거실 출입구까지 동선을 차단하면 좋지 않습니다.

거실 창은 중앙에 대형 유리를 사용하고, 창 좌우에는 작은 창으로 내는 것이 좋으며, 그림이나 장식 등을 설치할 수 있는 긴 벽이 있는 것이 좋습니다.

코카스패니얼

가족들이 수시로 드나드는 거실이나 의자 및 주인침대에는 적당하지 않고 사람에게 방해받지 않는 생활공간을 따로 확보해야 하는데, 사람이 사용하는 공간은 오히려 반려동물을 몰아내기 때문이고, 적당한 공간이 없다면 거실이나 주방의 한쪽 귀퉁이를 활용하면 됩니다.

문만 열면 '멍멍' 짖으며 꼬리를 살랑살랑 흔들고 달려들던 코카스패니얼은 옛날에 도요새를 사냥했던 충성스러운 강아지였지만, 지금은 뒷다리에 휠체어가 있는 장애강아지가 되었습니다.

강아지도 어느덧 늙어서 가까이 다가가야 비로소 알아보고, 아주 힘들게 꼬리를 흔드는 것을 바라보면 가슴이 미어지고, 눈물이 납니다.

"제발 반려동물들을 비겁하게 버리지 마세요."

주방

이용자가 사용하기 편리하도록 주방가구를 적재적소에 배치하고, 환기와 밝은 채광에 방수 및 방습에 강하고 청소가 편한 가구로 설치합니다.

주방바닥은 미끄럽지 않고 단이 없어야 하고, 냉장고 – 작업대 – 개수대 – 조리대 – 레인지 – 배선대 – 식탁 순이 가장 이상적인 배치여서 동선을 최대한 줄일 수 있습니다.

드럼트랩은 주방용, P트랩은 세면기, S트랩은 대변기, 플로어트랩은 수전과 같이 설치하고, 트랩의 역할은 하수관에서 발생하는 하수, 가스, 악취, 해충이나 세균 등이 위생기구를 통해 실내에 들어오는 것을 방지합니다.

개수대 앞은 창을 내어 밝게 하는 것이 좋으며, 창을 낼 수 없는 경우에 개수대 위의 벽장 밑에 형광등을 설치합니다.

가스레인지 주변 창문이 없는 벽면에는 내화성이 강한 벽타일이나 대리석으로 붙이고, 전기코드는 냉장고, 전자레인지, 식기건조기, 음식물분쇄기, 오븐레인지, 후드 주변에 적재적소에 배치합니다.

기존에 사용하던 주방용 가전제품을 신축건물에 가져온다면, 미리 치수를 줄자로 잰 다음 설계도면에 반영해야 나중에 후회하는 일이 없습니다.

요즘은 주방의 식탁에서 먹고 마시며 대화하거나 책을 보는 장소가 되기도 합니다. 그만큼 가족들이 가장 많이 이용되는 공간이기도 하므로 효율적으로 배치한다면 생활공간이 넓어지게 됩니다.

그리고 싱크대 주변에 손만 씻는 작은 세면기를 설치하는 것도 지혜로운 건물주가 되는 겁니다.

특히 싱크대는 기성품이 아닌 주문제작하여 싱크대를 사용하는 사람의 키높이에 맞추어 설치해야 이용하기에 편리합니다.

주방계획의 결정조건

작업대(개수대, 준비조리대, 가스레인지, 배선대)의 면적, 연료의 종류와 공급방법, 주택의 연면적과 가족수를 계산합니다.

식탁 배치에 있어 1인당 소요면적을 작게 차지하는 것부터 많이 차지하는 순서로 나열하고 원형 식탁 – 정사각형 식탁 – 직사각형 식탁 순서로 배치합니다.

작업에 편리하게 각종 설비를 갖추고, 작업공간은 단순하고 편리하게, 각종 수납공간은 적재적소에 배치합니다.

바닥은 단차이를 두지 말고 미끄럽지 않게 하며, 머리나 몸에 부딪치는 돌출부가 없도록 합니다.

부엌의 최소면적은 건축연면적 기준 50m^2일 때는 3.3m^2이고, 60m^2일 때는 5.0m^2이며, 100m^2에는 6.6m^2이니 세입자세대의 면적도 부엌의 크기에 맞게 결정하면 됩니다.

주방 배치

ㄷ자형 배치가 기능면으로 가장 좋지만, 주방이 좁다는 느낌을 주고, 대가족이 모였을 때 여러 사람이 음식 등을 같이 준비하다보면 행동반경이 불편할 수 있으므로 동선이 조금 길더라도 공간을 충분히 확보해야 합니다.

ㄴ자형 배치는 비교적 능률적이며 부엌공간이 여유롭습니다. ㅡ자형 배치는 세입자세대에 설치하고, 싱크대가 너무 길면 작업동선이 길어져 피로해집니다.

병렬형 배치는 작업 중 자주 돌아서는 불편함이 있으니 또 양쪽의 거리가 멀면 불편하므로 1,200mm 정도가 적당합니다.

아일랜드형 배치는 독립된 작업대에서 모든 방향으로 접근이 가능하고, 식사를 위한 식탁으로도 사용할 수 있으며 요즘에 선호하는 배치법입니다.

부엌은 거실과 접하는 위치에 배치하고, 식탁용 의자는 너무 무겁거나 등받이가 많이 젖혀지는 것은 좋지 않습니다.

가스레인지대는 작업대보다 50mm 낮게 사용자의 키와 맞추고 작업하는 것까지 고려해야 합니다.

색채는 청결, 온화, 산뜻한 계열로 선택하고 식욕을 저하시키는 진한 초록색과 보라색계열은 피하며, 식욕을 증진시키는 빨강색이나 오렌지색계열을 사용하는 것이 좋습니다.

주방가구

상판 위의 스테인리스제품 두께는 0.6mm 이상으로 하고, 연결호수는 PVC 플렉시블 호스로 사용하며, 배수구 마개에 고무패킹을 부착하면 물이 새는 것을 방지할 수 있습니다.

다리는 15mm 이상 높이를 조절할 수 있는 조절나사가 부착된 구조로 선택하고, 지름은 40mm 이상인 것으로 합니다.

세입자들은 2년만 살다가 이사를 가는 경우가 대부분인데, 어떤 성향의 세입자가 들어올지 모를 일입니다. 세입자세대의 주방은 바탕면이 넓어 보이도록 하얀색계통이 좋으며, 가격은 저렴하며 튼튼하고 잘 부서지지 않는 목재를 사용하는 것이 좋은데, 종류로는 하이그로시계통으로 추천합니다.

주인세대는 작업편의를 위한 기능도 중요하지만 디자인과 색상까지 고려하고, 주방의 크기는 가족수와 행동반경까지 고려합니다.

싱크대 위의 상부장은 주부가 사용하기에 너무 높아서 자주 사용 못하는 경우가 있으니 주부의 손높이나 작업동선을 신체 사이즈에 맞게 제작의뢰합니다.

냉장고문의 서랍 개폐까지 고려하며, 냉장고 옆 공간을 400mm 이상 확보해야 냉장고문을 편하게 열 수 있습니다.

개수대와 가스대의 필요치수는 약 600mm 정도이며, 조리공간은 현재 거주하는 주방을 기준으로 판단하고 업그레이드된 싱크대로 만듭니다.

개수대와 냉장고 사이의 필요치수는 약 1,100mm이며, 음식준비대는 따로 설치하고, 코너장의 수납활용도까지 고려하여 문짝 폭은 400mm 이상이 되도록 합니다.

싱크대의 상판 종류

인조대리석 원료는 panel형(아크릴수지+천연석)과 Mold형(불포화폴리에스테르수지+천연석)과 BMC형(합성수지+천연석)이 있으며, 두께는 12mm 이상입니다.

천연석 원료를 50% 이상 혼합한 아크릴계는 다양한 색상에 직선이나 곡선 등의 다양한 모양으로 제작 가능하고, 단점은 흠집이 생기기 쉬우므로 내열성에 약해 황색으로 변하는 현상이 발생됩니다.

엔지니어스톤은 합성수지+천연석에 20mm 이상의 인조대리석으로 한 종류로 90% 이상으로 천연석 원료로 만듭니다.

천연석의 외관을 띠며 천연석에 비해 컬러가 균일하며, 인장강도 질감과 내열성이 우수하며 흠집에도 강하고, 단점으로는 이음매를 줄눈처리해야 하므로 미관상 문제가 발생할 수 있습니다.

상판 결정 전에 줄눈의 색상까지도 같이 결정해야 하고 이것도 건물주가 선택해야 할 사항입니다.

문짝

멤브레인은 합성수지와 비닐수지 중 고가 가구의 문짝으로 사용되고, 장점은 문짝 형태에 따라 다양한 가공이 가능하지만 단점은 온도변화에 들뜸 하자가 발생할 수 있습니다.

고광택도장은 도료이며 고가의 가구 문짝에 사용되고, 장점은 디자인과 질감은 일반도장에 비해 뛰어나지만, 단점은 도장공의 실력이 떨어지면 도장면이 거칠고 조잡해 보일 수 있습니다.

무늬목은 고가 가구의 질감이나 자연적 질감의 색감이지만, 단점은 무늬목 자재 부착 시 본드의 부착면이 떨어질 수도 있습니다.

손잡이 종류

알루미늄 성형재는 모서리의 날카로움을 없애기 위해 마감재를 부착하고, 부드럽게 곡선처리한 것으로 스마트바와 피닉스바가 있습니다.

반매립형은 주방용 문짝 안쪽에 설치하고, 아연도금제품이 있으며, 손잡이는 알루미늄 재질로 전면에 가공한 후 삽입하고 단점은 문짝의 두께가 얇아서 파손될 우려가 있습니다.

일반부착형은 손잡이 전면을 절곡형태로 가공하여 부드러운 디자인을 강조했고, 2구형 알루미늄이 있습니다.

장식손잡이형은 부드러운 감촉과 절곡형태의 미려함을 강조하고, 1, 2구용은 세라믹아연도금으로 되어 있으므로 손잡이도 건물주가 실물을 보고 직접 선택해야 합니다.

타 업종과 협의사항

레인지후드와 배기구 등의 위치에 콘센트를 배치하고, 도시가스설치는 천장쪽이나 벽쪽에 하며, 전기공이나 배관공과 설계도면을 보면서 상의하는 것이 좋습니다.

설계도면에 전기, 설비, 가스배관의 위치가 없거나 작업 부주의로 빠뜨리거나 다른 곳으로 이동하고 싶다면 각 업종 간에 사전협의해야 혼란도 없으며, 공사기간도 단축됩니다.

만약 건물주가 주방이나 전기, 가스 등의 위치를 바꾸고 싶다면 모든 작업자가 볼 수 있도록 벽면이나 천장, 방바닥에 빨강색 스프레이로 표시해 두어야 합니다.

그리고 방바닥 미장 전에 배수라인, 온수분배기, 아일랜드식탁의 콘센트 위치를 결정하고, 천장공사 전에 주방전등이나 식탁전등 위치는 현장에서 직접 표시하여 변경할 수도 있습니다.

특히 아일랜드식탁일 때는 전기레인지의 콘센트 위치를 미리 빼놓아야 마감이 깔끔합니다. 특히 요즘에는 무공해와 청소도 간편하고, 가스 누출사고의 위험에 안전한 전기레인지를 많이 설치하는데, 만약에 고양이를 키우는 집에서는 설치할 때 각별히 신경을 써야 합니다.

그리고 태양광을 설치한 집이라면 비싼 전기료에서도 해방될 수 있으므로 적극 추천합니다.

기타 유의사항

도시가스라인은 발코니에서 주방쪽으로 노출은 최소화되도록 설치하고, 특히 가스배관은 반드시 내벽에서 보이게 설치해야 가스안전검사에 통과되고, 가스사용이 가능해지며, 가스공사에서 발행한 서류는 준공서류 중 하나입니다.

배수관 봉수 높이는 50mm 이상이 되어야 악취를 방지할 수 있고, 주방에서 물새는 경우에는 대부분 수도꼭지 사이의 고무패킹이 불량하거나 헐겁게 부착했을 때 많이 발생하니 당황하지 말고 이곳을 점검합니다.

주방가구의 하자는 싱크대 벽장이나 문짝에 흠집이 있거나 변형되었거나 배수파이프의 찌꺼기거름통이 파손됐는지 등을 확인합니다.

싱크대 서랍의 변형과 작동 여부를 확인하고, 조리기구걸이 상태와 싱크대면까지 확인합니다.

싱크대 안의 수도관 볼트를 조인 부분이 느슨해져 물이 새 아래층까지 물이 새는 경우가 있고, 이러면 아래층에 거주하는 세대의 도배까지 해줘야 하는 불상사가 발생합니다.

참고로 화장실이나 베란다바닥만 방수가 되어 있고, 다른 곳은 방수가 안 되어 물이 쏟아지면 아래층 천장으로 물이 샙니다.

필자의 독자가 올림픽 선수촌아파트 리모델링을 부탁하여 시공해준 적이 있는데 작업자의 실수로 거실바닥으로 물이 쏟아져서 바로 아래층의 거실 천장으로 물이 새 보수해준 적이 있습니다.

그때 독자분이 "왜! 거실바닥에는 방수를 하지 않았냐고 묻더군요." 제가 이렇게 설명했습니다.

"거실바닥이나 방바닥에 방수를 하지 않는 까닭은 바닥의 습기가 빠져나가지 못해 마루에 결로가 발생할 수 있기 때문"이라고 답변했습니다.

주방가구의 재질

싱크대 문짝은 상판의 재질에 따라 고가, 중가, 저가로 가격대가 다양하게 형성되어 있고, 몸통 재질은 MDF에 필름을 입힌 제품이 다수를 차지합니다.

필름 제품은 세월이 지나면 필름이 벗겨지니 유통기간을 확인하고 문짝 재질로는 몸통과 동일한 필름을 입힌 제품과 고급필름인 멤브레인 제품과 도장한 UV코팅 제품과 고가의 최고급인 원목 제품이 있습니다.

사람들이 가장 선호하는 색상은 화이트계열이고, 두 가지 컬러를 섞어 사용할 수도 있습니다. 싱크대 주변에 월넛이나 체리, 기타 건축주의 취향에 맞는 색상으로 포인트를 주면 아름답습니다.

레인지후드

싱크대 환기는 기능적인 면과 장식적인 면이 서로 조화를 이루어야 하고, 일반형은 슬라이딩후드가 기본이며, 색상에는 은색과 백색이 있으며, 중저가인 스테인리스 후드와 고가인 침니 후드가 있습니다.

아파트는 주방에 창문이 없는 경우가 많아 바깥바람이 들어오지 않는 위치에 있어 후드를 오랫동안 사용하면 노후화로 냄새가 배출되지 않아 집안에 냄새가 날 수 있습니다.

그러나 주택에서는 주방에서 요리할 때는 바깥도 보이고, 창문을 열면 시원한 바깥바람까지 들어오는 위치로 창문을 설치하기 바랍니다.

이를 비교해 보아도 주택이 아파트보다 주거면에서 볼 때 좋은 장점이 많습니다. 그럼에도 아파트를 선호하는 것은 아무래도 부동산의 수익성 때문이라고 필자는 생각합니다.

하자 아닌 하자들

화장실에서 나오는 모습이 현관 정면에서 보이거나 방문을 열면 정면에 화장실이 보이고 미닫이문에서는 물내리는 소리가 들리면 안 됩니다.

3층의 화장실과 부엌 위치가 바로 아래층의 안방이나 거실에 위치하여 물내려가는 소리가 들리거나 주방의 수납장 안쪽까지 손이 닿지 않아 불편한 상황을 겪게 되는 경우가 있을 것입니다.

주방에 창문을 너무 크게 만들어서 선반장을 설치할 수 없어 어쩔 수없이 주방 창문을 폐쇄한다면 자연환기나 채광을 누릴 수 없습니다.

욕조에 창문을 지나치게 높이 달아 손이 닿지 않거나 거실의 샹들리에가 높게 달려 있어 전구 교체가 어려워 별도의 벽걸이형 조명을 설치하기도 합니다.

에어컨을 설치하려는 데 콘센트가 멀리 떨어져 있거나 가전제품 종류는 많은데, 콘센트가 부족해 전선이 거미줄처럼 널려 있다면 걸려 넘어질 수도 있습니다.

어떤 경우는 아일랜드식탁의 전기콘센트가 주방바닥에 없어서 전기레인지를 사용하기 위해 전기선을 멀리서 끌어서 연결한다면 보기에도 눈에 거슬릴 것입니다.

일부 시공자는 자신이 편한 쪽으로만 일하고 다음 공정이나 다음 작업자까지 고려하지 않은 채 뒷정리도 없이 현장을 떠납니다. 그러니 내면을 수시로 비우고 치워가며 정리정돈이 필요합니다.

드레스룸

안방에는 붙박이장보다 드레스룸을 만들어 부부욕실과 근접하여 배치하고, 크기는 5~10m^2 정도로 하는 것이 좋습니다.

의류는 수납공간을 난장판으로 만드는 주범이고, 1년 이상 입지 않는 의류는 버리며, 계절별 또는 용도별로 구분해서 정리하고, 수월한 옷장정리를 위해 가족의 옷방을 만드는 것도 좋습니다.

세면 – 화장 – 착의 – 외출이라는 동선까지 고려하고, 화장코너는 옷의 수납장 가까운 곳으로 배치합니다.

옷장정리 요령은 최근에 입은 옷, 1년 이상 안 입은 옷, 2년 이상 안 입은 옷, 기타 종류로 옷장을 매년 한 번씩 정리합니다. 겹칠 수 있는 바구니와 크기별로 쌓는 보조바구니를 준비하고, 바로 입는 옷들은 걸기 좋은 회전용 옷걸이로 설치합니다.

특히 주의할 점은 화장실의 수증기가 드레스룸에 스며들어 옷이나 벽지에 곰팡이가 발생하여 낭패를 당하는 것을 보았는데, 드레스룸에 환기구를 설치하기 바랍니다.

인테리어는 취할 것과 버릴 것을 구분합니다. 쓸 데 없는 것들을 치우기만 해도 어느 정도 인테리어가 완성됩니다.

"천장이 낮은 것은 높일 수 없고, 좁은 방은 확장할 수 없지만, 쓸모없는 것을 제거하고 더러운 것을 깨끗하게 한다면 높고 넓게 느껴질 겁니다."

경험의 한수

아침식사를 가족과 함께 먹는 가구는 10가구 중 1가구이고, 저녁식사는 3가구 중 1가구만 식사를 한답니다.

요즘 주방의 기능은 조리실에서 가족의 중심지로 변해 주방의 식탁에서 공부와 가족 간에 대화를 하거나 업무 및 책을 보기도 하고, 때로는 거실에서 TV를 보며 식사하는 경우도 있습니다.

> 식탁의 중요성이 늘어났으니 사용이 편한 종류로 선택하는 것이 좋고, 서재도 주방에 가까운 곳으로 배치합니다.
> 서재는 20mm 합판두께가 적당하고, 책이 무거워 휘어지기 쉬우므로 400mm 간격의 길이가 좋으며, 신발장이나 붙박이장 만들 때 제작하면 됩니다.
> 평균적으로 한 집에서 5년 정도 생활한다고 하니, 몸에 맞지 않는 가구 때문에 긴 시간 동안 고통을 겪을 수 있습니다
> 주방에 싱크대, 조리대 또는 화장실의 세면대는 이용자의 키높이에 맞추거나 배꼽 바로 밑에서 3인치 정도 낮추면 허리통증을 완화할 수 있습니다.

신발장

신발장은 가족들이 가장 많이 사용하는 가구 중 하나이지만 가장 푸대접받는 것도 신발장이라고 생각하는데, 요즘 신발장의 중요성이 부각되고 있습니다.

가족들의 신발 종류가 늘어났고 공구나 우산 등을 넣을 수납공간도 확보하고, 신발장이 아닌 곳에 신발을 쌓아 놓는 일이 없도록 크게 만들기 바랍니다.

신발장 안의 두꺼비집은 적당한 위치에 설치하고, 신발장 문을 여닫을 때 현관 전등에 닿지 않도록 하고, 신발장의 거울은 적당한 위치에 설치합니다.

하이그로시 도장제품으로 가구를 제작하는 것이 가장 무난하고, 납품업체에 따라 제품에 차이가 날 수 있으므로 실물을 보고 선택합니다.

신발장은 좁거나 긴 문짝이라면 휨현상이 생길 수 있으므로 모양을 개선하거나 문짝을 보강하고, 신발장 내부에 분전반이 설치되므로 사전에 전기공과 상의해 제작하는 것이 좋습니다.

걸레받이 시공 후 신발장은 나중에 설치되므로 틈이 발생하며, 수평 · 수직이 안 맞을 수도 있으므로 설치할 때 수평을 제대로 맞추어 설치해야 합니다.

신발장이나 현관문 개폐 시 시설물에 부딪치는지 여부를 확인하고, 현관 바닥재는 청소가 쉽고, 미관상 아름답고 편리함까지 생각해서 선택합니다.

신발장의 뒷면이나 측면을 벽면에서 10~30mm 정도의 틈새를 두면 환기를 좋게 하여 신발장에 결로가 생기지 않습니다.

허리를 숙여 신발장바닥의 밑 공간을 살필 때마다 떠오르는 지혜가 있습니다.

"발자국은 신발을 절대로 신지 못한다. 나중에 후회할 짓은 하지마라."

아트월

아트월 치장마감재 중에 밀도섬유판은 크기가 1,200mm×2,400mm이며, 장점으로는 가격이 저렴하고, 시공이 편하지만 단점은 시트지가 탈락될 수도 있습니다.

타일 크기는 보통 600mm×600mm와 600mm×300mm이며, 폴리싱타일과 포세린타일이 있고, 장점은 대리석과 같은 질감이 있으면서도 대리석에 비해 가격이 저렴한데, 단점은 현장 가공이 어렵다는 것입니다.

대리석타일의 장점은 대리석에 비해 단가가 저렴하고, 표면마감은 대리석과 동일하고 가벼운데, 단점은 형태, 무늬, 색상이 일정하지 않거나 대리석의 결에 균열이 가거나 휨 문제가 발생할 수도 있습니다.

대리석은 미관이 우수하지만 단점은 가격이 비싸고 형태, 무늬, 색상이 일정하지 않고, 대리석에 균열이 생길 수도 있습니다.

페인트마감의 장점은 미관상 우수하고 가격도 저렴하며, 유리는 후면에 착색처리를 할 수 있으며, 단점은 파손시 안전성 확보가 어렵습니다.

경험의 한수

필자가 올림픽 선수촌아파트를 리모델링하면서 느낀 경험인데, 아트월 공간에 타일이나 대리석으로 하지 말고, 싫증나면 언제든지 쉽게 바꿀 수 있는 것으로 추천했습니다. 돈을 떠나서 아트월을 수년 동안 본다면 얼마나 지루하겠습니까? 건물주가 직접 도배한다면 언제나 분위기를 바꿀 수 있습니다.

> 처음부터 너무 완벽하게 인테리어하지 말고, 천천히 만들어가는 진행형 인테리어로 하기를 필자는 강력히 추천합니다.
> 초반에 많은 인테리어 비용을 쓰지 말고, 살면서 하나씩 채워가는 방식으로 하는 것이 지혜로운 인테리어입니다.

도장공사

계단벽이나 화장실, 발코니의 타일공사가 끝난 후 도장하고, 천장면이나 계단 뒷벽면이나 베란다는 페인트를 뿌리거나 칠합니다.

도장재료의 특징, 용도, 성질, 용법 등을 숙지한 후 시공 부위에 맞는 페인트로 선정하여야 하자가 발생하지 않습니다.

도장은 합리적이고 적절하게 순서대로 시공하지 않으면 도장 효과가 떨어질 수도 있습니다.

거실 천장은 흰색 페인트계통으로 사용하면 시원하고 넓어 보이며 벽보다 천장이 밝으면 천장이 높고 시원해 보입니다. 1/2~1/3씩 겹쳐지도록 칠하고 도막이 너무 두껍지 않게 바르며, 엷게 여러 번 나누어서 바르는 것이 이상적이고, 충분히 건조할 때까지 나눠서 칠하는 것이 좋습니다.

초벌과 재벌, 정벌 색깔을 달리해서 칠해야 빠짐없이 칠할 수 있고, 천연식물성 무공해 페인트는 건강과 환경을 보호하며 잘 변색되지 않고, 흡수성이 낮고, 유독성이 별로 없어서 장점입니다. 특히 냄새가 없으며 내구성이 우수하며, 아토피가 있는 주인세대는 도장공사할 때, 페인트 판매점에 자문을 구하는 것이 좋습니다.

페인트는 화학제품으로 사람에게 유해한 물질들이 섞여 있으니 제품을 꼼꼼하게 조사한 후에 선택할 것을 권장합니다. 도장과정에 현장을 방문할 때는 반드시 마스크를 쓰고 가는 것이 좋습니다. 페인공의 직업병인 호흡기가 약해져 잔기침하는 것을 본 적이 있습니다.

콘크리트 미장면

수성페인트는 석고, 안료, 접착제를 혼합한 것으로 사용할 때 물에 녹여 사용하고, 점포주택 내부와 계단참 밑바닥이나 천장 부분의 마감재로 사용되고, 경제성이 좋고 작업도 간편합니다. 작업 시 유의사항은 홈, 구멍, 갈라짐 등의 면을 먼저 보수한 후 칠해야 합니다.

기온 5℃ 이하, 상대습도 85% 초과 시에는 공사를 중단하고, 눈, 비, 안개 및 강풍이나 황사 등으로 먼지가 발생할 때도 중단합니다.

도장면의 온도는 이슬점보다 3℃ 이상 높아야 하며, 바탕면이 충분히 건조되지 않은 상태에서 칠하면 날씨가 풀렸을 때 페인트가 갈라지고 벗겨집니다. 내후성이 좋아 햇빛과 빗물에 강하고 콘크리트면의 밀착이 우수하고, 유성페인트보다 냄새가 없으며 안전하며 위생적이지만 화기에는 폭발 우려가 있습니다.

유성페인트는 도막이 견고하고 내후성과 내수성이 좋아서 건조가 빠르며 착색이 선명하여 외부와 내부면, 목재와 철재에 사용됩니다.

철재구조물

바깥 노출면에는 아크릴우레탄 페인트가 내후성 및 내마모성에 좋고, 각 세대 현관문틀 내부에 칠하는 조합페인트로 경제성과 작업이 쉽습니다.

주로 철재창호, 난간, 점검부 등에 사용하고 유의사항으로는 기름, 녹, 용접슬래그를 제거한 후 칠합니다.

철재도장은 녹제거가 중요한데, 녹슨 자리에 칠하면 산화작용으로 도막이 갈라지거나 떨어지므로 습기, 이슬, 성에, 기름 등이 묻어 있을 때는 깨끗이 닦아냅니다.

세대별 현관문틀을 손톱으로 눌러보면, 일반페인트인 경우 탄성이 없어 쉽게 벗겨지는데, 우레탄이나 에폭시같이 탄성 있는 제품으로 도장해야 도막이 잘 벗겨지지 않고 복원력도 좋습니다.

특히 시공자가 깜박하고 빠뜨리는 부분인데, 철문을 달기 전에 현관문틀에 미리 칠해야 합니다. 철문을 달아버리면 문틀과 접촉되는 부분을 칠할 수 없기 때문입니다.

목재와 기타 페인트

목재용 우레탄페인트는 래커보다 건조가 느리지만 유색, 투명, 유광, 무광 등이 가능하여 미장마루판, 장식가구, 창호 등에 사용됩니다.

기타 페인트의 무늬코트는 복도에 사용하고, 다채로운 무늬는 무늬입자가 고급스러워 고급주택에 사용됩니다.

낙서 방지 부위와 계단처럼 오염이 심한 곳에는 유성낙서 방지 페인트로 도장하고, 걸레받이 부위는 유성페인트로 도장하는 것이 좋습니다.

내수성과 내오염성이 우수한 에폭시 코팅은 계단실이나 베란다에 있는 전기박스나 옥상바닥, 승강기 기계실에서 사용됩니다.

도료의 종류

• 페인트

페인트는 유성과 수성으로 나누어지며, 유성페인트는 안료, 보일드 오일, 희석재 등을 혼합하여 만듭니다. 역사가 가장 오래 되었으나 합성수지에 밀려 사용량이 줄고 있습니다.

수성페인트는 안료, 아교, 물 등으로 혼합하여 만든 것으로 무광택, 무취, 불연성이며 취급이 쉽고, 건조는 빠르지만 내수성과 내구성이 떨어져 합성수지에 밀려나 자주 사용 않습니다.

에멀션 페인트는 칠한 면이 아름답고, 피막의 먼지 등 오염물은 비눗물로 쉽게 제거되어 실내 · 외에 사용됩니다.

• 바니시

천연수지나 합성수지를 건성유와 혼합하여 가열 · 융합시켜 건조제를 용제로 녹인 도료이고, 건조가 빠르고 칠하면 매끄럽고 광택이 나며, 투명막까지 형성되어 실내의 목재무늬가 돋보이게 투명한 칠로 사용합니다.

바니시는 용제를 사용하는 종류에 따라 유성바니시와 휘발성바니시로 나누어지고, 유성바니시는 무색이나 담갈색의 투명도료이며, 나뭇결목재로 사용하여 아름답게 보이도록 합니다.

휘발성바니시는 건조가 빠르며 단단하고 광택이 있으나 내열과 내광성이 없어서 마감용으로 쓰지 않고 주로 가구를 칠할 때 사용됩니다.

• 래커

니트로셀룰로오스와 섬유유도체인 합성수지, 가소제, 안료 등을 첨가하여 만든 도료이고, 보통 래커는 건조가 빠르고 도막이 견고하며 광택이 좋고, 연마는 쉽지만 도막이 얇아 부착력이 떨어집니다.

목재래커는 부착성이 좋고, 도막의 외부충격에 강하고, 금속래커는 녹을 방지하거나 광택까지 보호합니다.

래커에나멜은 보통래커에 안료를 첨가한 불투명도료이고, 도막이 단단하면서 광택과 연마성이 좋으며, 단점은 잘못 칠하면 도막이 얇아 떨어져 나가 지저분해져 보입니다. 주로 자동차 도색용으로 사용됩니다.

• 에나멜페인트

바니시에 안료를 혼합하여 만든 유색불투명도료이고, 건조가 빠르고 광택이 좋으며, 원료에 따라 유성에나멜, 합성수지에나멜, 알루미늄페인트 등이 있습니다.

유성에나멜은 유색불투명도료이고 건조시간은 더디지만 피막이 튼튼하고 광택이 나며 습기에 강합니다.

합성수지에나멜은 유색불투명도료이고, 건조가 빠르고 광택이 나며 목재나 철재도장에 사용됩니다.

알루미늄페인트는 알루미늄분말을 안료와 혼합하여 만든 불투명도료이고, 열반사가 강하며, 난방라디에이터에 칠하면 열의 발산효과가 있고, 수분이 통과하기 어려워 내구성에 좋습니다.

• 합성수지 도료

합성수지를 용제에 희석하여 만든 합성수지 페인트와 합성수지건성유에 가열용해하여 만든 합성수지 바니시가 있습니다. 또 하나는 안료를 물로 용해하여 합성수지 교착제와 혼합하여 만든 합성수지로서 수성페인트가 있습니다.

페놀수지도료는 콘크리트나 모르타르 바탕면의 도장에 사용하고, 에폭시수지도료는 물과 화학약품에 강하며, 접착성이 우수하고 단단하여 주차장 바닥이나 평지붕 바닥 등의 도장에 사용됩니다.

폴리에스테르수지도료는 공기와 접촉하지 않아도 건조되므로 밀폐된 부분이나 깊은 곳에 도장하는 것이 좋으며, 목재도장에 사용됩니다.

멜라민수지도료는 변색이 적어서 철재도장에 사용되고, 합성수지에멀션 페인트는 콘크리트면이나 모르타르면의 회반죽이나 석고보드바탕으로 사용됩니다.

• 다채 무늬코트

주택이나 상가 계단의 타일시공 대신에 사용하거나 상가 바닥에 인테리어 목적으로 사용하는 경우가 늘어나는 추세입니다.

내부마감용 다채로운 무늬도료는 건조가 빠르고 물세척도 가능하며, 무늬의 형태나 크기는 건축주가 직접 결정할 수 있으며, 주로 베란다의 벽이나 천장, 계단참 밑 부분과 복도의 천장에 칠합니다.

두 가지 이상의 다채로운 표면을 연출하는 도료로 스프레이코팅재의 일종이고, 도장면의 색상에 변화를 주어 미장효과를 증진시킵니다.

콘크리트나 모르타르 바름면에 뿜칠공사를 하여 내벽 도장에 주로 사용되고 시중에서는 무늬코트 또는 큐비코트라고도 합니다.

도장 전에 잘 저어 무늬의 입자를 고르게 분산시키고, 작업 전에 도장하지 않는 부분은 테이핑처리해야 깔끔하게 도장됩니다.

• 복층무늬도료

건축주가 재료를 직접 선택해야 하는 도료이며, 합성수지와 체질안료와의 혼합이고, 입체무늬 모양을 내는 뿜칠용 도료로서 요철무늬를 형성하도록 하는 도료입니다. 합성수지에 따라 수용성복층무늬도료, 아크릴복층무늬도료, 에폭시복층무늬도료가 있습니다.

수용성복층무늬도료는 입체감을 지닌 무늬로 내부에 사용하고, 아크릴복층무늬도료와 에폭시복층무늬도료는 입체감을 지닌 무늬이고, 내 · 외부에 사용합니다.

도장공들이 가지고 다니는 견본책자를 보고, 색상과 요철무늬 등을 선택하고, 시공 부위는 베란다, 계단 밑이나 처마 밑 부분에 칠합니다. 아파트에 살고 있다면 복도나 엘리베이터 입구에 칠해진 것을 본 적이 있을 것입니다.

• 그 밖의 특수도료

습기나 곰팡이가 발생하기 쉬운 발코니 벽면이나 천장에 사용하는 결로방지용 페인트와 결로나 곰팡이까지 예방하는 단열페인트가 있습니다.

습기로 인한 곰팡이를 억제하는 항균효과가 있는 특수페인트도 있는데, 결로가 발생하기 쉬운 곳과 수증기가 자주 발생하는 곳, 바람이 잘 통하지 않는 곳에 사용합니다.

모르타르 찌꺼기와 균열 부위를 보수하고 백화를 제거한 후 결로 방지제는 스프레이드방식으로 초벌도장하고, 롤러를 사용하여 상도칠로 합니다.

결로가 많이 발생하는 시기는 12월~3월, 우기인 6월~7월 사이인데, 신축공사인 경우 1년~2년 사이에 많이 발생하고, 곰팡이가 좋아하는 환경은 온도 25~30℃, 습도 80%~95%입니다.

그 밖에 도장한 도막이 잘 타지 않는 방화도료, 공공장소의 야간 시설물표시용인 발광도료, 낙서방지용 도료가 있습니다.

방염도료는 화재발생 시 초기에 연소를 방지하거나 지연시키는 효과가 있으며, 도막이 투명하고 견고합니다.

이와 같이 건물의 취약한 부분을 보강할 수 있는 페인트 종류는 많으니 건물주는 가까운 페인트가게에 방문해 성능들도 알아보면 좋습니다.

페인트작업 순서

색상은 밝은 색에서 어두운 색으로, 동일면에는 엷은 색에서 진한 색으로, 수직면에는 위에서 아래로, 재질면에는 수성에서 유성으로, 도장 순서는 벽체 – 낙방 – 걸레받이 순으로 작업합니다.

경험의 한수

거실의 천장은 페인트로 마감해야 집이 고급스럽게 보이지만, 방의 천장은 따뜻한 분위기를 연출할 수 있는 도배로 마감하는 것이 좋습니다.
한동안 필름마감재가 유행하다가 다시 페인트마감으로 유행하고 있으며, 가격은 다소 비싸지만 친환경소재 페인트를 사용하기 바랍니다.
계단마구리는 다채무늬코트와 복층무늬코트를 사용하고, 복층무늬코트는 입체적인 모양이 나지만 단점은 먼지가 잘 붙습니다.
다채무늬코트보다 하자가 많지만 요즘에는 계단에 무늬코트로 코팅처리하여 마감합니다. 그러나 계단에 타일을 붙이는 것과 무늬코트로 칠하는 것의 시공비는 차이가 없는데, 이유는 무늬코트를 하려면 계단벽면을 정밀미장해야 하기 때문입니다.
세대별 현관문의 철제 문틀에는 에폭시계열로 칠해야 현관문을 설치하는 데 깔끔합니다.

계단창을 달기 전에 밖에서 보이는 계단마구리 부분에 미리 페인트를 칠해야 하는데, 유리창을 달아버리면 칠할 수가 없으므로 신경써야 하는 부분입니다.
페인트가 다 마른 줄 알고 손으로 만져서 흠집이 자주 발생하므로 페인트공사를 끝낸 후 다음 날까지 출입을 금지시킵니다.
창문을 자주 열어 환기시켜야 합니다. 기관지에도 안 좋고, 냄새 때문에 머리와 눈이 따갑기까지 합니다.
공사하도급업자는 직업병들을 하나씩 갖고 있는데, 기침과 만성두통으로 고생하는 페인공이나 시멘트중독 때문에 피부병으로 고생하는 콘크리트 타설공이나 미장공도 있습니다.
필자도 공사현장에서 마스크를 쓰지 않는 버릇 때문에 중금속이 몸속에 쌓여 꽃가루나 먼지 알레르기로 봄만 되면 지독하게 고생합니다.

가스보일러 설치

베란다벽에 고급 다채무늬도료가 끝나고, 가스보일러를 설치하면 깔끔하게 마감됩니다. 보일러를 작동하여 마루나 도배를 시공하기 전에 방바닥 등의 실내 습기를 완전히 말려야 곰팡이가 발생하거나 도배가 들뜨는 등의 하자가 발생하지 않습니다.

도배나 페인트시공이 끝났다면 창문을 모두 열어놓고, 보일러를 틀어놓아야 유해물질이 밖으로 빠져나갈 수 있으므로 작업이 끝난 후에는 밤새도록 보일러를 틀어놓습니다.

화학물질 때문에 눈이 아프거나 권태감이 생기는 유해한 새집증후군은 창문을 자주 열어 제거해야 합니다.

배관공이 보일러를 설치할 때는 온수관이나 수도관의 분배기를 거꾸로 설치하여 작동이 안 되는 경우가 있으며, 전화하면 바로 AS가 잘되는 가스보일러 제품으로 선택하기 바랍니다.

가스보일러는 열효율이 90% 이상으로 높고 간편하며 깨끗하고, 난방면적에 맞는 용량으로 주로 벽걸이형으로 베란다벽에 설치합니다.

온수난방의 단점은 예열시간이 길고 열용량이 크므로 온수순환시간이 길고, 한랭 시 난방을 정지하였을 경우 동결의 우려가 있으므로, 예열시간이 길어져 간헐난방에 불리합니다.

도배공사

인테리어 중 가장 많은 면적을 차지하는 것이 도배이고, 인테리어의 분위기를 좌지우지할 정도로 중요하며, 페인트공사가 끝난 후에 도배를 하면 됩니다.

디자인 선택에서 대칭적이든 비대칭적이든 간에 리듬이나 균형미가 있어야 하고, 부드러운 표면과 생동감이 넘치는 문양으로 자유로운 느낌을 주는 것으로 선택합니다.

도배지는 형태나 색상은 개방감과 전체적인 흐름에 맞게 선택하며 햇빛이나 조명과의 관계까지 고려하고, 소음을 흡수하거나 반사하는 제품으로 장식성과 단열성까지 고려해야 합니다. 무엇보다도 중요한 것은 재료의 안전성과 내구성, 경제성이 좋아야 할 뿐만 아니라 유지나 보수까지 편해야 합니다.

도배지는 시각적인 효과를 내는 중요한 요소이며, 시공이 간편하고 적은 비용으로 언제든지 재시공도 가능합니다. 인간의 정서적 안정과 변화에 영향을 주며, 공간에 리듬을 부여하고효과적인 공간연출이 가능하고, 실내 구성에 가장 중요한 요소가 되었습니다. 또한 내부공사 중 마감면이 가장 넓고, 세입자세대는 일반 종이벽지로 30~40대가 선호하는 색상으로 선택하는 것이 무난하고, 새로 이사 오는 세입자가 도배를 조건으로 전세계약을 하는 경우가 있기 때문입니다.

주인세대는 실크벽지 등의 고급제품으로 선택하며, 가장 넓은 면을 차지하는 벽면 색상을 기준으로 하고, 다른 도배지로 포인트를 주는 것도 좋습니다.

벽, 바닥, 천장 등의 각 방과 거실에서 연결성이 좋도록 무늬나 색채를 선택하며, 포인트 벽지를 적재적소에 사용하여 활기찬 분위기를 연출하면 좋습니다.

개구부가 많거나 가구가 많을 때는 차분한 색상으로, 가구가 한색이면 벽지는 난색으로, 가구가 난색이면 벽지는 한색이나 무채색을 선택합니다.

선택 요령

도배지의 채색에 따라 집안 분위기가 크게 좌우되니 도배지 선택 시 견본을 본 후 선택하고, 포인트 부분은 아트월과 주방에 포인트타일 주변의 조명이나 마감재 색상과 조화되게 선택합니다.

바닥재 색에 벽지는 동색계열의 경우 명도 대비를 줄 수 있는 것으로 한 톤 밝은 색상이 안정감을 줍니다.

천장을 벽지로 마감하는 경우 반대로 벽지는 한 톤 밝은 색으로 선택해야 실내가 한층 더 넓어 보이는 효과가 있고, 흰색에 가까운 밝은 색으로 선택합니다.

벽지를 고르는 요령

두께가 얇은 민무늬벽지는 도배 바탕면이 노출된 것을 선택하지 말고, 광택이 많은 것도 도배가 이어지는 면이 번들거리므로 선택에서 제외하며, 펄이나 엠보싱처리된 벽지는 손으로 문질러 보아서 묻어나는지 확인 후 골라야 합니다.

포인트벽지나 큰 무늬인 경우 수평무늬는 가급적 피하고, 수직무늬를 선택하는 것이 시공하기가 쉽고, 재료 손실이 적습니다.

거실과 침실 등의 휴식, 수면, 식사, 생활공간에 맞게 감각적인 색깔과 부드러운 분위기를 연출할 수 있는 벽지로 선택합니다.

거실에는 싫증나지 않는 편안한 색깔로 연한 노랑색이나 파스텔톤의 벽지가 무난하고, 무늬로는 무색이나 잔잔한 것이 좋습니다. 너무나 밋밋하다고 생각되면 강한 색깔로 포인트벽지를 사용하여 색다른 분위기를 연출할 수도 있고, 천연패브릭은 갤러리의 회화작품처럼 사용되기도 합니다.

침실에는 과감한 색상과 디자인으로 옐로우그린이나 레드 같은 중간톤의 선명한 색깔로 연출하고, 누웠을 때 천장의 너무 화려한 색깔은 피하며, 바닥보다 두드러지는 색상도 피합니다.

좁은 방인 경우는 밝은 색을 사용해야 넓어 보이는 효과가 있으므로 무늬가 너무 크거나 요란하면 실내가 좁게 느껴져 피하는 것이 좋습니다.

자녀방은 상상력을 자극할 수 있는 영감을 주는 색상으로 선택하고, 천장은 야광벽지나 구름, 하늘을 표현한 벽지로 사용해도 좋습니다.

주방은 세척이 가능한 벽지를 선택하고, 색상은 식욕을 돋우는 오렌지색이나 빨강색을 사용하고, 주방이 좁다면 하얀색 주방기구에 노란색 타일로 포인트를 준다면 넓어 보이는 효과가 있습니다.

도배 전에 포인트 벽지를 벽면에 한 번 대보고 결정하고, 벽타일이나 목재보다는 음식냄새가 배거나 오염되기 쉬우므로 비닐계 벽지로 선택하면 됩니다.

벽지 선택은 견본만 보고 선택하면 안 되며, 방음과 단열이 필요한지, 방습효과가 필요한지를 용도와 실용성까지 판단해야 합니다. 퇴색성, 내마찰성, 시공성까지 확인하고, 특히 포름알데히드 방산량 등의 품질규격을 확인합니다.

건축주는 시공업자나 인테리어업자에게 모든 것을 맡기지 말고, 주요마감재나 도배지 등은 건축주가 직접 선택해 보고 그 결과물에 대한 뿌듯함을 느끼기 바랍니다.

무늬벽지 선택은 시각적 효과를 고려해서 선택하고, 진한 색의 천장은 낮게 보이며, 밝은 색은 높게 보이고, 수직의 줄무늬는 높게는 보이지만 공간이 좁아 보이며, 수평무늬는 넓어 보이지만 낮게 보이고, 작은 무늬는 넓게 큰 무늬는 작아 보이는 효과가 있습니다.

"이렇듯이 있어 보이면 없음이 보이고, 어려움이 있으면 쉬움이 보이고, 긴 것이 있으면 짧음이 보이고, 높음이 있으면 낮음이 보입니다. 즉 들어가고 나가는 데는 일정한 규칙이 있는 겁니다."

사무실 벽지

회의실은 산만하지 않고 차분한 느낌으로, 상업적 공간은 원색으로 강한 색깔벽지로, 사무실이 큰 경우에는 한 면만 큰 무늬벽지로 다른 쪽은 잔잔한 무늬나 무색벽지로, 사무실이 작은 경우에는 무늬가 잔잔하고 밝은 색깔로 선택합니다.

벽지의 종류

직물벽지는 실을 뽑아 만든 벽지로 색채무늬의 흡음성과 촉감이 좋으며, 고급벽지로 사용됩니다.

비닐벽지는 방수성이 있어 주방 및 욕실의 타일 대용으로 사용되어 더러워지면 물세척이 가능하나 단점은 열에 취약합니다.

종이벽지는 종이에 무늬나 색채를 프린트한 것으로 비교적 가격이 싸므로 많이 사용되고, 발포벽지는 벽지 위에 플라스틱기포를 뿜어 만든 것으로 종이벽지에 비해 탄력성과 흡음성이 좋으며 물세척이 가능합니다.

갈포벽지는 가로에는 면사로, 세로에는 칡넝쿨의 줄기 및 잎이나 천연갈잎, 파초엽, 갈대줄기 등이 사용되고, 자연적인 운치가 있습니다.

종이벽지의 접착제는 밀가루나 쌀가루 풀로 하고, 천으로 짠 벽지나 비닐시트벽지에는 유해물질이 함유되지 않는 접착제를 사용해야 합니다.

곰팡이 대책

벽지 표면의 곰팡이는 세제로 씻어내고, 석고보드나 모르타르일 때는 곰이 부분을 깎아내며, 곰팡이 방지제를 넣고 마감합니다.

석고보드의 건조가 불충분하면 곰팡이가 발생하므로 석고보드에 작은 구멍을 뚫어 건조한 후 구멍을 메우면 됩니다.

창문을 열어 자주 환기시켜 주고, 수증기가 생기면 부지런히 닦아내고, 붙박이장은 외기노출 벽면에 설치하지 않는 것이 좋습니다.

곰팡이 방지제는 롤러나 붓으로 간단히 칠하기만 해도 벽체에 깊이 투하되므로 곰팡이가 살균됩니다. 특히 마감공사를 하기 전에 석고보드나 목재면 또는 콘크리트면 등에 곰팡이 방지제를 사용하면 효과를 얻을 수 있습니다.

하자원인과 대책

도배지 변색이나 곰팡이 발생의 원인은 미장한 것이 완전히 마르지 않은 상태에서 도배했기 때문이고 배관누수나 배관 부위에 결로가 발생되기도 합니다. 그 대책은 바탕면을 건조시킨 후에 재시공하고, 누수 부위를 찾아내어 보수하고, 배관에 보온조치를 취합니다.

도배의 들뜸과 갈라짐 발생에 원인은 초배지 바름을 시공함으로써 발생되거나 급격한 난방으로 갈라짐이 발생할 수 있으므로 이럴 때는 창문을 자주 열어 주어야 합니다.

이음매 터짐의 원인은 부분적으로 급하게 건조되어 터짐현상이 발생하니 이럴 때는 도배한 후에 풀이 완전히 건조될 때까지 창문 여는 것을 금지해야 합니다.

갓둘레 들뜸의 원인은 도배풀이 접착력 부족이거나 밀착시공 불량인데, 이럴 때는 풀의 품질을 확인하고 시공합니다.

전기스위치이나 콘센트 주위가 뜯기는 하자는 전기공이 불성실하게 시공한 경우이므로 전기공에게 전기콘센트나 조명기구를 부착할 때 손으로 뜯지 말고, 칼로 깔끔하게 오려내도록 부탁해야 합니다.

필름마감재

요즘에는 필름마감재보다 페인트로 주로 마감하는데, 그래도 건축주들에게 필름마감재를 소개하는 편입니다. 장점은 공사비가 저렴하며, 타 공사와 병행도 가능하기 때문입니다. 시공 부위의 재질이나 구조에 구애받지 않으며 충격과 마찰, 그리고 긁힘의 표면강도에도 뛰어나고 내구성도 좋고, 중첩 시공이 가능하며 하자보수도 쉽습니다.

단점은 무늬목에 비해 자연적 질감과 내구성에서 고급스러움이 떨어지며, 벽지와 다르게 피부에 닿으면 거부감이 있으나 벽지와 페인트의 색상 조합을 유도할 수는 있습니다. 작업장소의 성격과 구조에 따라 시공 선택이 제한되고, 흡음과 보온성능이 떨어지며, PVC 재질이라 친환경 소재는 아닙니다.

경험의 한수

무엇인가를 이루기 위해서는 시련과 고통은 겪는 것이고, 때로는 좌절도 하고 슬퍼하거나 화가 날 때도 있습니다. 이렇듯 정열적으로 살았던 세월을 지나서 뒤돌아보면, 그때가 그립기도 합니다. 인생관이 확실한 사람은 매사 정열적이라서 그렇다고 생각합니다.

건물을 만드는 것은 인격을 만드는 것과 매우 비슷하고, 건축시공은 수많은 작업자와 수많은 손길이 필요하고, 수없이 만나고 헤어지기도 합니다.

그리고 수많은 마감재를 선택하며, 공정들을 판단하고 결정할 일도 있습니다. 건축시공은 만들어가는 과정이라 그렇습니다. 그래서 건축시공은 인격을 만들어가는 과정과 비슷합니다.

만약 여기까지 도달했다면, 막바지 과정에 서 있는 겁니다. 모든 과정을 되돌아보면, 자신이 더 지혜로워졌고, 더 명철해졌다는 느낌을 받을 겁니다.

건물은 오랫동안 내 곁에 남아 있고 인테리어 과정은 순식간에 지나가기 때문에 과정을 즐길 줄도 알아야 합니다. 인테리어를 일이라 생각하지 말고, 즐기길 바랍니다.

"이미 존재했지만, 이제서야 비로소 알게 되었고, 아는 것은 좋아하는 것만 못하고, 좋아하는 것은 즐기는 것만 못합니다."

커튼의 종류

레이스커튼은 가는 합섬사를 이용하여 얇게 짠 것으로 통기성이 가장 좋으며, 바깥쪽에 레이스 커튼을 달고 안쪽에는 드레이프 커튼으로 설치합니다.

드레이프 커튼은 두껍고 중량감이 있으며, 광택이 나는 것과 흑색이 있고, 짜임새가 치밀하고 통기성이 적으며 차광, 방음 · 보온성이 우수합니다.

케이스먼트 커튼은 레이스와 드레이프의 중간형 실내의 프라이버시가 가능하고, 사계절에 사용하며 현대적 감각이 요구되는 실내에 어울립니다.

프린트 커튼은 아크릴계나 레이온 등에 바탕면이 추상적인 무늬나 나뭇잎을 프린트한 것으로 커튼과 롤 스크린용으로 사용됩니다.

로만셰이드 커튼은 아랫 부분이 풍선처럼 부풀어 우아하며, 햇빛을 자유자재로 조절할 수 있는 장치가 되어 있고, 두꺼우면 들어올리기 힘들므로 가벼운 소재를 선택합니다.

블라인드는 날개의 각도를 조절하여 햇빛의 양과 조망권을 조절할 수 있는 가리개로써 수평블라인드와 수직블라인드가 있습니다.

버티컬 블라인드는 큰 창문에 사용하고, 햇빛조절 능력이 우수하고, 베네시안 블라인드는 수평날개로 각도를 조절할 수 있고, 광선이나 통풍을 조절할 수도 있습니다.

롤 블라인드는 커튼과 병용하여 사용 가능하며, 실내를 경쾌하게 하고, 상하 높이와 채광을 자유롭게 조정할 수 있으며, 주로 어린이 방이나 욕실에 사용됩니다.

커튼 설치

커튼박스의 시공 시점은 내장목수들이 몰딩이나 문선돌리기할 때 커튼박스를 설치하는 것이 대부분입니다.

커튼과 블라인드는 외부로부터 시선차단과 빛이나 열기를 상황에 맞게 조절하며, 실내에 더 풍부한 느낌을 주기도 합니다.

직물류는 소방법시행령에 의한 방염처리 대상에 속하며, 관련법규를 확인한 후 사용하고, 종류로는 커튼, 블라인드, 셰이드가 있습니다.

천의 특성과 시각적 효과를 감안하여 세탁 후 형태의 변화나 치수변화와 색의 변화가 없어야 하고, 불연재로 선택합니다.

도배까지 끝나고, 마지막 단계인 방바닥시공까지 끝난 다음 마지막단계에 커튼을 설치하는 것이 좋습니다.

에어컨 설치

아파트나 상가공사에는 냉 · 난방배관 설계도가 따로 있으나 주택공사에서는 설계도가 없는 것이 현실인데, 내장공사가 끝난 후 에어컨업자가 임의대로 설치하는 경우가 대부분입니다.

외장재 공사가 끝난 후 에어컨 배관과 실외기를 설치하면 마감도 어렵고, 건물 외벽에 배관이 설치되어 미관상 좋지도 않습니다. 에어컨 배관을 외장재나 골조 사이에 매립시키려면 사전준비가 필요합니다.

특히 설계도면에 에어컨 설치 위치까지 미리 표시하여 골조공사 시 배관을 매립해 놓아야 마감이 깔끔합니다. 또한 에어컨 설치할 곳을 설계도면에 미리 표시해야 콘센트 위치와 배수관, 실외기 연결관 설치가 되며, 방통칠 때 에어컨 배수관을 설치하는 것이 좋습니다.

실외기 배관은 미장 또는 내장목공사 때 매립해야 깔끔하게 내부마감을 할 수 있습니다.

필터에 먼지가 끼면 냉방효율이 5% 정도가 떨어지고, 각종 세균이 발생하며, 아토피의 주범이 될 수 있으니 자주 청소해야 합니다.

갈등

건물주가 마감재료를 직접 선택하는 경우 설계도면의 마감재보다 비싼 제품으로 선택하고, 시공자는 정품이 아닌 비품마감재로 사용하여 분쟁이 발생하기도 합니다.

건축시공에는 많은 공정과 많은 작업자들이 투입되므로 건물주와 시공자가 자주 부딪쳐 갈등이 발생하고, 때로는 원수지간이 되거나 소송하는 경우까지 있습니다. 이런 상황을 피하기 위해 건물주가 인터넷이나 기타 정보로 마감재를 직접 구입해주는 경우와 시공업자까지 선정할 때는 마감재가 실물과 다르거나 숙련도가 떨어진 작업자들 때문에 공사가 지연되는 경우도 있습니다.

건물주가 재료를 직접 구매 시에는 시공자와 상담하고 책임소재를 명백히 해야 하고, 유지나 하자보수 문제까지 확인해야 합니다.

다시 한 번 강조합니다. 내 자식도 내 뜻대로 안 됩니다. 화를 자제하고 항상 본질을 생각하기 바랍니다. 사람이나 사물은 서로 의존하기에 발생하는 일들입니다.

"겉모습만 화려할 뿐 넣거나 꺼내기가 불편하다면 수납장의 본질에서 벗어나는 겁니다."

인테리어는 색의 조화

조화로운 인테리어는 가구가 아니고 색의 조화였다고 개인적으로 생각합니다. 천장은 바닥과 벽과 마찬가지로 바탕색을 어떻게 처리했느냐에 따라 분위기가 달라집니다.

실내분위기의 대부분은 도배의 색상으로 결정되므로 따뜻한 계열의 밝고 산뜻한 느낌을 주는 색깔이 좋습니다.

밝은 중성계통의 색은 명랑하고 안정된 느낌을 주고, 전체적으로 채도가 낮고 명도가 높은 밝은 색이 가장 적합니다.

바닥은 벽과 구별되는 색이 좋고, 동색계열일 때는 명도 대비하여 벽보다 한 톤 어두운 색으로 안정감을 줍니다.

천장은 흰색계통이 실내가 한층 더 넓게 보이며, 가구는 방바닥과 벽의 분위기를 고려하여 공간기능과 목적에 맞는 색상으로 결정합니다.

만약 한 곳에 포인트를 주고 싶다면 벽과 방바닥 색상은 달리하고, 색조는 동일하게 하거나 비슷한 색상이 안정감을 주는 편입니다.

창과 문의 대비가 크지 않은 색상 선택은 밝은 색이 좋으며, 벽이 밝은 색일 때는 벽보다 명도가 낮거나 채도가 높은 어두운 색으로 결정합니다.

공사 뒷이야기

마감재는 대중성이 있는 표준화된 규격품으로 사용하는 것이 나중에 다시 리모델링할 때 비용도 절감되고, 제품생산이 단종될 것에도 대비해야 합니다.

자주 리모델링할 곳은 화장실과 주방이니 되도록이면 표준화된 제품을 사용해야 리모델링할 때도 좋습니다.

생활의 패턴에 대응이 좋은 마감제품으로 선택하고, 생산이 중단되었을 때도, 다른 품목으로 대처가 가능한 것으로 선택합니다.

건축주에게 가장 많이 듣던 말은, 수납공간이 부족하다였습니다. 판교 백현동에서 필자는 3층 복도계단과 옥상 입구에 수납장을 설치해준 기억이 납니다.

광교의 현장에서는 건축주가 4층에서 물내리는 소리가 3층 거실에서 들린다고 하여 필자가 나중에 오배수관을 주름관으로 교체해서 소음을 해결했습니다.

창문이 너무 작으면 채광과 통풍이 나빠지니 방의 창문은 2개일 때 환기에 가장 좋으나 창문이 많으면 가구나 단열이 나쁠 수도 있습니다.

창문 크기와 위치에 대하여 건축주는 시공자와 사전협의를 해야 하는데, 필자가 보라지구에서 스위치와 콘센트 위치가 여닫이문과 가구 뒤에 설치되어 있어 쓸모없게 되자 미장 시 변경하여 설치한 적도 있습니다.

광주 양로원 공사장에서 현관방화문을 밀어 여는 쪽에 계단이 막고 있어서 안에서 현관방화문을 열도록 위치를 변경했던 적도 있었습니다.

> 조명의 위치 때문에 가구배치를 못하는 경우가 있거나, 거실의 층고가 너무 높아 조명교체가 어려울 것에 대비하여 수명이 긴 수은등으로 설치한 적도 있고, 전기공에게 부탁하여 조명 위치를 벽걸이형으로 교체했던 적도 있었습니다.
> 시공자가 현장에 가끔 나타나거나 공사판에 안 어울리는 복장을 하거나 고급차를 타고 오는 경우가 있습니다. 겉모습에 현혹되지 말고, 더러운 작업복일지라도 공사판 이곳저곳을 돌아다니며, 하자를 찾아내고 바로 시정조치하는 시공자가 오히려 더 좋습니다.
> 실제로 필자가 위례신도시와 광주 오포읍의 아파트공사현장에서 가보면, 소장이 부지런히 현장을 돌아다니며 하자가 생길 곳을 미리 점검하는 것을 보았습니다. 현장은 항상 깨끗하게 청소가 되어 있고, 정리정돈이 잘 되어 자재를 찾기도 편했고, 전반적으로 공사가 짜임새가 있었습니다.
> **"당연히 소장에 코빼기도 못 본 아파트현장도 많았습니다."**

조명의 조화

도배가 끝나면 조명기구를 설치하고, 조명은 실내환경의 명도, 위치, 형태, 그리고 빛의 양과 질에 따라 집안의 분위기가 크게 좌우되므로 선택이 중요합니다.

조명은 집안에 꽃과 같은 역할을 하고, 전체적인 분위기를 좌우하기도 하므로 자신의 개성과 가족의 분위기 및 경제성까지 고려하여 융통성 있게 선택합니다.

조명기구 배치는 가구의 위치에 따라 달라져야 하고, 조명은 색채나 밝기, 조명기구의 종류나 설치방법에 따라 시각적 · 생리적 리듬에까지 영향을 줍니다.

실내공간의 밝기가 균등하면 지루하게 느껴지고, 단조로운 느낌을 주므로 전체조명과 국부조명을 적절하게 병행합니다.

조명기구는 모양뿐만 아니라 광원의 종류나 배광기구 스타일, 주거목적에 맞게 설치하는 것이 좋습니다.

조명의 특징

직접조명과 반직접조명의 장점은 조명률이 좋으며, 빛의 광도에 따라 흡수나 반사가 적고, 자외선 조명도 가능하니 비교적 설치비가 값싸고, 포인트 부분을 강조할 때 집중적으로 밝게 할 때 좋습니다.

단점은 글로브(젖빛유리나 색유리)를 사용하지 않을 경우에는 눈부심이 크고, 그림자가 강하여 명암의 차이가 크게 납니다.

간접조명과 반간접조명의 장점은 균일한 조명과 빛이 부드러워 눈의 피로가 적으며 단점은 조명효율이 나쁘고, 침울한 분위기가 나면서 먼지가 쌓이면 감광이 생깁니다.

쾌적한 조명의 조건으로는 적당한 조도와 적당한 그림자가 생겨야 눈부심도 방지할 수 있으므로 적당한 조도의 조명을 선택합니다.

조명 선택

구조상 광원의 교환이나 청소, 그리고 유지보수가 쉬워야 하고, 전체적인 분위기와 조화로운 형태의 빛을 내는 조명을 선택해야 합니다.

전체조명은 실내 전체를 밝고, 온화한 분위기가 되게 하고, 전체적으로 균일한 조도가 되도록 빛이 일정하게 분산되게 설치합니다.

국부조명은 작은 공간에서 높은 조도로 집중조명하기 위한 것이며, 거실의 스탠드에 사용됩니다.

장식조명은 가구 자체가 예술품 같은 분위기를 살려주는 역할로 펜던트, 샹들리에, 브래킷 등이 있습니다.

조명기구를 설치하면 전기공의 일은 대부분 끝나게 되고, 한국전력에서 착공서류를 받아 건축주에게 넘겨주면 모든 일이 끝납니다.

백열등

휘도가 높고 열방사가 많으며 광색은 적색이며, 배광 제어가 용이하여 비교적 좁은 장소에 사용되고, 전반조명과 집중조명으로 사용되지만 표면 온도가 높아서 화재 위험성이 있습니다.

색감이 다르게 보이는데, 빨강과 노랑은 사물을 더 강조하며, 흰색과 푸른색계통의 색은 침체되어 보입니다.

붉은색이 많으며 설비비가 비교적 저렴하나 유지비가 비싸고, 수명은 1,000~2,000시간이며 화장실, 주방, 책상, 아트월 등의 집중조명할 곳에 설치합니다.

형광등

형광등 조명 아래서 색감이 다르게 보이는데, 파랑색과 녹색은 강조되어 보이고, 푸른색은 선명하나 서늘하게 보이며, 빨강색은 흐릿하게 보입니다.

저휘도이고 광색 조절이 쉬우며, 옥내 · 외에 전반조명과 국부조명에 적합하고, 간접조명은 무드조명을 연출할 수도 있습니다.

주광색은 선명한 광색과 서늘한 느낌을 주고, 백색은 효율은 높으나 색감이 서로 다르게 보이는 것이 낮기 때문에 광색을 중시하지 않는 조명으로 선택합니다.

연색계통 선형은 3파장으로 효율은 백색처럼 높고, 색감은 선명하게 강조되고, 청색이 많고 설치비 및 유지비가 저렴하고, 수명은 7,500~10,000시간입니다.

실내온도에 따라 색상이 변하는 단점도 있고, 방, 거실, 주방의 조용히 받쳐주는 배경으로 선택합니다.

기타 등

수은등은 연색이 좋지 않고, 수명은 6,000~12,000시간이고, 점등 및 재점등 시 안정되기까지 5분~10분 정도가 걸리며, 천장이 높은 거실에 설치합니다.

메탈할로이드등은 연색성이 좋고, 설치비가 저렴하며, 유지비가 싸고, 수은등과 비슷한 특성을 가지고 있으며, 연색성이 요구되는 옥외조명에 설치합니다.

다일광원은 전체를 조명하는 것보다 2종류 이상의 광원을 혼합하여 사용하는 것으로 다르게 보이는 현상을 막을 수 있습니다.

공사 뒷이야기

조명기구도 건축주가 직접 선택하는데, 조명가게마다 가격의 편차가 심하기 때문에 한 곳만 가지 말고, 여러 곳을 다녀 보고 선택해야 합니다.
청계천 세운상가쪽에 가서 조명기구를 구경해야 하고, 조명기구가 설치되면 바로 마루를 깔아도 됩니다.
조명기구를 설치할 때쯤, 부동산중개사가 임대조건에 대하여 건축주에게 묻는데, 대부분 벌레와 쥐가 많이 생겨 음식점은 안 되고, 깔끔한 커피전문점이나 유명업종이 들어오길 바랍니다.
그리고 임대료 산정에 있어서도 주변의 상권과 비교하면서 건축주끼리 모여서 임대료에 대해 서로 논의도 합니다. 그때부터 임대료를 한 푼이라도 더 받으려고 건물주끼리 눈치작전이 시작됩니다.
"건물주는 비싼 커피만 찾지 않는다면, 커피 잔이 식을 날이 없습니다."

임대문의 현수막
(광교)

현관 조명

조명은 부드럽게 확산시켜 구석까지 밝게 비추어주려면 조도범위가 높아야 하고, 따뜻한 분위기를 연출합니다.

색채조명은 넓은 공간감과 밝고 깨끗한 느낌이 나도록 명도가 높은 배색으로 선택하고, 또 바닥에는 더러움이 쉽게 눈에 띄지 않도록 저명도, 저채도의 색채로 배치합니다.

부드러운 확산광으로 하며 현관에 있는 사람의 얼굴에 잘 조명되게 신발을 벗을 때 그림자의 방해가 되지 않는 위치에 설치하고, 벽부등은 신발장 반대편에 설치하여 신발장 안까지 비출 수 있게 합니다.

주방 조명

전체조명과 직접조명을 혼합하여 설치하고, 식탁을 중심으로 펜던트를 사용되고, 직접조명은 식욕을 돋구어줄 수 있는 조명기구로 선택합니다.

전체조명은 형광등으로 직접조명은 할로겐이나 백열등을 사용하고, 작업대 위나 선반 밑 부분에 설치합니다.

매립형은 다운라이트라고 하며, 천장에 매립하여 빛이 수직으로 비추게 하고, 펜던트는 천장에 매다는 방식입니다.

직부형은 천장 등으로 배광에 효과적이고, 빛이 직접 보여서 매립형보다 눈부심이 많으나 조명효율에 좋습니다.

벽부착형에는 벽체에 다는 것으로 브래킷이라 하고, 장식성이 좋으며, 이동형으로는 테이블스탠드와 플로어스탠드가 있습니다.

침실 조명

침실의 분위기가 편안한 조명으로 선택하고, 커튼조명이나 밸런스조명 등에 효과적이고, 전체조명으로는 형광등으로, 집중조명으로는 테이블스탠드는 할로겐이나 백열등으로 사용하고, 눈이 부시지 않게 벽부등과 플로어스탠드로 간접조명을 병행하는 것이 좋습니다.

화장실 조명

화장실 규모가 작을 경우는 세면대 위에 거울을 중심으로 방습 브래킷을 설치하고, 화장실 규모가 클 경우는 별도의 방습 전등을 설치합니다.

백열등이나 유백색 형광등을 사용하고, 화장을 위한 국부조명의 경우는 거울 양쪽에 백열등의 벽부 등을 달아서 얼굴을 밝게 비추도록 하고, 전기공이 거울 위에 조명을 설치하면, 필자는 화장실 문을 열고, 이상이 없는지 확인해야 합니다.

"거울을 보고 웃었더니 거울 안에 있던 잘생긴 놈이 따라 웃더군요. 거울은 마중이나 배웅도 없으며, 찡그리든지 웃든지 거울에 담아 두지 않고 보이는 그대로 보여줍니다."

"공사가 끝나면 서로의 미운 감정들은 담아 두지 말고 잊어버리세요."

거실 조명

다목적 기능이 필요한 공간이지만 일반적으로 휴식이나 손님접대, 독서, 가사 등이 목적에 맞게 아늑하고 밝은 분위기가 나는 부드러운 조명으로 선택합니다.

직접조명과 간접조명을 병용하고, 국부조명은 플로어스탠드와 테이블스탠드를 사용합니다.

환기장치

요즘에는 공기 질이 안 좋아져서 환기 장치가 필수적인 세상이 되고, 가정에서 개별 공기청정기가 필수품이 되었습니다.

얼마 전 경기도 광주시 오포에서 시공중인 아파트현장에 가보니 각 세대의 방마다 천장에 공기환기구를 설치했으며, 옥상 후드로 강제환기시키는 것을 본 적이 있습니다. 미래에는 일반주택에서도 강제공기청기가 필수설치가 된 것입니다.

호흡에 필요한 산소를 공급하여 인체의 쾌적성을 좋게 하며, 내부공간의 오염을 최소화시키고, 내부의 습기를 제거하여 결로를 방지합니다.

환기방법은 온도차에 의한 환기, 바람에 의한 환기, 환기통에 의한 환기, 후드에 의한 강제환기 등이 있습니다. 실내가 난방되고 있다면 실외의 공기는 아래쪽으로 유입되며 실내공기는 위로 상승하여 바깥으로 나오는 것이 온도차에 의한 것을 환기라고 합니다.

창문에 상하로 설치하면 고온의 실내공기는 온도차로 밖으로 나가고, 같은 양의 실외공기가 실내로 들어오는 겁니다.

실내공기의 오염도가 오히려 바깥공기보다 약 다섯 배 가량이 높다고 하는데, 요리할 때 심하다고 합니다.

그렇기 때문에 주택은 아파트처럼 옥상에 환기구가 없으므로 환기가 잘되게 창문의 위치 선정이 무엇보다 중요합니다. 요리할 때는 반드시 후드를 작동해야 하고, 자연환기가 힘든 공간이라면 필터교환용 강제공기정화기를 설치합니다.

필자의 아랫집에서는 후드 작동을 하지 않고, 요리하는 습관 때문에 베란다를 통해 맛있는 음식냄새가 솔솔 올라오는 경우가 많습니다.

"비만으로 단식중인 필자의 마음을 마구 흔들어 놓습니다."

실내의 공기조건

실내의 공기조건이란 온도의 가열과 냉각이고, 습도에는 가습과 감습이 있고, 공기청정도는 먼지세균, 탄산가스, 일산화탄소 정도를 말합니다.

실내온도측정 위치는 바닥에서 1.5m 높이에서 외벽으로부터 1m 이상 떨어진 곳에 측정합니다.

쾌적한 온도는 16℃~28℃이고, 습도는 여름에 40~70%이며, 겨울에는 40~50%로 습도가 낮을수록 춥게 느껴집니다.

실내공기의 오염과 호흡

실내오염의 직접적인 원인은 호흡, 기온상승, 습도 증가, 각종 병균 증가의 원인이 있는데, 간접적인 원인으로는 흡연, 의복의 먼지, 냉·난방기와 가전제품 사용 등이 있습니다.

성인남자의 호흡횟수는 누워 있을 때는 14~15회/min이고, 서 있거나 앉아 있을 때는 16~20회/min입니다.

성인여자가 성인남자보다 호흡수가 많은데, "아마도 가정주부가 열 받는 일이 많아서 그런가봅니다." 그리고 어린이 호흡 횟수는 20~25회/min입니다.

"호흡은 몸에 돌아다는 바람입니다. 사랑할 때는 따뜻한 바람이 불어오고, 미워할 때는 찬바람이 불어오며, 화가 날 때는 태풍이 몰아칩니다.

그런데 필자가 나이를 먹으면 먹을수록, 자꾸만 태풍만 몰아쳐서 걱정입니다."

신체 온도에 따른 반응

10℃에는 손끝이 시리기 시작하고, 17℃일 때는 찬기운을 느끼기 시작하고, 18℃는 양호한 상태의 온도이고, 21℃는 휴식할 때 가장 적정한 실내온도입니다.

24℃는 육체적 태만이 오는 온도이고, 26℃는 복사열이 반사하는 온도이고, 29℃는 정신적 활동이 둔화되고 반응이 늦으며 착오가 시작되는 온도입니다.

집안에 난방온도를 적절하게 조절하는 것은 난방비 절약뿐만 아니라 환경보호를 할 수 있는 길입니다.

소음

마음이 편하지 않는 사람에게는 아름다운 음악도 공해가 될 수 있습니다. 심리적이나 생리적 상태에 따라 가치관과 소리에 대한 선호도에 따라 다르게 받아들입니다. 공기 중에 전파되는 공기소음과 구조체로 전지는 고체소음이 있습니다.

급수나 배수관의 유속이 빨라져서 엘보나 밸브를 통과할 때 유체의 충돌로 소음이 발생합니다.

층간소음은 부드러운 바닥표면재나 들뜬구조와 같은 완충 층으로 충격음을 어느 정도 차단할 수 있습니다.

창문은 이중문, 벽, 천장에 다공식 방음텍스를 사용하고, 복도의 출입문을 엇갈리게 설치하여 바닥에 리놀륨과 코르크를 깔아야 합니다.

그리고 벽, 바닥, 천장, 흡음재를 설치하고, 창과 문 주위에는 틈새로 소음이 발생하므로 코킹처리를 합니다.

요즘에는 층간소음방지를 위해 바닥차음재를 깔고, 사진을 촬영하여 준공서류에 첨부하는 지방자치도 있는데, 작업 시기는 기포치기 전에 설치해야 합니다.

공중주택의 마룻바닥 충격레벨에는 1등급인 43dB 이상에서 들리지 않은 수준이고, 4등급 이상인 60dB는 슬리퍼 끌리는 소리까지 들리는데, 50dB 이하로 감소시키기 위해 충격 완충제품을 깔기도 합니다.

마루공사

도배가 끝나면 마루를 시공해야 하며, 리모델링공사가 거의 끝났다고 보면 됩니다. 가구공사인 붙박이장, 싱크대 등은, 바닥공사가 끝난 후 설치해야 마감이 깔끔합니다.

세입자세대는 데코타일(PVC마루)로 시공해야 습기와 흠집에 강하고 보수가 용이하고, 가격도 저렴하며 반영구적입니다.

세입자가 새로 이사올 때마다 장판을 교체할 일이 거의 없어 추천하고 싶습니다. 특히 공부방에는 데코 타일로 바닥을 까는 것을 고려합니다.

필자의 딸내미가 학생 때 의자 때문에 강화마루도 흠집이 생기고, 함몰되기까지 했습니다.

강화마루는 맨 밑면에 방습크래프트지, 경질섬유판, 천연 원목 무늬목에 멜라민수지를 합성하여 부착한 제품이고, 무늬목에 따라 다양한 질감과 색상이 나타납니다.

여러 층의 표면으로 이루어져 내구성도 우수하고, 가격도 저렴하며 시공도 간편하고, 단점으로는 습기나 열전도율에 약합니다.

원목마루는 천연목재를 인공 · 건조시킨 후 마구리면을 제혀쪽매로 만든 마루판이며, 수종으로는 단풍나무, 참나무, 자작나무 등을 사용하고, 대부분 수입품입니다.

다른 마루에 비해 가격이 비싸고 수분에 의해 변형이 생기기 쉽지만, 습도 조절 능력과 색상이 뛰어납니다. 표면 손상 시 연마 가능하고, 열전도율은 우수하지만 표면강도가 약하여 흠집이 생깁니다.

온돌마루는 합판을 바탕재로 그 표면에 0.1mm~1.1mm까지 두께로 무늬를 접착시킨 후 합성수지계 도료로 코딩하여 만든 마루판입니다.

온도와 습도에 의한 수축, 팽창, 뒤틀림을 최소화하며 원목의 무늬나 질감까지 느낄 수 있게 만든 제품입니다.

단점으로는 내구성이 약하고 변색이 잘 되어, 습기조절 능력이 떨어지고, 특히 접착된 무늬목의 긁힘, 습기, 기름 등에 변색이 발생할 수 있습니다.

강화마루는 접착제로 배합된 미세한 목 부분을 고압압축하여 가공한 고밀도섬유판을 바탕으로 표면에 1mm 미만 두께의 무늬목을 접착시켜 만든 마루판입니다.

다양한 디자인과 색상을 연출할 수 있고, 충격에 강하고 물청소하기 쉬운 표면방수층성이 있습니다.

단점으로는 자연스러운 목재의 질감이 떨어지고, 물기에 의해 팽창하고, 동절기에는 수축하여 틈새가 발생합니다.

마루시공 시에 유의사항은 바닥에 습기가 있다면 바닥의 습기가 도배벽지로 올라와 벽지에 얼룩이 생기고, 난방을 한다면 마루시공 3시간 전에 난방을 중지합니다.

그리고 바닥온도가 32℃ 이상이 되지 않도록 유지하고, 바닥시공 전에 바닥의 균열이나 팬 부분은 바닥보수재로 보수하고, 바닥 면에 먼지나 기름 등의 이물질이 있으면 하자가 발생합니다.

걸레받이 부분의 수평과 틈새가 있는지 확인하고, 틈새 없도록 실리콘으로 마감하면 바닥습기배출이 차단되어 하자가 발생할 수도 있습니다.

시공이 완료되면 온돌마루는 흠집 방지를 위해 임시로 골판지를 깔아야 하고, 접착재가 마를 때까지 하루 동안 출입을 금지시키며, 시공 후 3일 이상 충분히 환기시켜 주어야 환경호르몬에 의한 새집증후군에서 조금이나마 예방할 수 있습니다.

마루 선택 요령

사람의 신체와 가장 많이 접하는 부분으로 비교적 평활한 표면이 좋겠지만 지나치게 미끄러운 것은 피로를 가중시키고, 서로 다른 마찰계수를 갖는 것은 좋지 않습니다.

마루는 탄력성이 있고, 미끄러움도 적으며, 외관상 좋고, 시공이 편한 것으로 선택합니다.

대부분 주택에서 맨발로 걸어다는 생활이므로 바닥은 푹신하고, 탄력감과 촉감까지 고려한 제품으로 선택합니다.

바닥과 벽의 명암이 크게 대비되면 뚜렷한 느낌을 주는 내부가 되고, 명암이 작으면 여유롭고 느긋한 분위기가 연출됩니다.

사람과 가구 등이 견딜 수 있는 내력과 충격에 의한 압력에 파괴나 균열이 발생하지 않고, 긁힘이나 마모가 발생하지 않는 것으로 선택합니다.

열에 의한 변색이나 변형이 안 되며 동결과 융해에 따른 파손이 없어야 합니다.

물과 불의 변형과 변질이 잘 생기지 않는 것을 선택하고, 청소하기가 쉬우며 미치는 빛에 적당한 반사나 광택으로 눈부심이 없어야 하며, 차갑고 더운 것 등의 촉감이 적당합니다.

색채나 모양, 질감, 형태, 크기 등이 보기가 좋아야 하고, 보행 시 미끄러짐이 적당히 느껴야 합니다.

시공이 편하고 공사기간이 짧을 것으로 대량생산되는 마루로 설치해야 나중에 구입도 쉽고 하자보수도 편하며 가격도 저렴합니다.

마루의 색상

참나무(oak)는 가장 대중적이고 유행을 잘 타지 않으며 클래식한 자연스러운 색상입니다.

벚나무(cherry)는 무늿결이 강열하여 가구나 실내마감재로 화려하고 현대적인 색상입니다.

너도밤나무(beech)는 다른 마감재와 색상 조합이 좋으며, 나뭇결은 옅고 부드러운 단정한 색상입니다.

단풍나무(maple)는 시각적으로 공간이 확장된 느낌을 주고, 오염에는 약하지만 밝고 산뜻한 색상입니다.

호두나무(walnut)는 타 마감재와 색상 조합에 주의해야하고, 독특한 분위기를 연출하기 좋으며, 짙고 무게감 있는 색상입니다.

티크(teak)는 검정나뭇결이 고풍스러운 분위기가 나며, 대중적 인기가 있고 부드럽고 자연스러운 색상이고, 이들 중에서 건물주의 취향에 맞는 색상으로 선택합니다.

가구시공 및 배치

골조가 끝나면 여러 종류의 견본을 보고 선택하기 바랍니다. 그림보다는 실물을 보고 선택하는 것이 아무래도 좋습니다.

가구제작업자와 충분히 의견을 나눈 후 제작하는 것이 좋으며, 마루공사가 끝난 후 설치합니다.

건물주는 신발장, 붙박이장, 드레스룸, 싱크대, 기타 장 등 건물주가 필요한 가구들은 제작하고, 납품을 받기 때문에 가장 바쁜 일정이 될 겁니다.

설계도면에 있는 실내재료마감표와 실내재료 마감상세도에 준하여 자재의 규격이나 자재 미달 여부를 확인하고, 부적절하게 시공되지 않는지까지 챙겨야 합니다.

리모델링 직접 해보기

리모델링에 관심이 많은 여성분들을 위하여 특별히 팁을 주려고 넣었습니다. 여성분들은 선천적으로 인테리어에 관심도 많고, 재능도 많으며 잘하는 편입니다.

집 안 살림을 해봤기 때문에 집 안에서 불편한 것들이 무엇인지 아는 것도 있지만, 아무래도 미적 감각이 남자보다 뛰어나서 그렇다고 생각됩니다.

시중에 인테리어 관련 책을 보면, 실질적인 도움은 안 되고, 그림이나 스타일 위주로 설명된 경우가 대부분입니다.

필자의 책은 인테리어업자에게 맡기는 것이 아닌 직접 리모델링을 할 수 있도록 순서와 방법을 알려드립니다.

리모델링 순서

• 이사

아파트인 경우로 일단은 관리사무실에 리모델링을 시작한다고 신고하고, 소정의 시설사용료를 납부하면 관리사무실에서 허가서류를 내줍니다.

인테리어 공정 일정이 적혀 있는 허가서류를 엘리베이터나 현관출입구에 붙여 놓아야 하고, 인테리어 기간은 보통 3주 정도로 예상하면 됩니다.

가장 먼저 해야 할 일은 모든 살림을 빼내고 보관해야 하는데, 이삿짐 업체에 맡기면 이사부터 보관까지 해줍니다.

이삿짐을 빼내면 집 안에 있는 모든 시설물을 철거를 합니다. 철거 전에 가스공사에 가스 차단을 요구해야 합니다.

• 철거

화장실 위생도기나 모든 타일을 철거하고, 문틀과 방문들을 뜯어내고, 주방과 내벽, 천장, 마루까지 철거하고, 물론 가스나 수도, 전기도 철거 전에 차단합니다.

여기서 주목할 것은 창호인데, 만약에 창호가 단열이 떨어지는 옛것이라면 창호도 철거합니다.

창호철거는 일반철거업자가 하는 것이 아니고, 창호업체에 말하면 창호를 철거해 줄 것입니다.

• 작업자 선정과 자재 선택 요령

가장 중요한 작업자는 아무래도 내장목수인데, 내장목수만 잘 만나도 인테리어가 상당히 수월해집니다.

내장목수를 통하여 전기나 설비나 미장방수작업자까지 소개받을 수가 있는데, 내장목수는 주변에 상가인테리어를 하는 내장목수를 흔히 볼 수 있을 겁니다. 인성을 보고 선정하고, 아니면 목재상에게 내장목수를 소개받을 수도 있습니다.

창호는 1군업체가 있다는 것을 아실 겁니다. 여러 곳을 방문해서 가격과 제품이 비교하고, 같은 1군업체라도 지역이나 같은 동네라도 가격차이가 납니다.

타일 판매 전시장에서 타일작업자를, 도배지 파는 곳에서 도배작업자를, 페인트 상점에서 페인트작업자들을 소개받으면 됩니다.

동네에서 규모 큰 철물점에 찾아가서 일 잘하는 방수공이나 미장공을 소개를 부탁하면 도와줄 겁니다.

위생기구를 파는 데서 설비배관공을 소개받을 수 있거나 아파트관리사무소에 부탁해서 소개받을 수도 있습니다.

또 아파트 상가의 배관이 막히거나 수도관을 하자보수해주는 설비업체가 있으면, 그곳에 공사를 맡기면 나중에 하자보수하기도 편합니다.

당연히 조명기구 파는 데서 전기공을 소개받을 수가 있고, 싱크대나 신발장, 붙박이장을 제작하는 곳은 시내 외곽으로 조금만 나가면 찾을 수 있는데, 그것도 어렵다면 내장목수에게 물어보면 추천해줄 겁니다.

인테리어마감재는 스마트폰을 수시로 검색하면 가격이나 제품들의 정보들이 많이 있습니다. 정보를 활용하여 싸고 질 좋은 제품으로 선택합니다.

"사람이든 사물이든 간에 정성과 관심으로, 손길이 가면 갈수록 아름다워지는 것은 당연합니다."

• 인테리어 시작

철거가 되고 내부를 텅텅 비워냈다면 이제 채워 넣어야 합니다. 가장 먼저 창문틀이나 문틀을 실측하고 발주합니다. 창틀이나 문틀의 모양과 색상을 선택하는 것이 인테리어에 있어서 가장 어려운 부분이라고 할 수 있습니다.

창호틀이나 방문틀의 무늬나 색깔에 따라 모든 인테리어의 색상이 좌우되므로 사전에 제품을 조사하는 것이 좋습니다.

제일 먼저 하는 작업은 화장실이나 베란다에 시멘트방수를 시작하고, 전기작업자나 설비작업자들이 전기배선 및 수도관 등을 빼놓을 것입니다.

문틀은 빠르면 3일 늦으면 5일 후에 납품되고, 창호는 1주일에서 10일 정도에 납품이 됩니다.

방문틀은 내장목수가 설치하면, 미장공에게 사춤을 시키면 되고, 역시 창호 안쪽도 사춤을 합니다.

만약에 내장목수가 결정이 안 되었다면, 문틀만 전문으로 달아주는 작업자가 있는데, 납품한 가구점에 물어 보면 알려주기도 합니다.

이때쯤이 되면 화장실에 1차 시멘트방수를 하고 일주일쯤 지나서 2차로 아스팔트 프라이머로 방수를 합니다. 그리고 화장실 안에 물을 채워 놓아야 물이 새는 곳이 있는지 여부를 확인할 수 있습니다.

하루 지나서 미장 부분의 습기가 마르면, 내장목수는 벽면에 내부단열재를 붙이고 난 후 그 위에 석고보드를 붙입니다.

그리고 천장과 등박스, 커튼박스나 기타 시설물을 만들고 몰딩도 부착하고, 몰딩의 무늬와 모양 그리고 색상까지 미리 골라 놓으며, 몰딩무늬나 색상은 실내분위기를 좌우하므로 사전조사가 필요합니다.

전기공은 전기선들을 빼놓고 콘센트 등을 부착하고 이와 동시에 싱크대, 신발장 제작자에게 주방과 출입구에 타일 붙일 위치를 매직펜으로 표시해 줄 것을 요구합니다.

화장실 방수가 마르는 시간대에 타일 전시장을 돌아다니면서 주방타일, 화장실타일, 베란다바닥타일, 만약에 현관에도 타일로 붙인다면 그것도 선택합니다.

타일전시장에 가면 작업자도 추천해주고, 필요한 타일 수량도 뽑아 주며, 타일이 남으면 반품도 해줍니다.

조명기구를 구입했다면, 조명기구를 달아 달라고 전기공에게 부탁하면 되고, 타일공사가 끝나고 3~4일 정도 지나서 좌변기나 세면기, 기타 수전기구를 설치할 것을 요구합니다.

페인트공사는 천장 부분이나 베란다 벽면에 칠하고, 도장공사가 끝나면 도배를 하고, 마루를 깔면 깔끔합니다.

제일 마지막에는 싱크대와 신발장, 그리고 붙박이장을 붙이고, 화장실 돔까지 설치하면 깔끔하게 인테리어가 마감됩니다.

리모델링은 변덕쟁이

리모델링은 비우고 버리며 자르기도 붙이기도 하고, 넓히기도 좁히기도 접거나 펼치기도 합니다.

이렇게 힘들게 비우고 채워가며 새롭게 거듭나지만 너무나 변덕스럽습니다. 유행에 민감하여 수시로 변하면서 오락가락합니다. 마치 세월바람에 흔들리는 꽃잎과 같습니다.

"리모델링은 사랑하는 님의 마음처럼 너무나 힘듭니다."

하자공사

설계의 하자는 시공하기에 부적절한 도면이거나 시방서 등의 내용과 불일치할 때가 간혹 있습니다.

시공단계 하자는 자재 및 재료의 규격과 성능에 미달되거나 시공의 정밀성이 부족한 경우에 있습니다.

시공자가 원가를 줄이기 위해 무리하게 공사를 단축하거나 시공자의 시공지식 부족으로 현장여건과 맞지 않게 시공하는 경우도 있습니다.

시공 시 부주의로 출입문짝에 도어록, 경첩, 문짝홈과 욕조에는 홈, 벽판, 바닥홈, 파손되거나 세면기와 양변기 등이 흔들리고, 수건걸이 및 휴지걸이와 화장거울의 고정상태가 불량하며, 천장의 오배수관 연결과 혼합수전 연결이 불량인 경우도 있습니다.

바닥 트레인 주위 처리 부주의로 누수가 발생하고, 배수트랩이 막히며, 양변기의 배수가 불량하고, 전기배선이 적재적소에 설치되지 않아 전기레인지나 에어컨, 비데기에 연결할 때 전기선을 멀리서 끌어다가 연결하는 사태가 발생합니다.

베란다에 세탁기와 가스보일러 전선 위치와 콘센트가 너무 떨어져 있거나 설치가 안 되어 전기선들이 이곳저곳에 있으면 안 됩니다.

베란다 부분의 습기나 냉기로 페인트에 크랙이 생겼고, 신발장의 수평이 안 맞아 문이 저절로 열리거나 안 닫히며, 주방이나 화장실에 실리콘이 빠져 있는 곳도 있습니다.

화장실이나 베란다 줄눈 메지가 일부 떨어져 있거나. 바닥 및 벽면에 습기가 있어, 도배지에 곰팡이가 발견되기도 합니다.

거실바닥과 욕실바닥의 높이 차이로 화장실문 개폐 시 슬리퍼가 걸리거나, 화장실과 계단벽타일 벽면을 두드리면 심하게 소리가 나고, 타일코너면에 줄눈이 탈락되었으며, 걸레받이가 휘어지거나, 가스레인지 측면에 열로 인하여 타일의 들뜸 현상이 발생하고, 오배수관에서 물소리가 들리기도 합니다.

난방 시 가스보일러나 배관에서 소음이 들리며, 수도꼭지 고무패킹이 불량하면 물이 새고 창문 개폐 시 소리가 나며 뻑뻑합니다.

수십만 원이면 하자보수이행증권의 발행이 가능하므로 건물주가 요구하면 시공자가 부담 없이 발행해 줄 겁니다. 그러나 하자보수이행증권은 사실은 별 쓸모가 없습니다.

보상절차가 복잡하고, 시공자의 잘못이고, 사용자의 잘못이 없다는 것을 증명하기가 쉽지 않습니다. 괜스레 보증보험회사만 배부르게 하는 꼴이 아닌가하는 생각이 듭니다.

건물주와 시공자의 상호신용보증이 중요한데, 공사가 끝나도 편하게 만나서 술 한 잔하는 친구 사이가 되도록 한다면 이거야말로 가장 확실한 보증보험입니다.

건물은 수년 동안 나와 같이 하니, 그때만 생각하면 울화통이 터지지만, 길게 보고 포용하기 바랍니다.

"내가 바라는 바를 얻으려고 한다면, 마땅히 낮출 줄도 알아야 합니다."

Part 08 마무리공사

준공 준비

비계가 철거되면 도로에 있는 가스본관에서 주택의 가스관으로 연결하고, 전기공은 전기나 통신본선에서 주택의 전기와 통신망과 연결작업을 하며, 배관공도 오배수관을 오배수집수관으로 연결작업을 합니다.

임시전기를 제거하고, 전기와 통신맨홀에 임시 매설했던 전기본선이나 통신본선을 가정선로와 연결합니다.

그리고 집의 오배수관을 바깥의 오배수집수관과 연결하고, 수도관은 수도본관과 연결하려면 진입 가능한 크기의 포클레인을 불러서 작업해야 합니다. 오배수관은 경화염화비닐관으로 하얀색 오배수관이 정품이고, 회색은 비품인데, 요즘에는 싸구려 비품을 잘 쓰지 않지만, 건축주들이 제품을 잘못 선택할까봐 우려되는 부분입니다.

집안의 좌변기를 통해 맑은 물을 내보내어 오배수집수관으로 맑은 물이 나오는 것을 확인한 후 매설합니다.

전기, 통신, 상하수도, 도시가스는 관련기관의 담당자 입회하에 굴착이나 매설할 수 있습니다.

공사 중에 중장비들이 드나들며 보도블록이 파손되는데, 보도블록이나 자동차도로에 하자가 있으면 준공서류가 반려되므로 파손된 부분을 보수해야 하고, 관계기관에서 현장을 방문하여 확인하고 이상이 없다는 증명서류를 발급해주면 준공서류 중 하나가 됩니다.

주차장공사를 할 때는 집의 수도와 오배수관과 오배수본관으로 연결 전과 후를 사진으로 찍어 놓아야 하고, 이 사진도 준공서류에 첨부되기 때문입니다.

전기와 통신맨홀을 설치하고, 공사로 인해 집 앞이나 옆집의 깨진 인도블록이나 경계석 등을 교체해야 합니다.

가스공사도 비계가 다 철수되어야 가스본관과 연결할 수 있으며, 도시가스가 공급되면 창문을 전부 열어놓고, 가스보일러를 작동시켜 내장재 등에서 나오는 유해물질 등을 내보내야 새집증후군을 어느 정도 해소할 수 있습니다.

포클레인은 사용료가 비싸니 포클레인이 왔을 때, 건축폐기물 등을 폐기물 차에 실어보내고, 화단이나 주차장을 만들 수 있도록 토목공사도 해야 합니다.

레미콘 1차(6루베) 정도를 경계석과 보도 주변, 전기와 통신맨홀, 주차장 공사 시에 사용하고, 경계석에는 포천석이나 시멘트형틀석이 있는데, 이 중 하나를 준비합니다.

건물 뒷면의 보이지 않는 쪽에는 시멘트경계블록으로 깔고, 보이는 쪽은 포천석경계석으로 깔면 됩니다.

주차장과 화단은 포천석경계석으로 깔고, 인도와 차도의 파손된 경계석은 교체하며, 주차장, 화단, 인도, 현관출입구 등의 구분경계선도 만듭니다. 특히 차도의 인도경계석과 보도블록은 경사지게 만들어 올라가게 만듭니다.

이런 작업들은 포클레인이 있어야 가능한 작업이므로 처음부터 작업계획을 세워야 합니다.

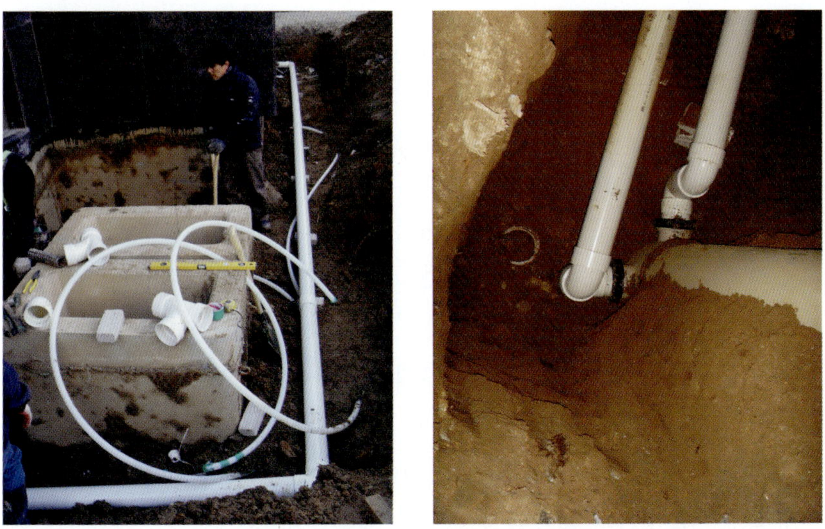

통신함과 전기함, 오배수본관과 연결작업

007 제임스 본드

중장비가 건물 사이의 틈새로 들어가지 못해 작업도 못하고 돌아가는 경우가 가끔 있는데, 공정에 맞는 포클레인 기종을 잘 선택해야 합니다.

사회 초년생들이 제도권으로 들어갈 때 장벽처럼 느끼며 과연 틈새로 비집고 들어가 자리를 잡을까 걱정을 합니다.

포클레인도 마찬가지로 틈새로 비집고 들어갈 수 있는 기종으로 투입해야 합니다.

공일칠(017) 이상의 큰 포클레인들은 도로를 달릴 때, 가끔 교통체증을 유발하는 하는 기종이고, 이것보다 작은 것은 트럭에 실어 이동합니다.

공이공(020)은 1m60cm~1m80cm 이상의 틈새, 공일칠(017)은 80cm~1m의 틈새, 공일공(010)은 80cm~90cm의 틈새, 공공팔(008)은 70cm~80cm의 틈새에 들어갈 수 있는데, 각자의 틈새에 맞는 곳으로 비집고 들어가 작업을 수행합니다.

필자는 공사 중 지인들의 부탁으로 뜻하지 않는 일을 자주하게 되는데, 상가 리모델링을 부탁받고 008을 투입하여 1층 상가 내부를 철거하고 있었을 때였습니다.

공사장 앞으로 젊은 엄마와 꼬마가 지나다가 008포클레인을 본 꼬마가 사주라고 보채는 것을 봤습니다. 그러자 엄마는 꼬마를 강제로 끌고 갔는데, 잠시 후 그들이 다시 나타났습니다. 꼬마가 생떼를 부려 엄마가 견디지 못해 온 듯 보였습니다.

젊은 엄마는 "아저씨! 귀여운 포클레인 얼마예요?" 당당하게 물었고, 포클레인 기사는 "트럭 포함 팔천만 원!" 퉁명스럽게 대답했습니다.

젊은 엄마는 꼬마의 엉덩이를 때리며 강제로 끌고 갔고, 꼬마는 엉엉 울며 엄마손에 이끌려가는 광경을 봤습니다.

"그런데 007 제임스 본드는 왜! 현장에 투입되지 않는 걸까?"

포클레인으로 작업하는 현장

주차장

주차장의 바닥재를 미관상 좋은 것만 고르다 보면 미끄러지거나 함몰되는 경우가 발생할 수 있으니 고르는 데 신중해야 합니다.

주차장 바닥공사는 동그란 링무늬를 만들어 에폭시나 레진모르타르로 마감한 것을 대형마트의 주차장 바닥에서 본 적이 있을 것입니다.

고급주택에서는 고가인 혹두기 석재로 시공하기도 하지만, 자동차의 타이어 자국이 심하게 나거나 깨지는 경우도 있으며 바닥도 빨리 지저분해 집니다.

일부 신도시에서는 주차장의 자연배수가 필수조항이 될 수 있는데, 이때 바닥은 콘크리트나 에폭시로 할 수 없고, 자연배수되는 투수벽돌로 바닥을 만들어야 합니다. 각 지방마다 주차장 바닥 시공의 조례가 다르므로 반드시 확인한 후에 주차장을 시공해야 합니다.

주차장 바닥이 함몰되지 않게 시공하려면 바닥에 자갈을 깔고 다진 후 와이어메시를 깔고, 콘크리트를 타설하는 것이 좋습니다.

자연배수가 허가조건인 잔디블록의 주차장은 조경면적에 포함되지만, 걷다가 넘어지거나 비가 많이 내리면 주차장이 함몰되는 경우도 있습니다.

관공서 건축과에 이런 문제를 제기했는데도 개선되지 않으며, 이것 말고도 지방마다 건축조례가 달라 고생할 수 있으니 사전조사를 해야 합니다.

또한 겨울철 공사는 자갈을 깔고 아무리 단단히 다져서 만들어도 날씨가 풀리면 얼었던 땅이 녹으면서 주차장 바닥이 함몰되는 경우가 발생합니다. 필자가 겨울철 공사는 하자가 발생한다고 설명했는데도, 어떤 건축주는 나중에 들은 적 없다며 오리발 내밀며 하자보수에 들어간 비용을 주지 않아 고생했던 적도 있습니다. 투수블록의 주차장은 2년쯤 지나면 장마로 주차장 바닥이 갈라졌거나, 함몰된 것을 본 적이 있을 겁니다.

처음 터파기공사할 때, 보도블록을 한쪽으로 걷어놓았다가 재활용하면 건축폐기물도 덜나오고 공사비도 절약됩니다.

일반 주차장의 규격은 2.3×5m, 평행주차는 2.0×6.0m, 장애인용은 3.3×5.0m, 직각주차는 차로폭이 6.0m 이상, 높이 2.1m 이상이어야 합니다.

광주양로원 주차장 공사

보도블록공사

주택공사나 시 · 군 · 구에서 지정한 토목회사에서 택지지구를 개발하는데 도로, 인도, 상하수도, 전기, 오배수관 등의 기반시설을 조성하고 상하수도, 가로등까지 모든 시설물을 조성하고 관리하기도 합니다.

건축 준공 시 검사를 받는데, 관계 토목회사의 직원들이 오 · 우수배수관, 인도, 차도의 노면상태와 높이까지 꼼꼼하게 확인하고, 공사건물 주변의 인도블록이나 경계석에 조금이라도 흠집 및 오염이 있으면 바로 교체해야 하고, 아스팔트 차도의 흠집까지 보수해야 합니다.

쓰레기와 건축자재를 모두 치우고, 빗물하수구 안에 있는 이물질도 제거하며, 오배수본관에 연결한 사진도 첨부해야 합니다.

토목회사 직원이 직접 나와서 육안으로 확인하고, 만약에 보수가 미달되면 완전히 될 때까지 검사를 계속 받아야 하고, 도로복구확인서의 토목회사 담당자 확인란에 서명을 해야 비로소 끝납니다.

도로복구확인서가 준공서류 중 가장 까다로운 서류일 것입니다.

보도블록 새 것으로 깔기(광교)

토목공사

토목공사나 주차장공사에는 포클레인과 지게차가 동원되는데, 모든 공사를 하루 만에 끝나도록 계획을 잘 수립해야 합니다.

전기공이 통신맨홀과 수도맨홀을 대부분 주차장 바닥에 매립하는데, 바닥면의 기울기를 맞추어야 물빠짐이 좋습니다.

배관공은 우배수관을 홈통에 연결하고, 홈통 주변의 땅이 함몰되지 않도록 포클레인으로 단단하게 다집니다.

현장의 폐기물이나 건축자재들을 깨끗이 치우고 주차장과 화단을 공사할 수 있도록 하며, 터파기공사 때 남겨둔 잔토는 나무 심을 때 사용합니다.

현장에 가설재가 조금씩 남아 있는데, 지게차가 현장에 있을 때 가설재업체의 트럭을 불러서 정리해야 합니다.

화단조성공사

주차장을 만들 때 화단도 같이 만들고, 식목 종류와 장소가 설계도면에 표시되어 있어서 그대로 작업하면 됩니다.

만약에 미장벽돌이 있다면 미장벽돌로 화단을 만들고, 미장벽돌이 없다면 경계석으로 화단을 만들어 놓습니다.

그리고 4층에 중정이 있어 화단을 만들고 싶다면 화단을 조성하기 전에 배수판과 부직포를 깐 다음 인조흙과 일반흙을 섞어서 넣습니다.

건물의 하중을 줄이기 위한 것이고, 인조흙(부조토)을 화단바닥에 약 1/2 이상 깔고, 그 위에 일반흙을 깔아 마무리하는 것이 좋습니다.

판교에서 공사했을 때 설계도면에 정해진 수목들로 시공한 것을 간략하게 제시합니다. 참고하기 바랍니다.

가) 관목(m^2당 1본) 13.3×0.2본 = 13.3본(계획 ; 14본) 철쭉, 회양목.

나) 교목(m^2당 0.2본) 13.3×0.2본 = 2.66본(계획 ; 4본) 스트로브 잣나무, 감나무

준공 시 필요한 나무들을 심어야 준공이 떨어지고, 점포주택은 전원주택에 비해 조경에 들어가는 비용이 상대적으로 저렴합니다.

조경업자에게 맡기면 비싸니 주변의 꽃시장에 가서 해당 나무를 구입해 직접 심는 것도 좋습니다.

상가주택은 1층이 임대되면 화단에 적치물을 쌓거나 다른 목적으로 사용하여 화단의 역할을 제대로 못하기도 합니다.

주인세대는 옥상에 전원주택의 느낌을 가질 수 있게 화단을 만들어볼 것을 추천하지만 택지조건에 따라 옥상에 화단을 조성하지 못할 수도 있습니다.

광주양로원 화단조경

경험의 한수

택지지구의 건축 시 주차장 안에 수도, 통신, 전기 등의 맨홀을 설치하는 것이 일반적입니다. 겨울철만 되면 동파되기 쉬우니 수도는 보온처리를 하고, 수도맨홀과 수도검수기를 분리하여 건물 내부의 복도에 배치하는 것이 좋습니다. 통신과 전기맨홀은 자동차의 압력으로 주차장 바닥의 함몰이 발생할 수 있으니 화단 옆이나 다른 장소에 배치하는 것이 좋습니다.

화단은 준공 통과용으로 비교적 값싼 나무를 심고, 비싼 나무는 심지 말아야 하는데, 이는 초기에는 토질이 오염되어 있어서 나무가 죽는 경우가 대부분이므로 토질이 어느 정도 회복된 후 건물주가 선호하는 나무로 심어도 됩니다.

결로

준공 후 민원이 가장 많이 들어오는 것이 바로 결로이며, 세월이 한참 지나도 민원이 많은 것도 결로이고, 결로를 주제로 한 책이 나올 정도입니다.

결로로 인하여 건축주에게 시달려본 필자도 공부했고, 나름의 지식으로 도움을 주고 싶습니다.

"무엇이든지 몰라서 힘든 것이지, 알고 나면 쉬워집니다."

표면 결로

단열이 불량했거나, 시공 후 건물 내벽에 습기가 남아 있거나, 단열하기 곤란한 보, 수평기둥에서 자주 생기고, 전기콘센트나 통신박스 주위는 결로 방지제를 별도로 시공해야 합니다.

외기에 직접 면하는 보의 측면이나 슬래브 하부는 단열재로 시공하고, 상층과 하층의 외부 노출 부위 천장 및 바닥 부위는 단열재로 마감하여 시공합니다.

다락방의 지붕에 접하는 벽체의 상부는 단열재로 하고, 외벽면에 접한 쪽의 받침장, 드레스룸, 천장 상부층에도 단열재로 하고, 바깥 찬바람에 노출된 현관문은 PVC방습판으로 단열합니다.

건물구조상으로 발코니 수납장에도 결로가 발생할 수 있으므로 습기에 취약한 파티클보드보다는 습기에 강한 목재로 시공하는 것이 좋습니다.

일반 결로

일반적인 결로는 냉방과 난방으로 인한 실내습도 변화이거나 집 안에서 가습기 사용, 요리할 때, 화장실 물 이용 시 수증기로 생기는 경우가 많습니다.

여름철에는 장마로 습하고 환기가 잘 안 되는 곳에 결로가 생기고, 결로가 주로 생기는 곳은 신발장, 붙박이장, 드레스룸, 현관문 주위, 천장, 지하실, 장롱 뒤쪽입니다.

특히 철근콘크리트조 신축건물일 때는 내 · 외장마감으로 골조의 습기가 완전히 마르지 않아 수막현상이 생기는데, 1년 이상 지나야 습기가 사라지고, 그때서야 골조가 습기를 흡수하게 됩니다. 이 기간에는 겨울철에 결로가 발생하므로 창문을 열고 자주 환기시켜야 결로를 방지할 수 있습니다.

결로 원인

실내 · 외 온도차가 클수록 발생하고, 집 안에서 사람의 호흡, 조리, 세탁, 목욕 등의 원인으로 하루에 약 12kg의 습기가 발생합니다.

생활습관으로 환기가 부족하고 창문을 여닫는 것이 적은 저녁시간대에 많이 발생합니다.

거주자들이 창문을 닫아두고 외출하여 환기가 안 되어 결로가 생길 수 있습니다. 특히 원룸거주자 중 남성보다 여성이 거주하는 실내에서 결로가 더 많이 발생하는데, 안전상의 이유가 있어서 창문을 열지 않거나 요리 등을 자주 할 때 그런 것 같은데, 특히 원룸사업자는 강제환기시설이나 제습기를 설치하는 것이 좋은 해결책입니다.

결로 대책

환기시설을 갖추거나 문을 열어 자주 환기시켜야 하는데, 원룸에는 강제환기시설을 하는 것이 편할 겁니다.

생활환경 개선으로 실내습도를 최소한으로 낮추고, 창문을 자주 열어 실내공기를 환기시키는 습관을 가져야 합니다.

가정에서도 외출 시 창문을 조금 열어 두어야 하고, 부엌과 화장실에서 발생하는 수증기도 외부로 배출됩니다.

원룸이나 투룸에는 부엌 및 화장실에 창문이 없어 수증기를 빼내지 못하는 경우 환기구로만 수증기를 빼내다보니 분명히 한계가 있습니다.

북향이나 외벽쪽에 붙박이장, 기타 가구 등의 설치로 공기순환이 차단되지 않도록 가구배치의 위치도 잘 선정해야 합니다.

지붕의 결로는 부착단열재가 들떠 있거나 단열재 사이에 틈새가 생겨나면서 수증기가 모여 빗물처럼 떨어지기도 합니다.

지붕의 콘크리트타설 전에 철저히 단열하는 것이 가장 좋으며, 지붕의 환풍기로 수증기를 밖으로 배출하는 방법도 찾아야 합니다.

유리창의 결로는 대부분 겨울철 벽면에 비하여 단열이 나쁘며, 난방으로 바닥이나 벽의 습기가 유리창에 붙는 현상입니다.

창문을 자주 열어 환기하고, 유리창은 두 장이나 세 장의 판유리 사이에 일정한 공기층을 형성한 복층, 3복층유리를 사용합니다.

결로 방지 요령

실내에서는 가능한 세탁물을 건조시키지 않고, 수족관이나 식물을 키우는 화분들을 줄이도록 하고, 가습기 사용을 최소한으로 합니다.

목욕할 때는 욕실의 수증기를 환풍기로 완전히 빼낼 때까지 화장실 문을 닫아두고, 난방기기에 주전자 등을 올려놓지 말아야 합니다.

조리 시에는 후드를 작동시키고, 북향 벽쪽이나 바닥에 붙박이장 및 가구를 놓지 말고 벽장 안에서도 물건을 벽에 붙여 놓지 않는 것도 방법입니다.

환기구 가까이에는 가능하면 물건을 놓지 말고, 실내의 적정온도를 유지하면 좋은데 겨울철 20~23℃, 여름철 25~28℃를 유지하는 것이 좋습니다.

현관 문틀 주변의 결로 발생은 옹벽과 철제 문틀 사이의 모르타르 사춤이 부족하거나 문틀 주변에 단열재를 사용하지 않아 생기고, 모르타르 사춤 시 우레탄이나 단열시멘트를 첨가하면 좋습니다.

주방 수전에 결로 및 동파가 발생할 때는 찬공기가 접하는 곳부터 수전엘보까지 보온재를 2겹으로 감싸줍니다.

결로 방지재의 종류

마그네슘보드는 벽체, 천장에 사용하고, 장점은 평탄성이 좋지만 단점은 파손됐을 경우 보수가 어려우니 골조공사 시 매립하는 것이 좋습니다.

폴리프로필렌판은 천장과 벽체에 사용하고, 장점은 결로에 강하지만 단점은 들뜸이 우려되고, 도배 시 면처리로 하면 됩니다.

발포폴리스티렌은 천장 매립으로 사용하고, 장점은 평탄성은 좋지만 파손될 우려가 있으며, 천장마감 때 시공합니다.

단열모르타르는 벽체나 천장에 사용하고, 장점은 시공이 용이하지만 도배할 때 어려움이 있으니 도배 전에 시공합니다.

환경 파괴

사람들이 코로나 때문에 실내에 머무는 시간이 많아져 단열도 많이 하면서 자연환기가 부족하니 창문을 열면 또 미세먼지나 심한 대기오염으로 실내공기가 나빠지고, 진퇴양난의 고민이 많습니다. 그래도 적당한 바깥바람은 쾌적한 느낌을 주는 중요한 요소인데, 편하게 창문을 열지 못하는 세상이 되었습니다.

실내온도 측정방법은 벽에서 1m 거리와 바닥에서 1.5m 높이의 호흡선 온도이고, 환기 목적은 신선한 공기를 유입하여 더운 열기를 이동시키는 역할을 합니다.

실내로 공기량이 많이 유입되도록 바람이 지나가는 쪽으로 창문을 설치하는 것이 좋습니다.

오염이 극심한 도심지라면 자동환기장치를 설치하고, 실내공기 중에 이산화탄소가 많아지면 자동으로 환기되는 최첨단 환기장치로 설치합니다. 아파트나 상가는 옥상에 환기장치가 있어 잘 빠지는 편인데, 주택은 대부분 옥상에 환기구가 없어 환기가 원활하지 않으므로 바람이 지나가는 방향으로 창문을 낼 수밖에 없고, 이때 창문의 크기와 위치가 중요합니다.

자동문 설치

센서와 전동장치에 의해 자동으로 개폐되는 도어엔진, 컨트롤유닛박스, 레일행거롤러 등 3종으로 구성되어 있습니다.

통행자가 있으면 전파가 차단되어 자동으로 열리고 닫히고, 비상시에는 수동으로 작동할 수 있게 합니다.

미닫이문 형식이며 문짝은 12mm 강화유리가 사용되고, 부감지기는 화재에 대비하며 도어 하중에 맞는 크기로 모터를 선정합니다.

좌측에서 우측으로 여는 개폐방식으로 선택하고, 문 위치와 비디오폰 얼굴 각도 위치를 맞추어 설치합니다.

번호 키를 설치하거나 각 세입자들에게 출입카드를 하나씩 주며, 요즘은 자동문의 종류도 다양합니다. 건축주는 사전조사 후 선택하고, 대부분 설계도면에 없으므로 시공자의 마음대로 설치할 수도 있습니다.

태양광

지구의 폐 역할을 하는 아마존의 무분별한 벌목과 화석연료를 사용으로 지구의 공기가 심각하게 오염되고 있는데, 우리나라도 오존주의보 발령이나 미세먼지주의보 발령을 하고 있습니다.

온난화의 주범인 이산화탄소 배출을 줄이려고 태양에너지나 기타 친환경에너지 개발에 노력중이라 다행입니다.

현실을 따라 오지 못하는 행정부서만 바라보지 말고, 이제부터 건물주가 직접 참여할 때입니다.

관련 업무를 하는 공공기관이 환경에 조금이라도 관심이 있다면 녹지나 태양광을 옥상에 설치할 것을 허가 조건으로 하면 바뀔텐데, 그들은 자체적으로 쉽게 변경하지 못하므로 크게 사고가 발생한 후 그때서야 임시방편으로 서두르는 것을 느낄 때가 있습니다.

"그렇게 스스로 변화하지 못하는 까닭은 현 상황에 만족하거나 믿는 구석이 있어서 그럴 것이라는 의구심을 가져봅니다."

태양광은 빛에너지를 모아서 전기에너지로 변환하는 기술이고, 장점은 에너지원이 무제한이며 소음도 없고, 유지보수나 설치가 쉬우며, 수명은 약 20년 이상이고, 단점은 일사량에 의존해야 하므로 에너지밀도가 낮으니까 대신에 설치면적이 커야 하고 설치장소도 한정적이라는 장단점이 있습니다.

설치비용이 고가이지만 주택용은 3kW이며 기존 전기료의 약 70% 정도 절감효과가 있습니다. 태양광 설치 조건은 그림자의 영향을 받지 않는 정방향 설치가 원칙이며, 건축물의 구조에 부합하고 현장여건에 맞게 설치해야 합니다. 일사량을 저해하는 장애물이 없어야 하며, 오전 9시~오후 4시 사이에 그림자가 없어야 합니다. 유의사항은 유지보수에 편리하도록 작업공간이나 발판을 설치해야 하고, 기초콘크리트 앵커볼트 부분에는 아연도금처리로 녹방지처리를 합니다. 설치 시기는 옥상 방수작업이 끝난 후 설치하면 되는데, 설치 시 방수층이 깨지지 않도록 조심해야 합니다.

공사 뒷이야기

일반적인 택지지구의 난방은 개별난방이며, 도시가스공급으로 가스보일러를 설치하고, 취사나 난방을 하므로 가스사용연료비가 많이 발생합니다.
태양광 전기를 이용하여 온 · 냉방 겸용 시스템 에어컨을 작동한다면, 가스비 부담에서 해방될 수 있습니다.
정부에서 태양광 설치 지원금은 약 30~50%(지방자치마다 약간씩 차이가 있음) 지원되는데, 주인세대만 태양광 혜택을 보는 것이 아쉽습니다.

친환경 주택

자연채광을 많이 받도록 창문 위치를 정하고, 열에너지를 절약할 수 있도록 하며, 고온다습한 여름철에 자연통풍까지 생각해서 결정하고 지역마다 바람의 방향이 다르므로 바람골을 잘 파악하며, 겨울철에는 바람을 막고, 여름철에는 바람을 이용합니다.

기존의 토양이 유실되면 블랙홀현상이 생기므로 흙을 최대한 보전하는 방법을 고려하고, 지하수 보전과 홍수에 대비한 계획을 수립해야 합니다.

토지가 경사지든 평지든 최대한 현 상태를 유지하여 건축하고, 친환경 녹지공간 확보를 위해 지하주차장을 만들어 지상을 녹지로 활용해야 지구온난화를 막는 데 일조할 수 있습니다.

그러나 국가 정책 기관에서는 지구의 온난화보다는 경제적 이익만 내세울 때가 있어서 걱정되지만 남을 탓하기 전에 우리부터, 작은 것부터 실천하기 바랍니다.

집 주변에 자투리땅이 있다면 식물들을 심어 탄소를 최대한 줄이려는 노력이 필요하고, 쓰레기나 폐기물처리, 분리수거를 잘하며, 가능하면 자동차 이용을 줄이고 대중교통을 이용하는 것도 하나의 환경보호가 됩니다.

"서로 탓만 하다가는 정말로 지구가 멸망할 수도 있습니다."

필자가 본 미래의 주택

앞으로 주택의 형태는 엄청나게 발전되어 3D로 건물을 복제하여 만들거나 공장에서 주택의 골조부터 내장까지 다 만들어 바로 거주할 수 있다고 합니다.

빠르고 저렴하게 신축되어 차세대 건축물이라고 하며, 실제로 미국에서 시공하는 사례도 보았습니다.

최근 대규모 공사현장에 가보면 하루가 멀다하게 새로운 건설기계들이 드나들고 사용하는 것도 보았습니다.

건설현장도 비싼 인건비 때문에 빠른 속도로 기계화되고 있으며, 멀지 않아 정부에서 돈을 주며, 그만 일하고 제발 놀러다니라고 할 날도 있겠구나! 하는 상상을 아파트공사현장에 갈 때마다 느낍니다.

패시브 하우스

'passive house'는 소극적이고 수동적인 집이라는 뜻으로, 집 안에서의 화석에너지 사용을 최대한 줄여서 환경보호를 목적으로 합니다.

건물에서 밖으로 새어나오는 열에너지를 철저히 차단하여 난방효과를 극대화하는 주택으로, 독일에서 처음 선보인 후 유럽에서 많이 사용됩니다.

외부로부터 에너지를 공급받지 않고도 쾌적한 주거환경이 가능한 '0리터 하우스'는 건물의 외부를 철저히 감싸고, 인체발열이나 주택 내부에서 생긴 열을 최대한 활용하는 구조입니다.

난방비는 일반건축물의 10% 정도 사용되는 절약형 주택이고, 실내에 60W 백열전구 2개만 있어도 실내온도를 15℃까지 올리려면, 틈새가 거의 없도록 밀폐시킵니다.

벽과 지붕의 두께는 30cm 이상을 확보하고, 외벽단열재는 단열재와 방습재에 합판을 11겹 이상 겹쳐야 하고, 창문은 2중창으로 설치하며, 외부 공기 유입을 철저히 차단합니다.

우리나라에도 패시브 하우스로 시공한 주택들이 생기고 있다고 합니다.

공사 뒷이야기

시공을 하다보면, 건축주와 시공자 사이의 갈등은 당연한데, 왜냐면, 공정들이 너무 많고, 바라보는 관점도 다르기 때문입니다.
동일한 제품 같지만 가격의 편차가 크다는 것을 모르거나, 건물주가 건축을 너무 몰라서 엉뚱한 말을 하거나, 엉터리 정보만 알고서 고집을 피워 갈등이 생기기도 합니다.
시공자는 설계도면을 무시하고 시공하거나, 자신의 경험만 앞세워 건물주를 무시하고, 지나치게 돈만 밝혀 정품이 아닌 비품으로 마감을 한다든지, 인건비가 싼 미숙한 작업자를 투입하는 경우도 있습니다.

시공자는 건물주와 몇 마디만 얘기해 보고, 건축 초보자라고 판단되면 기만하는 경우도 있습니다.
그리고 시대흐름에 대응 못하고 옛날 방식의 설계만 고집하는 설계사나 시공사도 갈등의 원인이 됩니다.
이런 갈등들은 고스란히 불필요한 공사비 추가로 이어지고, 때로는 설계사의 의견을 배제한 설계변경으로 비용이 추가 발생하기도 하며, 마감재 선정에서도 갈등이 생길 수 있습니다.
건물주의 질문에 친절하게 응대하지 않았거나 자기의 주장만 내세우는 설계사, 시공자, 감리나 하자에 신속하게 대응하지 못하거나, 작은 하자를 빌미로 건축비를 깎으려는 건물주도 있습니다.
이런 과정에서는 인내심을 갖고 소통하며 해결해 나가는 것이 무엇보다 중요합니다.
"너무 수준이 높거나 낮으면, 아무 말도 못하는 것입니다."

입주 청소

입주 전에는 보일러를 작동시켜 문을 열어놓고 자주 환기시켜야 유해물질과 화학약품 냄새도 없앨 수 있고, 충분히 건조시켜야 결로도 방지할 수 있습니다. 건축기술의 발달로 더 고밀도, 고단열화는 이루어졌지만 건축자재에서 나오는 각종 유해물질 때문에 새집증후군과 결로, 집먼지증후군, 아토피 등의 문제가 발생합니다.

그리고 입주청소 비용이 생각보다 비싸다고 생각해서 건축주의 가족들을 총 동원하여 입주청소하는 것은 좋은 방법이 아니라고 생각되며, 입주청소가 그만큼 어렵기 때문에 입주청소전문업체에 맡기는 것이 좋으며, 나중에 계단청소까지 맡긴다고 하면 입주청소비를 낮춰서 조율할 수도 있을 것입니다.

준공서류 준비(광교 택지지구 기준)

전기사용필증, 도로복구확인서, 보일러설치확인서, 스티로폼품질성능표, 폐기물처리확인서, 승강기 점검표, 주차장사진, 주소판을 제작 후 건물에 부착한 사진, 고용보험납부증명서 등의 서류들을 시공사가 준비하여 설계사에게 보냅니다.

감리 역할

건축허가를 받은 건축물은 원칙적으로 계약에 의해 건축사를 공사감리자로 정해야 할 의무가 있습니다.

시공사의 공사과정을 감독관리하게 함으로써 불법건축물방지보다는 양질의 건축물을 만드는 데 목적이 있습니다.

업무내용은 설계도서에 따라 적합하게 시공했는지 여부를 확인하고, 건축자재의 관계법령 기준에 적합한지 여부도 확인합니다.

건축물과 대지가 관계법령에 적합하도록 시공자나 건축주에게 지도하고, 시공계획 및 공사관리의 적정 여부를 확인합니다.

안전관리지도와 공정표를 확인하며, 상세시공도면을 검토 및 확인하고 품질시험 성과도 검토합니다.

설계변경 시에도 적정 여부를 검토하고, 기타 공사감리계약에 준하는 업무를 수행합니다.

자동문이 닫히다

필자가 처음 건축시공을 배울 때, 가장 힘들었던 것은 시공기술이나 건축마감재의 종류가 아닌 사람들과의 소통이었습니다. 특히 하도급업자의 용어는 대부분 일본어였고, 불확실한 영어발음으로 알아듣는 데까지 시간이 필요했습니다. 또한 건물주가 건축에 대해 너무 몰라서 힘들었고, 작업자들은 자기방식만 고수하는 통에 설득하는 데도 힘들었습니다. 시간이 지나고 보니 필자가 많이 부족했었고, 좀더 쉽게 설명하지 못했던 표현도 문제가 있음을 깨닫게 되었습니다.

필자가 친절하게 설명을 못했음에도 불구하고 너그럽게 이해해준 건물주들과 작업자들에게 감사하는 마음입니다. 때론 주택을 완공할 때까지 건물주 및 작업자들과 같이 시작해서 완공하는 약 5개월 동안 무거운 짐을 지고 먼 길 가는 것 같았지만, 그분들이 있어서 행복했습니다.

건축을 배우려는 분들에게 필자처럼 고생하지 않고, 읽기 쉽고 재미있게 배울 수 있는 책을 새로 집필했습니다.

이전 책 『재미있는 건축시공』이 많이 부족했음에도 읽어준 독자들에게 미안한 마음에서 조금 더 나은 책으로 엮기 위해 심혈을 기울였습니다.

자신의 입장만 내세우지 않고 다른 관점에 서보니, 더 겸손하고 모든 일에 배려하면서 살아야겠다는 것을 책을 집필하는 과정에서 느꼈습니다.

글을 쓴다는 것은 좌절과 환희가 반복되면서 지독한 고독이 요구되어 차라리 공사판에서 삽질하는 것이 나았다는 생각도 여러 번 했습니다.

또 내 그릇만큼 건물도 만들어진다는 것을 이번 『지혜 담은 집짓기』를 집필하면서 깨닫기도 했습니다.

독자들의 성원으로 『지혜 담은 집짓기』를 출간하게 되어 고마운 마음입니다. 이전 책보다 실전에 필요한 내용을 보강하였고, 지혜까지 담아 보았습니다. 부족한 부분이 있겠지만 '건축시공의 고수들'의 가르침이나 더 좋은 시공방법이 있다면 언제든지 겸허히 받아들이겠습니다.

| 참고문헌 |

- 조준현 · 조민석 공저, 『실내건축재료』, 기문당
- 문승호 저, 『현대건축시공』, 기문당
- 정창길 저, 『재미있는 건축시공』, 기문당
- 한국토지공사건설관리처, 『공사감독핸드북』, LH공사
- 안동국, 이재국 외 1명, 『건축 재료학』, 예문사
- 사가와 아키라 저, 『최고의 집을 만드는 공간배치의 교과서』, 더숲
- 송창영 저, 『공동주택하자관리 이론과 실무』, 예문사
- 권영필 저, 『건축기계설비』, 대가
- 신치웅 외 12명 공저, 『빌딩설비백과』, 기문당
- 이석명, 『노자』, 민음사

현장에서 쌓은 실전 노하우의 모든 것

지혜 담은 집짓기

2021년 8월 30일 초판 1쇄 인쇄
2021년 9월 10일 초판 1쇄 발행

저　자　정창길
발행인　강해작
발행처　기문당
주　소　서울시 성동구 무학봉28길 4-1
전　화　02_2295_6171(代)~5
팩　스　02_2296_8188
출판등록　1976.10.7(1-44)
홈페이지　www.kimoondang.com
I S B N　978-89-6225-898-1　13540